浙江省普通高校“十三五”新形态教材

EDA应用技术

王真富　主编

電子工業出版社
Publishing House of Electronics Industry
北京·BEIJING

内 容 简 介

本书以电子工程实践应用为出发点，以 Quartus II 13.0 为设计工具，以 ModelSim 10.5b 为仿真工具，采用项目式任务驱动的方法，运用 VHDL 程序描述数字逻辑电子系统。以二位二进制数乘法器设计制作、三路表决器设计制作、四路抢答器设计制作、简易电子琴设计制作、乐曲自动演奏电路设计制作、字符型 LCD1602 控制器设计制作、LED 点阵显示屏控制器设计制作、二自由度云台控制器设计制作这 8 个项目为载体，系统地介绍了 EDA 应用技术和 VHDL 硬件描述语言。将 VHDL 的基础知识、编程技巧和实用方法与实际工程开发技术相结合。读者通过本书的学习可迅速了解并掌握 EDA 技术的基本理论和电子工程开发实用技术。

本教材是首批浙江省普通高校十三五新形态教材建设项目成果，适合作为高等职业院校电子、通信类专业及自动控制类专业教材，也可作为电子设计竞赛、FPGA 开发应用的自学参考书。

图书在版编目（CIP）数据

EDA 应用技术 / 王真富主编. —北京：电子工业出版社，2019.8

ISBN 978-7-121-35608-7

Ⅰ. ①E… Ⅱ. ①王… Ⅲ. ①电子电路—电路设计—计算机辅助设计—高等学校—教材 Ⅳ. ①TN702.2

中国版本图书馆 CIP 数据核字（2018）第 263674 号

责任编辑：郭乃明
印　　刷：北京盛通印刷股份有限公司
装　　订：北京盛通印刷股份有限公司
出版发行：电子工业出版社
　　　　　北京市海淀区万寿路 173 信箱　邮编　100036
开　　本：787×1 092　1/16　印张：16　字数：403.2 千字
版　　次：2019 年 8 月第 1 版
印　　次：2019 年 8 月第 1 次印刷
定　　价：45.00 元

凡所购买电子工业出版社图书有缺损问题，请向购买书店调换。若书店售缺，请与本社发行部联系，联系及邮购电话：（010）88254888，88258888。

质量投诉请发邮件至 zlts@phei.com.cn，盗版侵权举报请发邮件至 dbqq@phei.com.cn。

本书咨询联系方式：（010）88254561，guonm@phei.com.cn。

前　言

采用基于 FPGA（Field-Programmable Gate Array）的 EDA（Electronic Design Automation）技术设计电子系统是用硬件描述语言设计逻辑控制电路，是现代电子工程领域的一门新技术，是电子设计技术与制造技术的核心，给电子产品的设计开发带来革命性变化。随着信息产业和微电子技术、可编程逻辑嵌入式系统设计技术的发展，FPGA 应用范围遍及航空航天、医疗、通信、安防、广播、汽车电子、消费类市场、测量测试等多个热门领域。

基于 FPGA 的 EDA 技术是软件与硬件相结合的技术。FPGA 即代表一种高新技术，又可用来代表以此技术研制的可编程逻辑器件，采用 EDA 技术，用 VHDL（Very-High-Speed Integrated Circuit Hardware Description Language）程序可以描述逻辑控制电路。一片 FPGA 芯片加载描述不同逻辑控制电路的 VHDL 程序可产生不同的逻辑控制功能。以往，介绍基于 FPGA 的 EDA 技术的教材通常以程序设计教材的形式出现，从 FPGA 内部结构和工作原理出发，从理论层面介绍 VHDL（或 Verilog HDL）程序语法及一些经典的验证性单元电路的设计及仿真；从硬件电路调试层面介绍如何使用输入输出电路固定的 EDA 实验箱，如何将编写好的程序下载到 EDA 实验箱，以及如何完成硬件仿真测试等。实际上，EDA 实验箱采用一体化结构，输入输出电路的元件相对固定，很难加入学生自己设计的外围电路，不利于学生的动手能力与创新能力培养。而且，EDA 实验箱的体积较大，携带不便，利用其开展课外学习不方便，限制了学生自主探究学习。

本书采用项目式任务驱动编写方式，将 VHDL 的基础知识、编程技巧、实际工程开发技术融入典型的电子系统设计制作项目，深入浅出地讲解 EDA 应用技术、VHDL 程序设计与仿真，以及数字电子系统硬件调试。本书各项目的硬件测试均采用 FPGA 最小系统板。FPGA 最小系统只包括 FPGA 芯片、外部时钟、复位电路、下载电路、电源、Flash 和 SDRAM 等 FPGA 芯片正常工作必需的基本电路。FPGA 最小系统板上的 FPGA 芯片的 IO 引脚以插针形式引出，供用户连接外围输入输出电路。使用 FPGA 最小系统板，学生可自主设计输入输出电路，自主设计 VHDL 程序。基于 FPGA 最小系统板进行电子系统硬件电路设计，比用 EDA 实验箱设计更具扩展性、开放性、创新性。同时，FPGA 最小系统板体积小、价格低，大部分学校均可保证学生人手一套，且使用低电压，安全性有保障。学生可以利用自己的计算机，在课余时间自主设计项目，将学习以自主探究的方式延伸到课堂外，从而激发学生学习积极性、主动性，培养学生的实践能力、自主创新能力。

本书在形态上以嵌入二维码的纸质教材为载体，结合移动互联网技术，将教学课件、微课/微视频、动画、软件仿真、学习指导、习题、试卷、拓展资源、主题讨论等数字资源关联在一起，将教材、课堂、教学资源三者融合，成为线上线下相结合的新形态一体化教材，通过移动互联，使学生实现个性化学习、自主学习。

本书在内容的编排上，突出学生能力的培养，基于教、学、做相结合的模式来设计项目，将 EDA 应用技术、VHDL 程序设计及数字电子系统设计的知识内容碎片化，融合到项目任务的完成过程中；采用知识链接的方式系统性地介绍每个项目任务相对应的知识内容；在项目实施上，基于工作过程编排，适合学生进行个性化自主探究学习；在项目的结尾，设计做一做、试一试等作业内容，对项目功能进行扩充，通过完成上述内容，使学生融会贯通地掌握实际知识和技能。

全书共分 8 个项目。

项目 1：以基于原理图的二位二进制数乘法器设计制作为载体，介绍基于FPGA采用EDA技术设计数字电子系统的开发流程；使学生熟悉 EDA 技术、FPGA 工作原理；熟练使用相关软件；学会自顶向下的模块化设计方法。

项目 2：以基于 VHDL 程序的三路表决器的设计制作为载体，训练学生用 VHDL 程序描述和设计电路的技能；使学生逐步完备 VHDL 基本语法知识，熟悉 VHDL 程序结构、语句表述、字符集与标识符。

项目 3：以基于 VHDL 程序的四路抢答器的设计制作为载体，训练学生用 VHDL 程序描述和设计时序数字电路的技能；使学生熟悉 VHDL 程序的语法特点，熟练使用 VHDL 程序的数据对象，设置数据类型、数据对象属性。

项目 4：以基于 VHDL 的简易电子琴设计制作为载体，训练学生将实际的数字系统设计需求转化为数字电子系统硬件描述语言的能力；使学生熟悉 VHDL 程序的并行执行语句，熟练应用多进程语句间信号的传递。

项目 5：以基于 VHDL 的乐曲自动演奏电路的设计制作为载体，训练学生用 VHDL 描述分频数字逻辑电路的能力，使学生熟悉 VHDL 程序顺序执行语句的特点，熟练使用 VHDL 的顺序语句。

项目 6：以基于 VHDL 程序的字符型 LCD1602 控制器设计制作为载体，训练学生将驱动实际电子元器件工作的逻辑时序转化为 VHDL 硬件描述语言的能力；使学生熟悉状态机的类型和特点，熟练使用状态机描述时序逻辑控制电路。

项目 7：以 LED 点阵显示屏控制器设计制作为载体，训练学生 VHDL 程序的层次化设计能力；使学生熟悉 VHDL 程序的结构化描述方法，熟练使用元件例化语句及 LPM 宏功能模块。

项目 8：以基于 VHDL 程序的二自由度云台控制器设计制作为载体，训练学生采用层次化、结构化描述方法设计相对复杂的数字电子系统的综合能力；使学生熟悉原理图、文本混合输入设计方法，熟练使用 VHDL 程序描述 PWM 控制信号。

本书由浙江衢州职业技术学院王真富教授编写。书中所有实例源代码均经过 Quartus II 13.0 与 ModelSim-Altera 10.5b 软件平台测试，各项目均通过下载编程与硬件调试。由于 FPGA 应用技术发展迅速，作者的水平有限，书中的错漏在所难免，敬请读者批评指正。

作　者

2019 年 3 月

目　　录

项目 1　设计二位二进制数乘法器

本项目以二位二进制数乘法器为载体，介绍基于 FPGA 的 EDA 开发流程。

通过在 Quartus II 13.0 集成开发环境中设计基于原理图输入的二位二进制数乘法器，使读者掌握开发工具 Quartus II 13.0 和仿真工具 ModelSim 10.5b 的使用方法。

1.1　二位二进制数乘法器设计任务概述

为了设计二位二进制数乘法器，硬件方面我们采用 EP4CE6E22C8-FPGA 最小系统板。采用不同的输入输出的表示方法，在 FPGA 中设计出来的程序是不同的，但在基于 FPGA 的 EDA 开发系统中的设计流程是一致的。

1．学习目标

技 能 目 标	知 识 目 标
（1）会安装 EDA 开发软件。	（1）了解 EDA 技术概况。
（2）能使用 Quartus II 13.0 软件，并应用原理图输入法设计简单的组合逻辑电路。	（2）了解 FPGA 的工作原理与基本结构。
（3）能使用 ModelSim 10.5b 软件对设计好的电路进行仿真。	（3）掌握基于 FPGA 的 EDA 开发流程。
（4）能将设计好的程序通过编程器载入开发板上的目标芯片。	（4）熟悉 Quartus II 13.0 界面。
（5）能使用 Quartus II 13.0 软件对设计好的电路进行引脚分配。	（5）熟悉 ModelSim 10.5b 界面
（6）能用开关、发光二极管及数码管设计数字电子系统的输入与输出部分	

2．任务描述

在 Quartus II 13.0（以下简称 Quartus II）软件平台上，用原理图输入法设计二位二进制数乘法器；用 ModelSim-Altera 10.5b（以下简称 ModelSim）仿真软件对设计结果进行检查和仿真；用 EP4CE6E22C8-FPGA 最小系统板（以下简称 FPGA 最小系统板）进行硬件验证。可利用的输入输出资源为按键开关、发光二极管、数码管连接线等。

3．教学工具

（1）计算机。

（2）Quartus II 软件。

（3）ModelSim 仿真软件。

（4）FPGA 最小系统板、万能板、按键开关、数码管发光二极管、连接线。

1.2　二位二进制数乘法器设计方案

整个设计方案包括乘法器的设计、输入电路及输出显示电路的设计。根据输出显示电路的设计不同，须在 FPGA 中增加不同的显示译码模块。

1. 设计方案概述

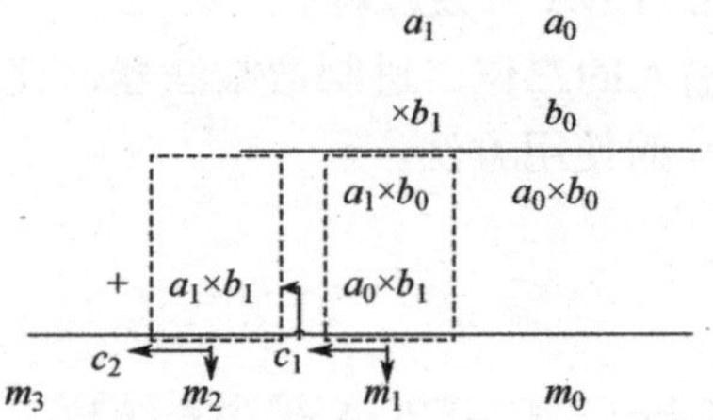

图 1.1　二位二进制数相乘过程

二位二进制数相乘最多可得四位二进制数，其乘法运算如图 1.1 所示。

从二进制数相乘过程可知：如果用硬件逻辑元件表示，积的第 1 位“m_0”为输入量 a_0、b_0 相“与”的结果，即 $m_0=a_0\&b_0$；积的第 2 位“m_1”为 $a_1\&b_0$ 与 $a_0\&b_1$ 的和，同时产生进位 c_1；积的第 3 位“m_2”为 $a_1\&b_1$ 与 c_1 的和，同时产生进位 c_2；积的第 4 位“m_3”为进位 c_2。由分析可知，系统可分解为 2 个半加器和 4 个与门，如图 1.2 所示。

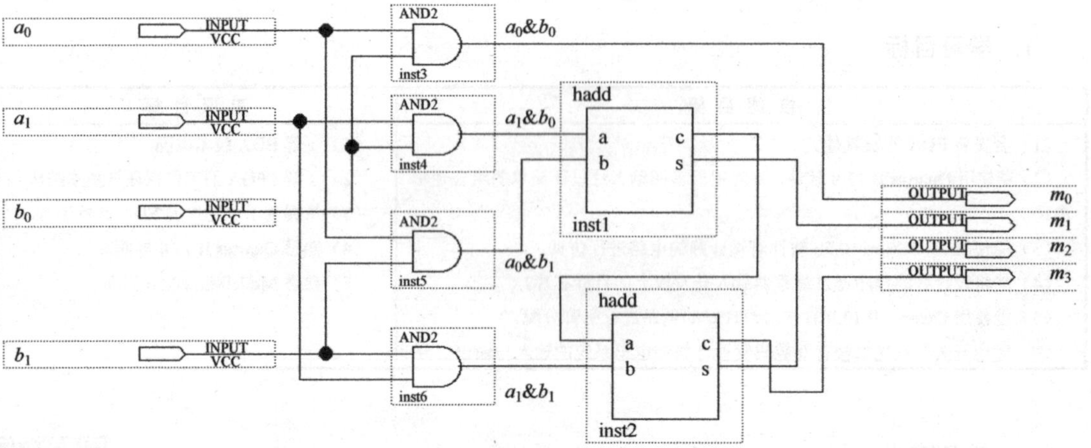

图 1.2　二位二进制数乘法器原理图

半加器是指可以完成两个一位二进制数的加法运算，并获得和与进位的加法器。显然，一位二进制数半加器输入端口为加数 B_n 与被加数 A_n，输出端口为和 S_n 与进位 C_n，其模型如图 1.3 所示。

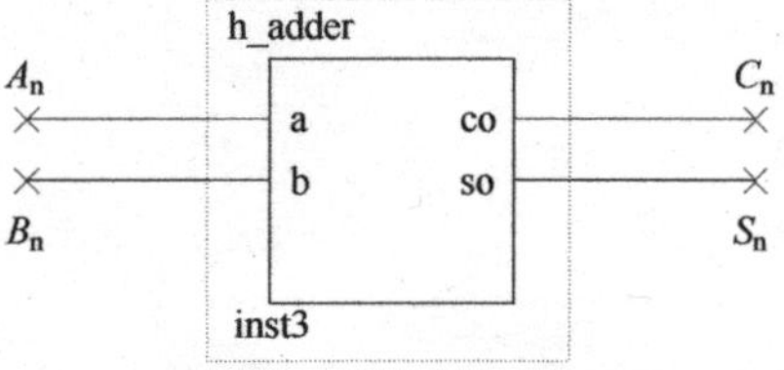

图 1.3　半加器模型

设计半加器可采用数字电路中组合逻辑电路的设计方法：列真值表，写逻辑表达式，画出逻辑电路图。

根据定义，半加器的真值表如表 1.1 所示。从真值表可知半加器逻辑表达式为：

$$C_n=A_nB_n, \quad S_n=A_n \oplus B_n$$

表 1.1　半加器真值表

被加数 A_n	加数 B_n	进位 C_n	和 S_n
0	0	0	0
0	1	0	1
1	0	0	1
1	1	1	0

由逻辑表达式，可得出半加器原理图，如图 1.4 所示。

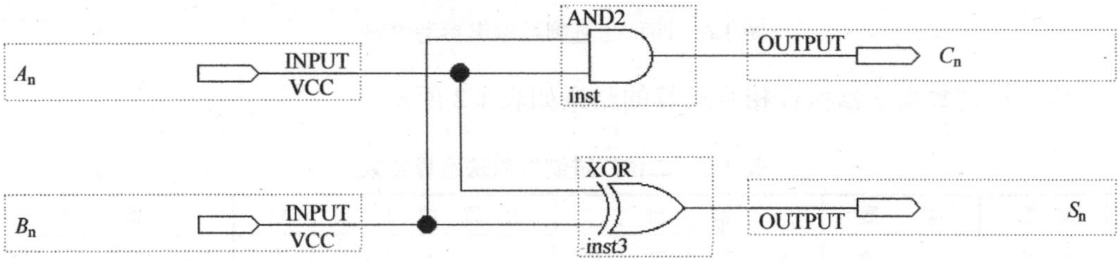

图 1.4　半加器原理图

2. 输入输出电路的设计

由于 FPGA 最小系统板没有连接输入输出器件，根据表示方法不同，我们可以设计不同的输入输出电路。

1）输入电路设计

用两个按键开关 S_0、S_1 代表二位二进制数输入，当按下按键时输入高电平，与之相连的发光二极管“亮”，表示输入二进制数“1”；当未按下按键时，输入低电平，与之相连的发光二极管“灭”，表示输入二进制数“0”。输入参考电路如图 1.5 所示。

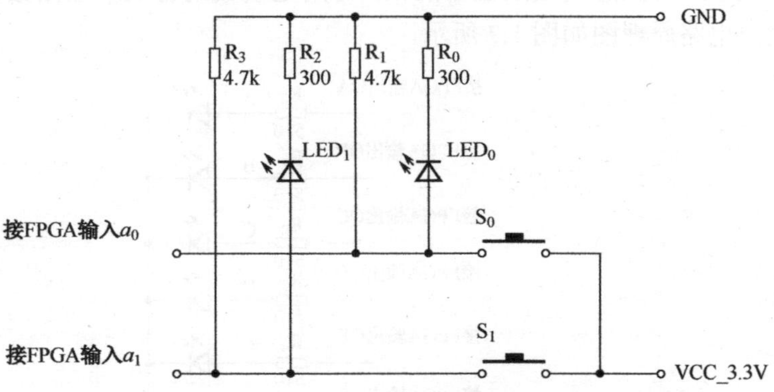

图 1.5　二位二进制数输入参考电路

2）用发光二极管表示输出

用发光二极管的“亮”与“灭”表示输出的二进制数“1”与“0”。当输出为高电平时，与之相连的发光二极管“亮”，表示输出二进制数“1”；当输出为低电平时，与之相连的发光二极管“灭”，表示输出二进制数“0”。输出参考电路如图 1.6 所示。

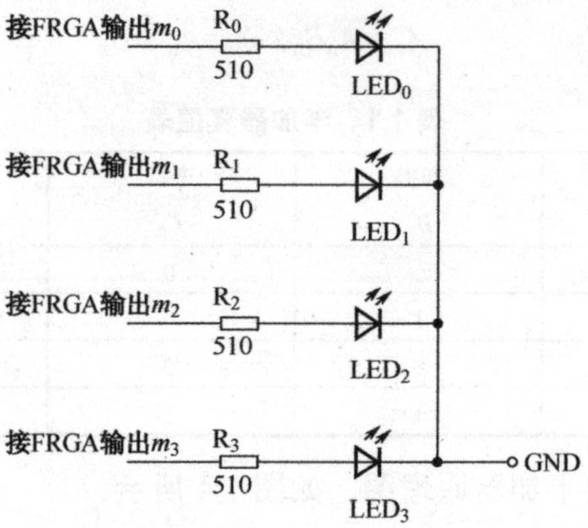

图1.6　四位二进制数输出参考电路

二位二进制数乘法器执行相乘运算的结果如表1.2所示。

表1.2　二位二进制数乘法运算结果

被乘数		乘数		输出				被乘数		乘数		输出			
a_1	a_0	b_1	b_0	m_3	m_2	m_1	m_0	a_1	a_0	b_1	b_0	m_3	m_2	m_1	m_0
灭	灭	灭	灭	灭	灭	灭	灭	亮	灭	灭	灭	灭	灭	灭	灭
灭	灭	灭	亮	灭	灭	灭	灭	亮	灭	灭	亮	灭	灭	亮	灭
灭	灭	亮	灭	灭	灭	灭	灭	亮	灭	亮	灭	灭	亮	灭	灭
灭	灭	亮	亮	灭	灭	灭	灭	亮	灭	亮	亮	灭	亮	亮	灭
灭	亮	灭	灭	灭	灭	灭	灭	亮	亮	灭	灭	灭	灭	灭	灭
灭	亮	灭	亮	灭	灭	灭	亮	亮	亮	灭	亮	灭	灭	亮	亮
灭	亮	亮	灭	灭	灭	亮	灭	亮	亮	亮	灭	灭	亮	亮	灭
灭	亮	亮	亮	灭	灭	亮	亮	亮	亮	亮	亮	亮	灭	灭	亮

3）用数码管表示输出值

为了直观地显示二位二进制数乘法器的积，可用七段数码管表示输出数值。七段数码管的外形示意与输出电路原理图如图1.7所示。

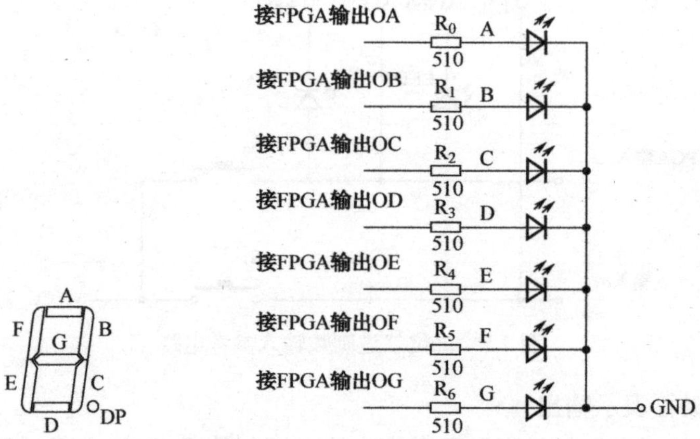

图1.7　七段数码管的外观示意与输出电路原理图

由于七段数码管需要七位二进制数控制显示，而二位二进制数乘法器输出为四位二进制数“$m_3m_2m_1m_0$”，因而需要增加译码器，可以选择 7449 BCD 七段译码器，其真值表如表 1.3 所示。7449BCD 七段译码器可以由 FPGA 产生，从 Quartus II 软件的元件库中调用。增加译码器后二位二进制数乘法器原理图如图 1.8 所示。

表 1.3　7449BCD 七段译码器真值表

输　入					输　出							显示字符
$\overline{BIN}$	D	C	B	A	OA	OB	OC	OD	OE	OF	OG	
1	0	0	0	0	1	1	1	1	1	1	0	0
1	0	0	0	1	0	1	1	0	0	0	0	1
1	0	0	1	0	1	1	0	1	1	0	1	2
1	0	0	1	1	1	1	1	1	0	0	1	3
1	0	1	0	0	0	1	1	0	0	1	1	4
1	0	1	0	1	1	0	1	1	0	1	1	5
1	0	1	1	0	0	0	1	1	1	1	1	6
1	0	1	1	1	1	1	1	0	0	0	0	7
1	1	0	0	0	1	1	1	1	1	1	1	8
1	1	0	0	1	1	1	1	0	0	1	1	9
1	1	0	1	0	0	0	0	1	1	0	1	⊏
1	1	0	1	1	0	0	1	1	0	0	1	⊐
1	1	1	0	0	0	1	1	0	0	1	1	⊔
1	1	1	0	1	1	0	0	1	0	1	1	⊑
1	1	1	1	0	0	0	0	1	1	1	1	⊏
1	1	1	1	1	0	0	0	0	0	0	0	
0	×	×	×	×	0	0	0	0	0	0	0	

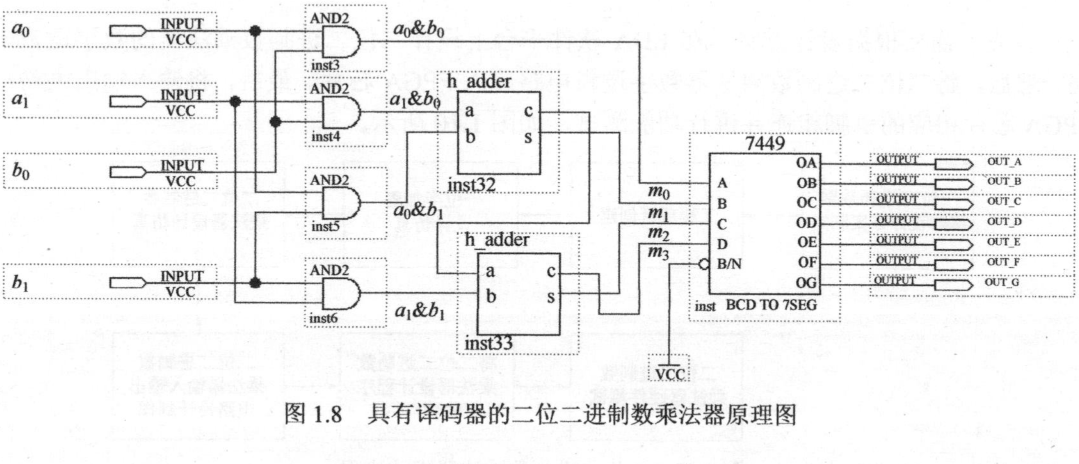

图 1.8　具有译码器的二位二进制数乘法器原理图

4）输入输出值均用数码管表示

如果输入的二进制乘数与被乘数及输出的积均用数码管显示其数值，则其参考原理图如图 1.9 所示。

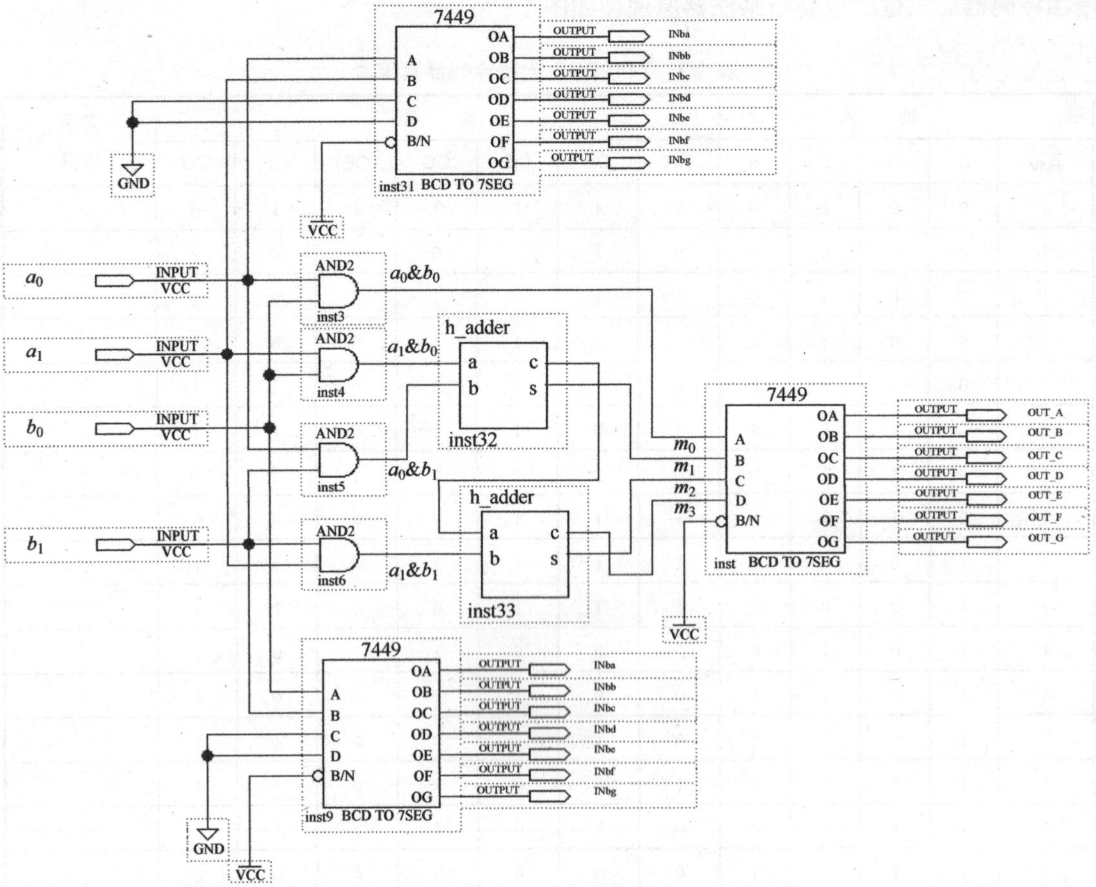

图 1.9 二位二进制数乘法器原理图

3. 设计制作流程

首先，需要根据设计方案，在 EDA 软件平台上设计二位二进制数乘法器的数字逻辑电路。然后，将二位二进制数乘法器数字逻辑电路载入 FPGA 芯片。最后，将输入输出电路与 FPGA 芯片相应的引脚相连并进行功能测试，如图 1.10 所示。

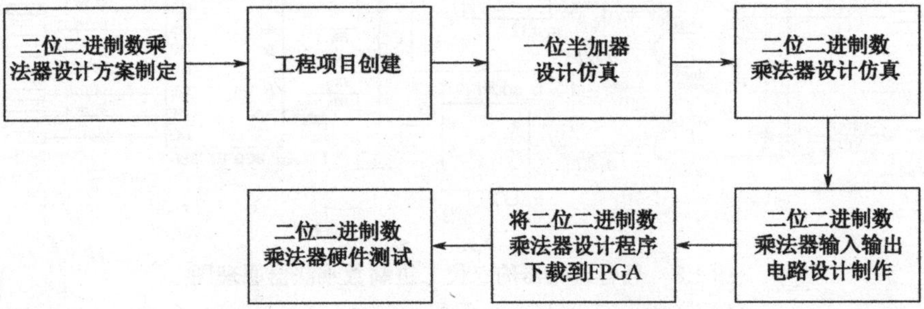

图 1.10 二位二进制数乘法器设计流程

1.3　知识链接——EDA 技术概述及设计工具软件的使用方法

EDA 技术是电子设计技术和电子制造技术的核心，它是将计算机技术应用于电子电路设计，并给电子产品的设计开发带来革命性变化的一门新技术，其发展和应用极大地推动了电子信息产业的发展。

1. EDA 技术概述

EDA 技术是利用计算机，在 EDA 软件平台上，自动地对硬件描述语言（Hardware Description Language，HDL）描述的系统逻辑设计文件进行逻辑编译、化简、分割、综合、优化、仿真，并将其下载到可编程逻辑器件 FPGA 芯片，实现既定的电子电路设计功能。EDA 技术使得电子电路设计者的工作（仅限于利用硬件描述语言和 EDA 软件实现系统硬件功能）的设计效率获得了极大提高，同时也缩短了整个产品的设计周期，节省了设计成本。

EDA 是在 20 世纪 90 年代初根据计算机辅助设计（CAD）、计算机辅助制造（CAM）、计算机辅助测试（CAT）和计算机辅助工程（CAE）的概念发展而来的。

1）EDA 技术特点

（1）在高层综合与优化方面，使得设计周期大大缩短，设计质量也得到提高。

（2）采用硬件描述语言来描述设计，形成了国际通用的 VHDL 等硬件描述语言。使得复杂 IC 的描述规范化，便于传递、交流、保存与修改；并可建立独立的工艺设计文档，便于设计重用。

（3）具备开放式的设计环境。

（4）采用“自顶向下”的设计方法。

（5）具有丰富的元器件模块库。

（6）建立了并行设计工程框架结构的集成化设计环境，可适应规模大而复杂、数字与模拟电路并存、硬件与软件并存、产品上市及更新快的要求。

2）EDA 技术发展趋势

未来的 EDA 技术将在仿真、时序分析、集成电路自动测试、开发操作平台的扩展等方面取得新的突破，向着功能强大、简单易学、使用方便的方向发展。

（1）可编程逻辑器件发展趋势：高密度、高速度、宽频带、低电压、低功耗，可在线编程，可预测延时，使用混合可编程技术等。

（2）开发工具的发展趋势：能处理混合信号，仿真更加高效，逐步成为理想的逻辑综合和优化工具等。

（3）系统描述方式的发展趋势：描述方式简便化、高效化和统一化。已经有许多公司提出方案，力求可在 C 语言的基础上使用硬件描述语言。

随着 EDA 技术的不断成熟，软件和硬件的概念将日益模糊，使用单一的高级语言直接设计整个系统将是一个统一化的发展趋势。

3）EDA 技术应用领域

FPGA 允许用户编程实现所需逻辑功能的电路，它与分立元器件相比，具有速度快、容量大、功耗小和可靠性高等优点。由于集成度高，设计方法先进，可现场编程，可以设计各种数字电路，因此，FPGA 在通信、数据处理、网络、仪器、工业控制、军事和航空航天等众多领域内得到了广泛应用。

在电路设计应用方面，连接逻辑、控制逻辑是 FPGA 早期发挥作用比较大的领域，也是 FPGA 应用的基石。

在产品设计方面，FPGA 因为具备多接口、功能 IP、内嵌 CPU 等特点，可有条件地实现一个构造简单，固化程度高，功能全面的系统产品，这是 FPGA 技术应用最广大的市场。

在系统级应用方面，FPGA 与传统的计算机技术结合，可实现一种 FPGA 版的计算机系统，如用 Xilinx V-4/V-5 系列的 FPGA 内嵌 POWER PC CPU，可以快速构成 FPGA 大型系统。

2. FPGA 的工作原理与基本结构

1985 年，Xilinx 公司推出现场可编程门阵列 FPGA。它是一种新型高密度的 PLD 器件，采用 COMS-SRAM 工艺制作，其内部有许多独立的可编程逻辑模块（CLB），逻辑模块之间可以被灵活地连接起来。

1）工作原理

FPGA 可以被反复擦写，因此，它所实现的逻辑电路不是通过固定门电路的连接完成的，而是采用了一种易于反复配置的查找表结构。

目前，主流 FPGA 都采用了基于 SRAM 的查找表结构，也有一些对可靠性要求高的 FPGA 产品采用 Flash 或者熔丝查找表结构。通过擦写文件改变查找表内容，实现对 FPGA 的重复配置。

根据数字电路的基本原理，对于一个具有 n 个输入的逻辑运算，不管是与、或、非运算还是“异或”运算，最多有 2^n 个输出结果。所以，如果事先将输入变量的所有取值可能及对应输出结果（即真值表）存放于一个 RAM 存储器中，然后通过查找表来由输入找到对应的输出值，就相当于实现了与真值表的内容相对应的逻辑电路的功能。

FPGA 的基本原理是通过擦写文件去配置查找表的内容，从而在相同的电路情况下实现不同的逻辑功能。查找表（Look-up Table）简称 LUT，LUT 实际上就是一个 RAM。目前，多数 FPGA 中使用具有 4 个输入端的 LUT，每一个 LUT 可以看成一个有 4 位地址线的 RAM。当用户通过原理图或硬件描述语言 HDL 描述了一个逻辑电路以后，FPGA 开发软件就会自动计算逻辑电路的所有可能结果，并把这些计算结果（即逻辑电路的真值表）事先写入 RAM 中，这样，用户每输入一组逻辑值进行逻辑运算时，就等于输入一个地址进行查表，系统找到地址对应的内容后进行输出即可。

基于 SRAM 结构的 FPGA 在使用时需要外接片外存储器（常用 E2PROM）来保存设计文件所生成的配置数据。上电时，FPGA 将片外存储器中的数据读入片内 RAM 中，完成配置后进入工作状态；掉电后，FPGA 恢复为“白片”，内部逻辑数据消失。这样，FPGA 可以反复擦写，这种特性非常有助于实现设备功能的更新和升级。

2）FPGA 的基本结构

FPGA 结构通常包括 3 种基本逻辑模块：可编程输入/输出模块、可编程逻辑模块（CLB）和可编程布线资源（PI）。较复杂的 FPGA 结构中还有一些其他功能模块，如图 1.11 所示。FPGA 的基本组成结构包括可编程输入/输出模块、可编程逻辑模块、可编程布线资源、内嵌块 RAM、底层内嵌功能单元和内嵌专用硬核等。

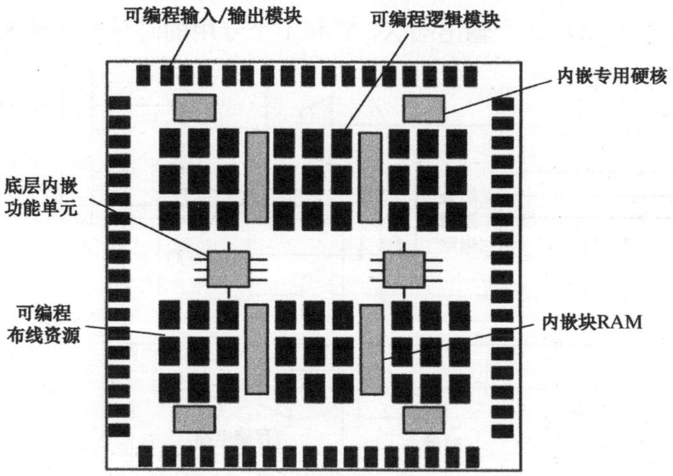

图 1.11　FPGA 的结构框图

（1）可编程输入/输出模块（IOB）。IOB 是 FPGA 芯片与外界电路的接口部分，用于完成不同电路特性下对输入/输出信号的驱动与配置。一种结构比较简单的 FPGA 芯片（Xilinx 公司的 XC2064）的 IOB 结构如图 1.12 所示。

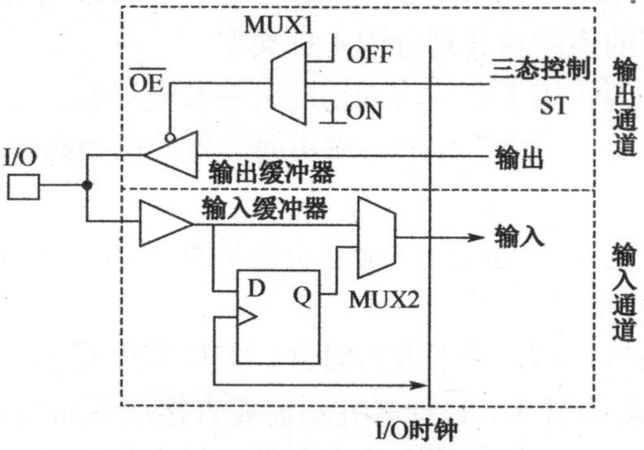

图 1.12　可编程输入/输出模块

由图可见，它由1个输出缓冲器、1个输入缓冲器、1个D触发器和2个多路选择器（MUX1 和 MUX2）组成。1 个 IOB 与 1 个外部引脚相连，在 IOB 的控制下，外部引脚可以用于输入、输出或者双向传输信号。

每个 IOB 中含有 1 条输入通道和 1 条输出通道。当多路选择器 MUX1 输出为高电平时，输出缓冲器的输出端处于高阻态，外部 I/O 引脚用作输入端，输入信号经输入缓冲器转换为适用于芯片内部工作的信号，同时，缓冲后的输入信号被送到 D 触发器的 D 输入端和多路选择器 MUX2 的一个输入端。

用户可编程选择直接输入方式（不经 D 触发器而直接送入 MUX2）或者寄存器输入方式（经 D 触发器后再送入 MUX2）。

当多路选择器 MUX1 输出为低电平时，外部 I/O 引脚作为输出端使用。

（2）可编程逻辑模块（CLB）。CLB 是 FPGA 的主体，以矩阵形式安置在器件中心，其实际数量和特性依器件规格不同而不同。

每个 CLB 内都包含组合逻辑电路、存储电路和由一些多路选择器组成的内部控制电路，外有 4 个通用输入端 A～D，2 个输出端 X、Y 和 1 个专用的时钟输入端 K，如图 1.13 所示。

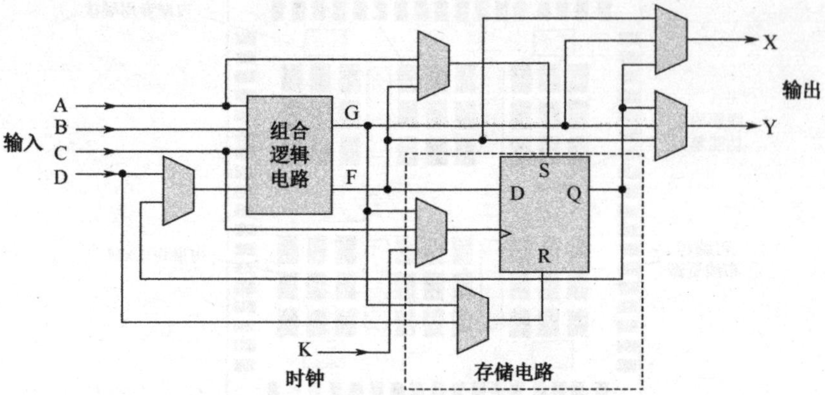

图 1.13　FPGA(XC2064)的 CLB 结构

组合逻辑电路部分可以根据需要被设为 3 种不同的组合逻辑形式，分别产生一个四输入变量的函数、两个三输入变量的函数和一个五输入变量的函数，输入变量可以来自 CLB 的 4 个输入端，也可以来自 CLB 内部触发器的 Q 端输出，使整个控制逻辑具有较强的灵活性。

（3）可编程布线资源（PI）。FPGA 芯片内部有着丰富的布线资源，可根据工艺、连线长度、连线宽度和布线位置的不同将其划分为 4 种类型。

第 1 类是全局布线资源，用于芯片内部全局时钟和全局复位/置位信号的布线。

第 2 类是长线资源，用于完成芯片中各模块间信号的长距离传输，或用于以最短路径将信号传送到多个目的地。

第 3 类是短线资源，它具有连线短、延迟小的特点，如 CLB 的输出端 X 与它上下相邻的 CLB 输入端的连接。

第 4 类是分布式的布线资源，用于专有时钟、复位等控制信号线。

需要说明的是，在实际设计中，设计者并不需要直接选择布线资源，布局布线器（软件）可自动地根据输入逻辑网表的拓扑结构和约束条件选择布线资源来连通各个模块单元。

（4）内嵌块 RAM（BRAM）。目前大多数 FPGA 都具有内嵌块 RAM，这大大拓展了 FPGA 的应用范围和灵活性。内嵌块 RAM 一般可以被灵活地配置为单端口 RAM、双端口 RAM、内容地址存储器 CAM（Content Addressable Memory）和 FIFO 等常用存储结构。

在 CAM 内部的每个存储单元中都有一个比较逻辑电路，CAM 会将被写入数据和其内部存储的每一个数据进行比较，并返回与端口数据相同的所有内部数据的地址。这种功能特性在地址交换器中被广泛应用。

（5）底层内嵌功能单元。底层内嵌功能单元指的是那些通用程度较高的嵌入式功能模块，如 DLL（Delay Locked Loop）、PLL（Phase Locked Loop）、DSP 和 CPU 等。

正是由于集成了丰富的底层内嵌功能单元，才使 FPGA 能够满足各种不同场合的需求。

DLL 和 PLL 具有类似的功能，可以完成对时钟信号的高精度、低抖动倍频和分频，以及占空比调整和移相等功能。

（6）内嵌专用硬核。内嵌专用硬核（Hard Core）是相对底层嵌入的软核而言的。FPGA 中处理能力强大的硬核等效于 ASIC 电路。

为了提高 FPGA 的乘法计算速度，主流的 FPGA 都集成了专用乘法器。为了适用于通信总线与接口标准，很多高端的 FPGA 内部都集成了串并收发器（SERDES），可以达到几十吉比特/秒（Gbps）的收发速度。

3）IP 核简介

IP（Intelligent Property）核是具有知识产权的集成电路核心的总称，是经过反复验证的、具有特定功能的宏模块。它与芯片制造工艺无关，可以被用于不同的半导体工艺。

目前，IP 核已经变成系统设计的基本单元，并作为独立设计成果被交换、转让和销售。

根据 IP 核的提供方式，通常将其分为软核、硬核和固核三种类型。从完成 IP 核所消耗的成本来讲，硬核代价最大；从使用灵活性来讲，软核的可复用性最高。

（1）软核。在 EDA 设计领域中，软核指的是综合（Synthesis）之前的寄存器传输级（RTL）模型。

在具体的 FPGA 设计中，软核指的是对电路的硬件语言描述，包括逻辑描述、网表和帮助文档等。软核只经过功能仿真，需要经过综合及布局布线后才能使用，其优点是灵活性高，可移植性强，允许用户自己配置；其缺点是对模块的可预测性较低，在后续设计中存在发生错误的可能性，存在一定的设计风险。软核是 IP 核应用最广泛的形式。

（2）固核。在 EDA 设计领域中，固核指的是带有平面规划信息的网表。在 FPGA 具体设计中，可以将其看成带有布局规划的软核，通常以 RTL 代码和对应具体工艺网表的混合形式提供，将 RTL 描述结合具体标准单元库进行综合优化设计，形成门级网表，再通过布局布线工具即可使用。

与软核相比，固核的设计灵活性稍差，但在可预测性上有较大提高。

（3）硬核。在 EDA 设计领域中，硬核指的是经过验证的设计图。在 FPGA 具体设计中，硬核指布局和工艺固定的经过前端和后端处理的设计，设计人员不能对其修改。

硬核的这种不允许修改的特点使对其的复用有一定难度，所以硬核设计通常用于某些特定应用，使用范围较窄。

3. 基于 FPGA 的 EDA 开发流程

基于 FPGA 的基本开发流程主要包括设计准备、设计输入、功能仿真、综合、布局布线、时序仿真、下载编程及硬件测试等步骤，一般开发流程如图 1.14 所示。

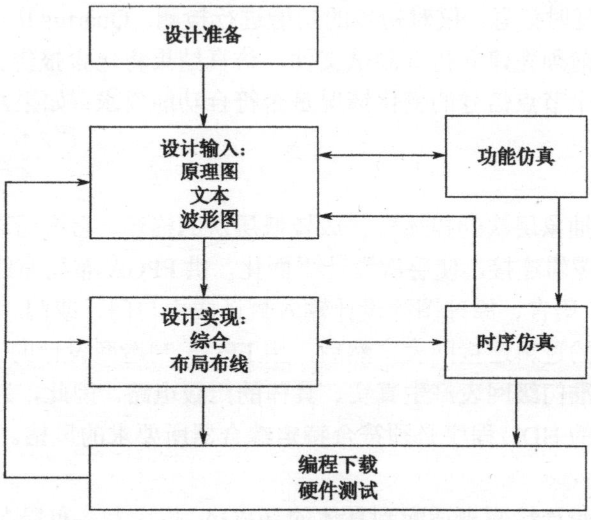

图 1.14　基于 FPGA 的 EDA 开发流程

1）设计准备

设计准备是指设计者在进行设计之前，依据任务要求，为确定系统所要完成的功能、器件资源的利用、成本等所做的准备工作，如进行方案论证、系统设计和器件选择等。

2）设计输入

设计输入是将所设计的电路或系统以开发软件所要求的某种形式表示出来，并输入给 EDA 工具的过程。常用的输入方式如下。

（1）原理图（图形）输入方式。原理图（图形）输入方式是最直接的设计输入方式，用户可以此方式将所需要的元器件从库中调出来，画出电路原理图，完成输入过程。这种方式大多用在用户对系统及各部分电路很熟悉的情况下，或系统对时间特性要求较高的场合，其优点是容易实现仿真，便于信号的观察和电路的调整。但在大型设计中，这种方法的效率较低，且不易维护，不利于模块构造和重用。

（2）硬件描述语言（文本）输入方式。硬件描述语言包括普通硬件描述语言和行为描述语言，用文本方式描述设计和输入。普通硬件描述语言有 AHDL、CUPL 等，支持逻辑方程、真值表、状态机等逻辑表达方式。

行为描述语言是常用的高层硬件描述语言，有 VHDL 和 Verilog HDL 等，具有很强的逻辑描述和仿真功能，可实现与工艺无关的编程与设计，可以使设计者在系统设计、逻辑验证阶段便确定方案的可行性，而且输入效率高，在不同的设计输入库之间转换也非常方便。

（3）波形图输入方式。波形图输入方式主要用于建立和编辑波形设计文件，以及输入仿真向量和对向量进行功能测试，它适用于含时序逻辑和有重复性的逻辑函数。系统软件可以根据用户定义的输入/输出波形自动生成逻辑关系。

波形图输入方式还允许设计者对波形进行复制、剪切、粘贴、重复与伸展，从而可以用内部节点、触发器和状态机建立设计文件，并将波形进行组合，以其显示各种进制的状态值。波形图输入方式还允许通过将一组波形重叠到另一组波形上，对两组仿真结果进行比较。

3）功能仿真

功能仿真也称前仿真或行为仿真，是在综合之前对用户所设计的电路进行逻辑功能验证。这时的仿真没有延时信息，仅对初步的功能进行检测。Quartus II 可以与 ModelSim 无缝衔接实现仿真。仿真前须先建立仿真测试文件，仿真结果将包含报告文件和输出信号波形，从中用户可以观察各个节点信号的变化情况是否符合功能要求；如果发现错误，可返回设计阶段进行修改。

4）综合

综合就是将较高抽象层次的描述转化成较低层次的描述。它根据设计目标与要求（约束条件）优化所生成的逻辑连接，使层次设计平面化，供 FPGA 布局布线软件来实现。具体而言，综合就是将 HDL 语言、原理图等设计输入翻译成由与门、或门、非门、RAM、触发器等基本逻辑单元组成的逻辑连接网表。然后，用 FPGA 制造商设计的工具的布局布线功能，根据综合后生成的标准门级网表产生真实、具体的门级电路。因此，为了能够转换成标准的门级网表，用户编写的 HDL 程序必须符合特定综合器所要求的风格。

5）布局布线

将综合生成的逻辑连接网表适配到具体的 FPGA 芯片上，布局布线是其中最重要的过程。布局将逻辑连接网表中的底层单元定位到芯片内部的合理位置上，并且在速度最优和面积最优之间做出权衡和选择。

布线指根据布局的拓扑结构，利用芯片内部的各种连线资源，正确地连接各个元器件。由于FPGA的结构非常复杂，只有FPGA芯片生产厂商才对芯片的结构最为了解，所以布局布线时必须选择开发商提供的工具。

6）时序仿真

时序仿真也称后仿真，是指将布局布线的延时信息反标注到设计网表中来检测有无时序违规现象。由于时序仿真含有较为全面、精确的延时信息，所以能较好地反映芯片的实际工作情况。通过时序仿真，可检查和清除电路中实际存在的冒险竞争现象。

7）下载编程与硬件测试

下载编程是将设计阶段所生成的位流文件装入到可编程元器件中。通常，进行元器件编程需要满足一定的条件，如编程电压、编程时序和编程算法等。基于SRAM的FPGA可以由EPROM或其他存储器进行配置。在系统中的可编程元器件则不需要专门的编程器，只要一根与计算机互连的下载编程电缆就可以了。

硬件测试是指对载入了设计的FPGA硬件系统进行统一测试，首先使FPGA芯片与输入输出设备，如按键、数码显示器、指示灯、扬声器等连接，然后将设计电路下载到FPGA中，进行相应的输入操作，检查输出结果，验证设计项目在目标系统上的实际工作情况，以排除错误，改进设计。

4. Quartus II设计开发工具的使用方法

EDA技术的核心是利用计算机完成电子系统的设计。EDA软件是进行设计开发必不可少的工具。不同FPGA芯片生产厂商开发的设计工具不同，本书主要介绍Altera公司的综合开发工具软件Quartus II。

Quartus II是支持Qsys系统集成工具的产品。Qsys系统集成工具的出现提高了系统开发速度，支持设计重用，从而缩短了FPGA设计过程，节省了时间，减轻了工作量；实现了对Stratix V FPGA系列的扩展支持（包括增加了收发器模式和特性）。Quartus II完全支持VHDL、Verilog HDL的设计流程，其内部嵌有VHDL、Verilog HDL逻辑综合器，可以与第三方仿真工具ModelSim无缝连接。

Quartus II的用户界面如图1.15所示，由标题栏、菜单栏、工具栏、工程管理窗口、任务窗口、消息窗口、状态窗口和工作区组成。在Quartus II集成开发环境中，选择【View】→【Utility Windows】菜单命令，可添加或隐藏工程管理窗口、任务窗口等窗口。

为了保证Quartus II的正常运行，首次运行软时须设置license.dat文件，否则许多功能将被禁用。

应用Quartus II进行开发的过程主要包括设计输入、设计处理、逻辑仿真和元器件编程等阶段。在设计的任何阶段出现错误都需要进行纠正，直至每个阶段都正确为止。

1）设计输入阶段

Quartus II的工作对象是工程，工程用来管理所有设计文件及编辑设计文件过程中产生的中间文件，建议用户将同一工程的所有设计文件及设计过程中产生的中间文件存储在同一文件夹内。在一个工程下，可以有多个设计文件，这些设计文件可以是原理图文件、文本（如

AHDL、VHDL、Verilog HDL 等）文件、元器件符号文件或第三方 EDA 工具提供的文件等，设计输入阶段主要包括工程的创建和设计文件的输入。

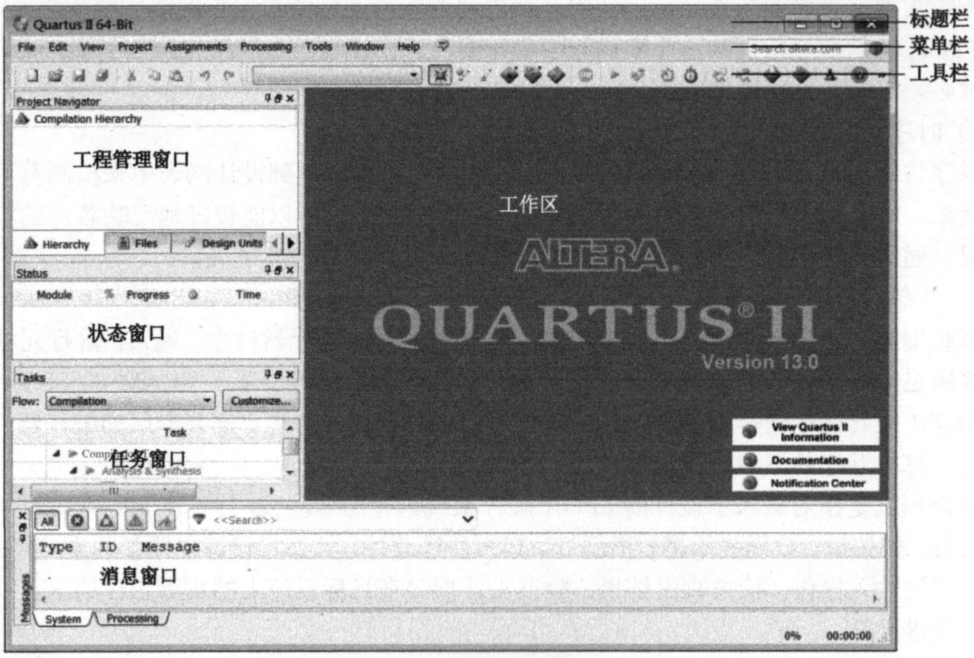

图 1.15　Quartus II 用户界面

（1）建立工程。我们一般通过工程向导创建工程，在 Quartus II 开发环境中选择【File】→【New Project Wizard】菜单命令，出现新建工程向导【New Project Wizard】对话框，如图 1.16 所示。

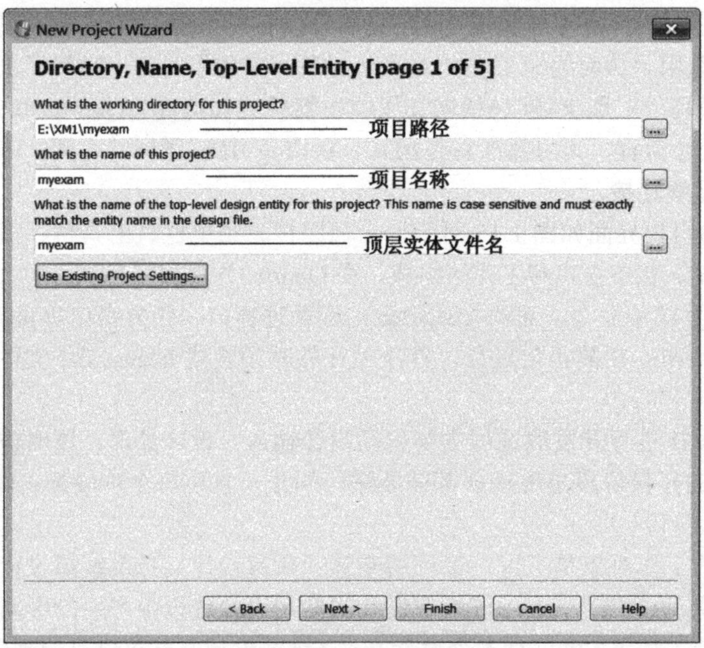

图 1.16　新建工程向导第 1 页

步骤 1：在对话框【page 1 of 5】页面相应栏设置工程文件保存的路径、工程的名称及顶层实体文件名，如“myexam”。顶层实体文件名可以与工程名称不一致，系统默认为一致的名称。完成上述工作后，单击【Next】进入【page 2 of 5】页面。

步骤 2：添加或删除已有的设计文件，如图 1.17 所示，用户可单击【...】浏览文件，查找自己所需的文件并将其添加进该工程。完成上述工作后，单击【Next】进入【page 3 of 5】页面。

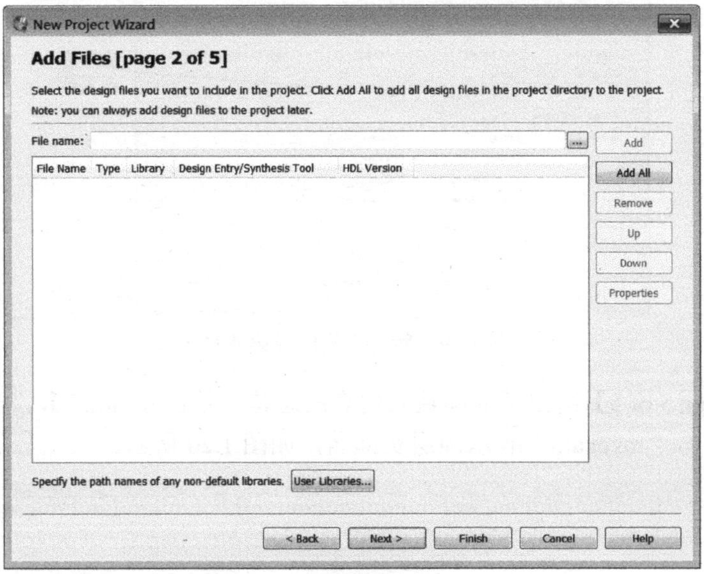

图 1.17　新建工程向导第 2 页

步骤 3：设置目标芯片的型号，如图 1.18 所示。用户可根据目标元器件的 FPGA 芯片型号，选择其在软件中对应的型号、封装方式、引脚数目、速度级别等。完成上述工作后，单击【Next】进入【page 4 of 5】页面。

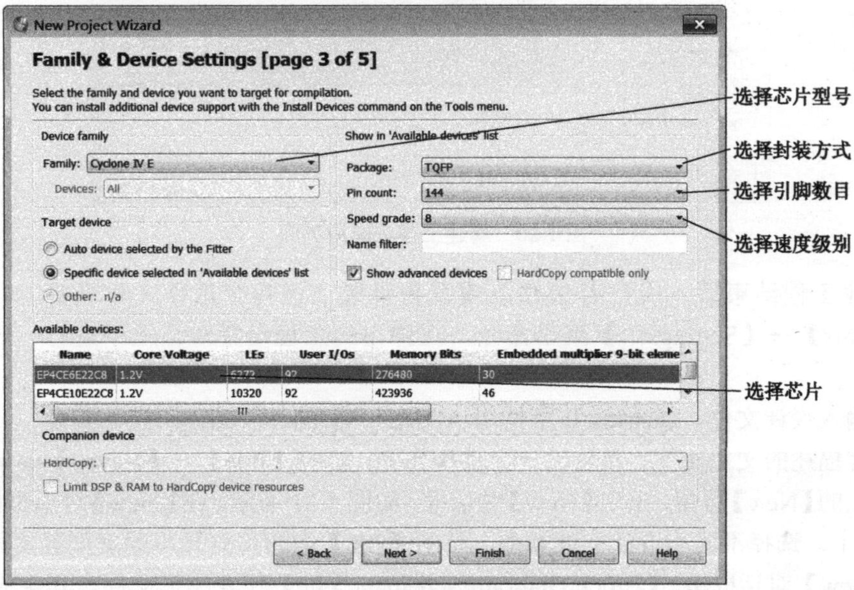

图 1.18　新建工程向导第 3 页

步骤 4：设置第三方 EDA 工具，如图 1.19 所示。在该页面上用户可添加第三方 EDA 综合、仿真、定时等分析工具。Quartus II 中没有自带仿真工具，在此可选择 ModelSim-Altera 仿真工具。完成上述工作后，单击【Next】进入【page 5 of 5】页面。

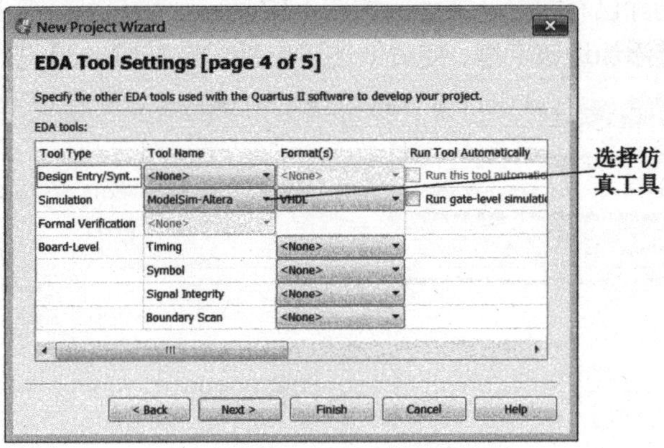

图 1.19　新建工程向导第 4 页

步骤 5：【page 5 of 5】给出了前面输入内容的总览。单击【Finish】，“myexam”工程出现在工程管理窗口，“myexam”表示顶层实体名，如图 1.20 所示。

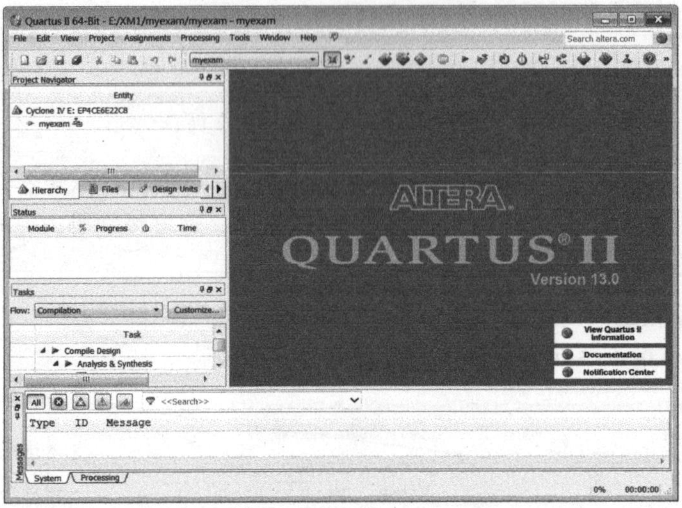

图 1.20　新建工程完成后界面

在新建工程结束后，用户若想修改或重新设置上述各个选项，可选择【Assignments】→【Settings...】菜单命令，在弹出的工程设置对话框中进行修改。

（2）输入设计文件。Quartus II 支持用 AHDL、VHDL、Verilog HDL 等硬件描述语言描述的文本文件。新建设计文件操作为：选择【File】→【New...】菜单命令或单击工具栏上的【New】按钮，出现【New】对话框，如图 1.21 所示。在【New】对话框的【Design File】选项下，选择不同的设计文件类型，单击【OK】按钮可打开不同类型的文件编辑器。

在【New】对话框中，【Block Diagram/Schematic File】代表图形文件，其生成设计文件的扩展名为“.bdf”。选择【Block Diagram/Schematic File】，打开图形编辑器，如图 1.22 所示。

通过图形编辑器，用户可以编辑图形和图表模块，画出原理图。

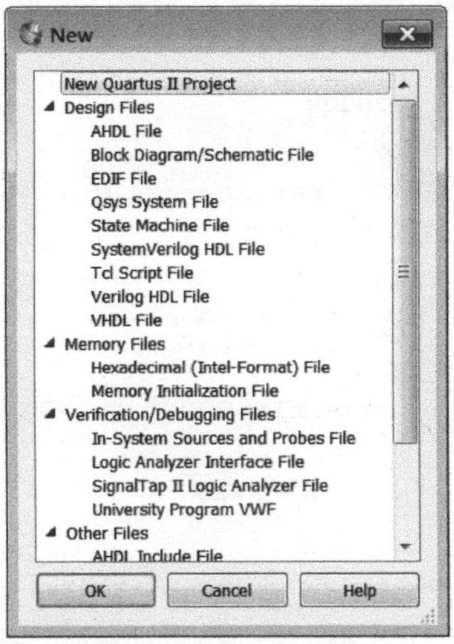

图 1.21　选择新建文件类型

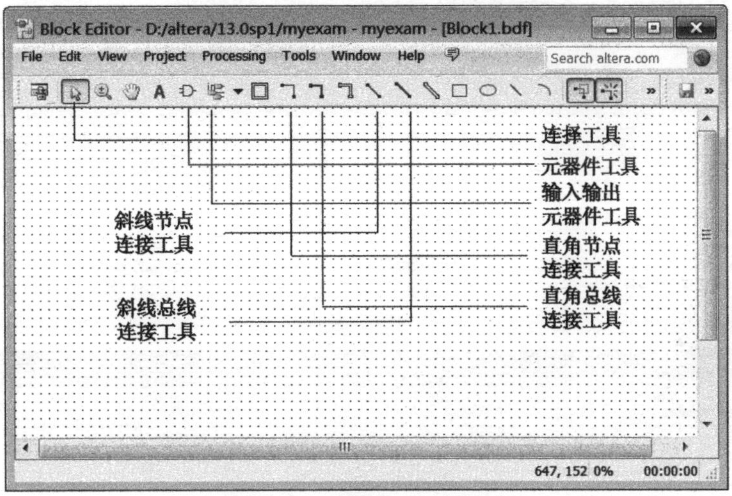

图 1.22　图形编辑器界面

为了简化原理图的设计过程，Quartus II 建立了常用的符号库，其中提供了具有各种逻辑功能的元器件符号，用户可以直接调用。编辑原理图文件的基本步骤包括：建立原理图文件、使用模块元器件符号库输入元器件符号（包括输入、输出引脚）、连接元器件符号等。

在【New】对话框中，【VHDL File】、【AHDL File】、【Verilog HDL File】分别代表 VHDL、AHDL、Verilog HDL 文本文件，其生成的设计文件扩展名分别为“.vhd”“.tdf”“.v”。用户可以在文本编辑窗口中按其各自的语言规则直接输入设计文件，也可以用 Quartus II 提供的相应的文本文件编辑模块，快速、准确地输入文本文件。

（3）通过文本文件编辑模块创建“binary_counter.vhd”文本文件。操作方法如下：

在【New】对话框中选择【VHDL File】，生成扩展名为“.vhd”的空文本文件。在文本编辑窗口，选择【Edit】→【Insert Template...】菜单命令，打开【Insert Template】对话框，单击左侧的【Language Template】栏目，选择所需的程序模块，如二进制计数器模块文件

“Binary Counter”，如图 1.23 所示；单击【Insert】，模块程序文件会出现在文本编辑器中，对模块文件进行简单的编辑和修改，最后完成的二进制计数器 VHDL 程序如下：

```
library ieee;
use ieee.std_logic_1164.all;
entity binary_counter is
    generic(    MIN_COUNT : natural := 0;
        MAX_COUNT : natural := 255);
    port(clk: in std_logic;
        reset: in std_logic;
        enable: in std_logic;
        q: out integer range MIN_COUNT to MAX_COUNT);
end entity;
architecture rtl of binary_counter is
begin
    process (clk)
        variable cnt: integer range MIN_COUNT to MAX_COUNT:=0;
    begin
        if (rising_edge(clk)) then
            if reset = '1' then
                cnt := 0;
            elsif enable = '1' then
                cnt := cnt + 1;
            end if;
        end if;
        q <= cnt;
    end process;
end rtl;
```

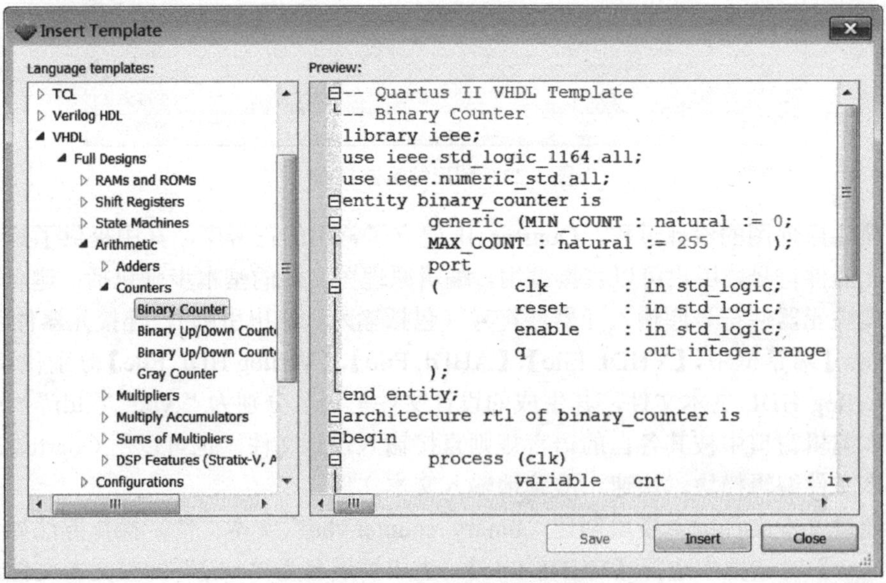

图 1.23　插入模块文件对话框

2）设计处理阶段

设计处理阶段包括设计错误检查、逻辑综合、元器件配置及产生编程下载文件。输入设计文件后，可直接执行编译操作（Compilation），编译后生成的编程文件可以用 Quartus II 编程器或符合其他工业标准的编程器打开。

编译的工作内容是对设计文件进行全面的设计处理，此项工作也可以分步骤执行，首先进行分析和综合处理（Analysis & Synthesis），检查设计文件有无错误，确认基本无误后，再进行工程的完整编译。

Quartus II 采用的是工程管理模式，一个工程可能会有多个设计文件，如果要对其中的一个文件进行编译处理，须将该文件设置成顶层文件。

设置顶层文件的方法：打开准备进行编译的文件，选择【Project】→【Set as Top-Level Entity】菜单命令。

执行编译操作的方法：选择【Processing】→【Start Compilation】菜单命令或直接单击工具栏【Start Compilation】的编译按钮▶，开始执行编译操作，对设计文件进行全面的检查、逻辑综合，并产生下载编程文件等。编译结束后，系统给出了编译后的信息，如图 1.24 所示。

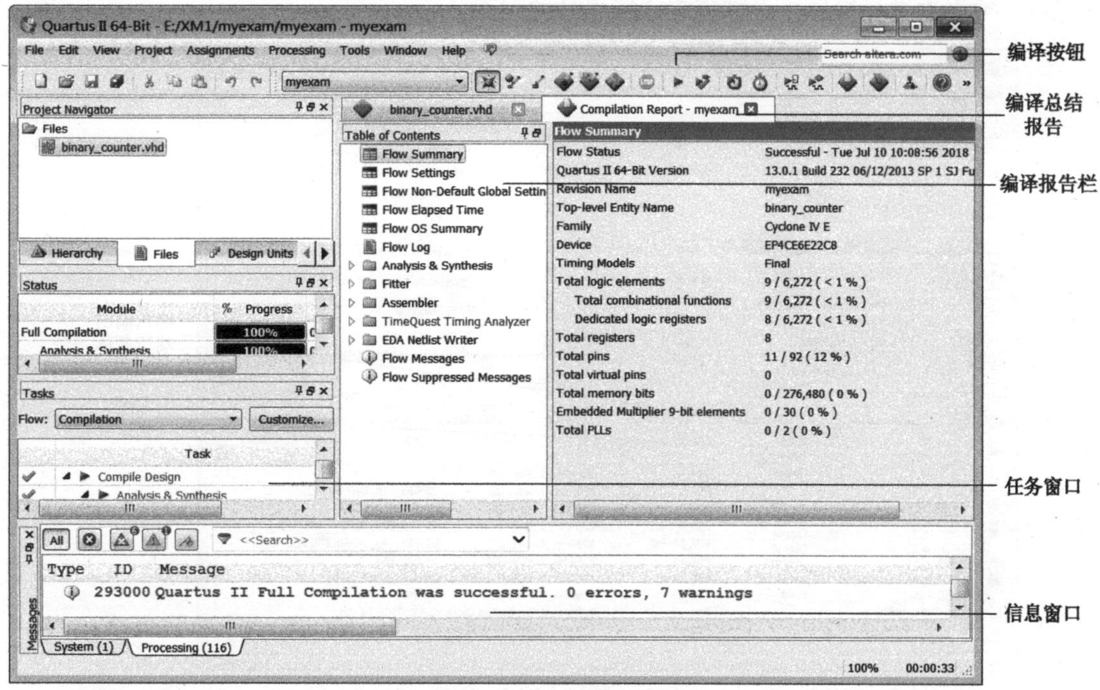

图 1.24　完成编译后的界面

任务窗口：显示编译过程中的编译进程及具体的操作过程。

信息窗口：显示所有信息、警告和错误。如果编译有错误，须修改设计，重新进行编译。以鼠标左键双击某个错误信息项，可以定位到原设计文件的对应位置并将其高亮显示。

编译报告栏：编译完成后系统将显示编译报告。编译报告栏包含了对一个设计进行正确编译后的所有信息，如元器件的资源统计、编译设置、底层显示、元器件资源利用率、适配结果、延时分析结果等。编译报告栏是一个只读窗口，选中某项可获得详细信息。

编译总结报告：编译完成后，系统直接给出此报告，报告中给出编译的主要信息（工程名、文件名、选用元器件名、占用资源、元器件引脚数等）。

3）逻辑仿真阶段

一个工程文件通过编译后能否实现预期的逻辑功能，需要进行仿真检验。仿真一般分为前仿真与后仿真。用户根据设计需要，编写完代码（Verilog HDL,VHDL,System Verilog）后，首先进行前仿真，验证所写代码是否能完成设计功能；前仿真又称为综合后仿真，即 Quartus II 在完成综合后，验证设计的功能；后仿真又称为时序仿真或布局布线后仿真，是加入延时后的仿真。Quartus II 本身没有仿真工具，但它可以与第三方仿真工具 ModelSim 无缝连接。

4）元器件编程阶段

在进行元器件编程前，须将输入输出电路的端口与相应的 FPGA 芯片引脚相连并锁定引脚。锁定引脚是将设计文件下载到 FPGA 芯片前必须完成的环节。锁定引脚是指将设计文件的输入输出信号分配给元器件的引脚。

锁定引脚操作方法：选择【Assignments】→【Pin Planner】菜单命令，出现如图 1.25 所示的对话框。在节点列表区列出了工程所有输入输出端口的名称，在需要锁定的节点名相对应的【Location】处用左键双击进行锁定，在列出的引脚号中进行选择。完成对所有引脚的锁定后，须再次进行编译，引脚锁定才能生效并保存。

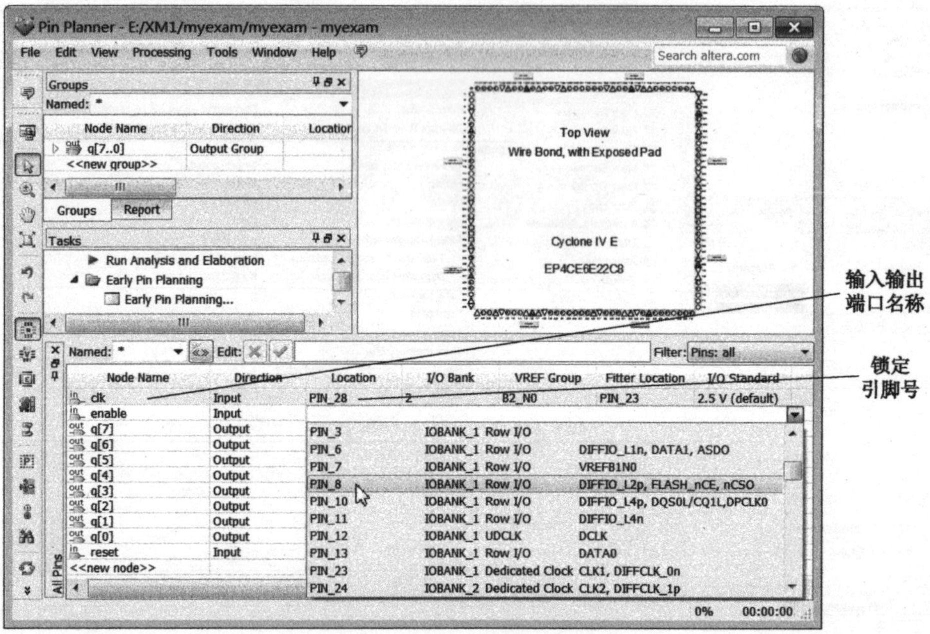

图 1.25　锁定引脚操作界面

编译成功后，Quartus II 会生成编程数据文件（文件后缀为“.pof”或“.sof”），通过下载电缆将编程数据文件下载到预先选择的 FPGA 芯片中，该芯片就会执行设计文件描述的功能。元器件编程的操作包括编程连接与编程操作。

首先用下载电缆将 PC 对应的端口与编程器相连，完成编程连接后进行编程操作。

- 若使用“MasterBlaster”下载电缆，将其连接到 PC 的 RS-232C 串行端口。
- 若使用“ByteBlasterMV”下载电缆，将其连接到 PC 的并行端口。

● 若使用“USB-Blaster”下载电缆，将其连接到 PC 的 USB 端口。

选择【Tools】→【Programmer】菜单命令或单击工具栏中的编程快捷按钮，打开如图 1.26 所示的编程窗口。根据连接的电缆及元器件编程要求设置，具体设置步骤如下。

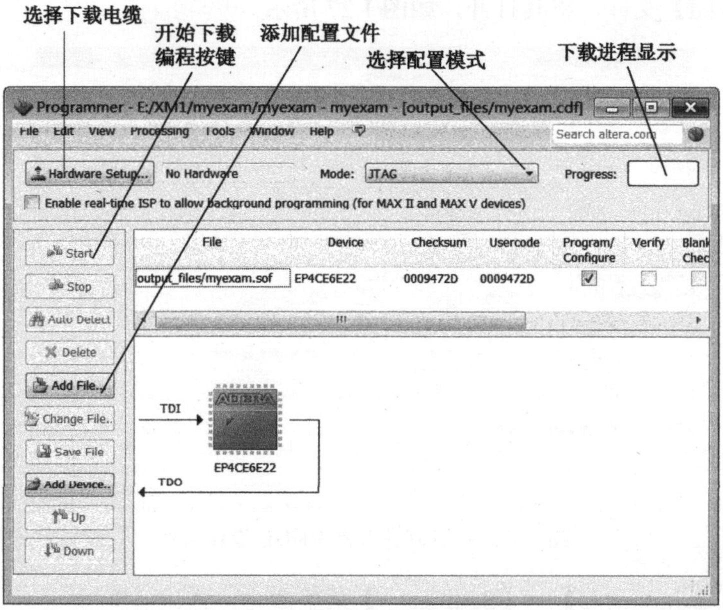

图 1.26　元器件编程设置对话框

（1）下载电缆设置：单击【Hardware Setup…】，在弹出的【Hardware Setup】对话框中，根据实际连接的电缆设置。

（2）配置模式设置：一般来说，在线编程时可用“JTAG”模式将“.sof”格式的配置文件载入芯片；如果为了使 FPGA 在上电启动后仍然保持原有的配置文件，并能正常工作，必须将配置文件烧写进专用的配置芯片中，这时的编程模式一般应被设为“Active Serial Programming”，以便将“.pof”格式的文件烧写进专用的配置芯片；也可以将“.sof”格式的文件转换为“.jic”格式的文件，通过“JTAG”模式将“.jic”格式的文件烧写进专用的配置芯片。

（3）配置文件选择：一般来说，系统会自动给出当前工程的在线编程模式的“.sof”格式的配置文件。如果要添加配置文件，用户可单击【Add File…】，添加配置文件。

（4）执行编程操作：单击【Start】，开始对元器件进行编程。编程过程中进度表显示下载进程，信息窗口显示下载过程中的警告和错误信息。

5. ModelSim 仿真工具的使用

Quartus II 中没有集成仿真工具，用户使用其进行 EDA 设计时，需要用第三方仿真工具进行仿真。本节介绍使用 ModelSim 仿真工具对 Quartus II 设计文件进行仿真的方法。ModelSim 带有 Altera 的仿真库，不用添加其他仿真库，可与 Quartus II 实现无缝对接。

1）Quartus II 环境下的仿真

Quartus II 完成对一个工程文件的编译后，要想知道工程能否实现预期的逻辑功能，我们需要对其进行仿真检验。下面介绍对具有复位功能的二进制计数器的 VHDL 文件的仿真过程。

（1）在 Quartus II 软件中选择【File】→【Open Project…】菜单命令，选择前面创建的“myexam”工程，在【Project Navigator】窗口中，找到并双击【File】文件夹中的【binary_counter.vhd】文件，将其打开，如图 1.27 所示。

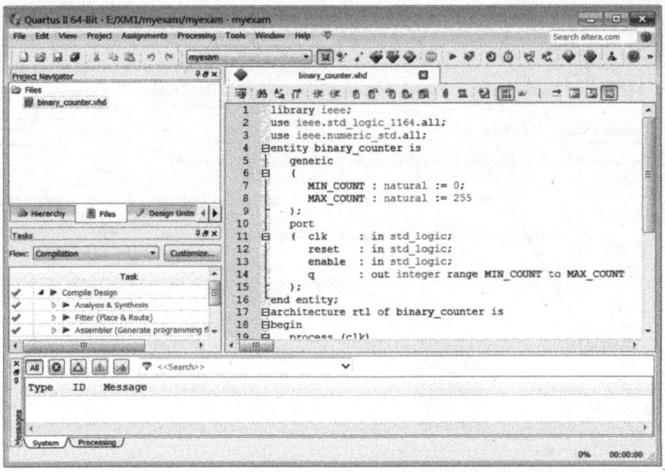

图 1.27　二进制计数器 VHDL 设计文件

（2）选择【Assignments】→【Settings…】菜单命令，弹出【Settings-myexam】对话框。在【Category】窗口中选择【EDA Tool Settings】→【Simulation】选项，则在其右侧显示【Simulation】设置面板，如图 1.28 所示。

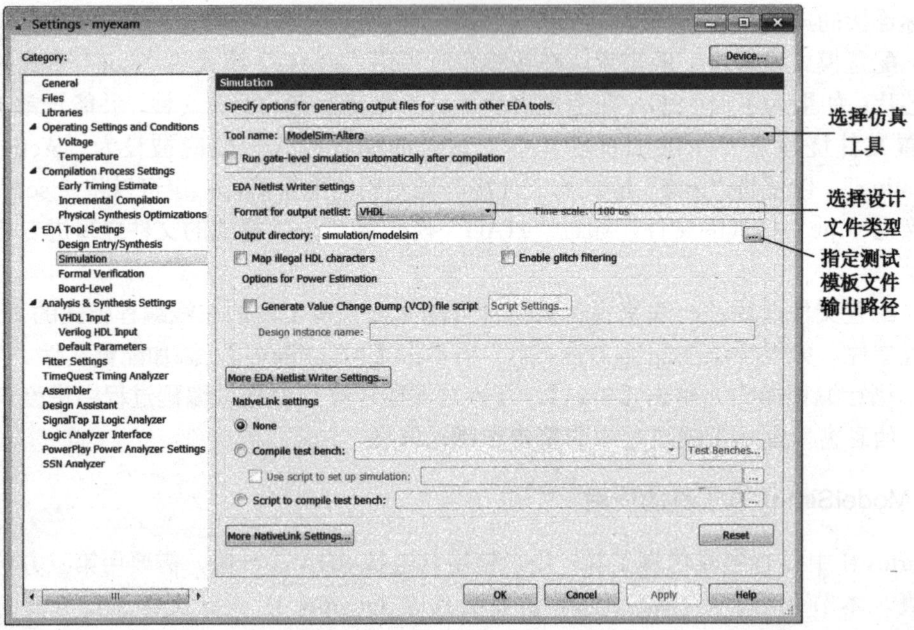

图 1.28　【Settings-myexam】对话框

指定仿真工具：在【Simulation】设置面板的【Tool name】栏，选择仿真工具【ModelSim-Altera】。

选择要仿真的设计文件类型：在【Format for output netlist】后面的下拉菜单中选择【VHDL】。

指定仿真测试模板文件的输出路径：此项的设置位置在【Output directory】栏后，默认信息为“simulation/modelsim”，该路径是工程文件的相对路径。

（3）指定 ModelSim 的安装路径。首次在 Quartus II 中调用 ModelSim，须设置其安装路径，否则本步骤可省略。

在 Quartus II 中选择【Tools】→【Options…】菜单命令，在弹出的【Options】对话框中左侧的【Category】窗口，选择【General】→【EDA Tool Options】选项，则右侧将显示【EDA Tool Options】面板，在其中的【Modelsim-Altera】部分可指定仿真软件 ModelSim 的安装路径，如图 1.29 所示。

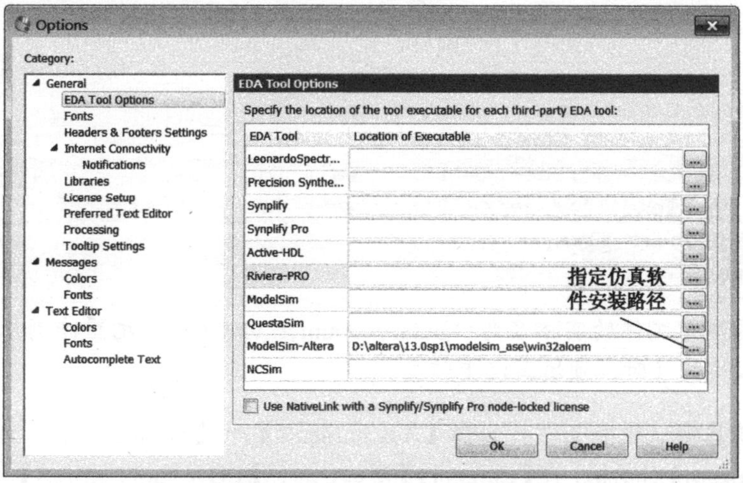

图 1.29　指定仿真软件安装路径

（4）生成仿真测试模板文件：在 Quartus II 中选择【Processing】→【Start】→【Start Test Bench Template Writer】菜单命令，系统会弹出生成测试模板文件成功的对话框，并自动生成硬件描述语言文件的仿真测试模板文件“binary_counter.vht”，文件存放在“simulation/modelsim”文件夹中。

（5）编辑仿真测试模板文件：在 Quartus II 中选择【File】→【Open...】菜单命令，打开“simulation/modelsim”目录下的“binary_counter.vht”文件，设置输入信号。在“init”进程中设置输入时钟“clk”，在“always”进程中设置输入复位信号“reset”“enable”。测试文件如下：

```
library ieee;
use ieee.std_logic_1164.all;
entity binary_counter_vhd_tst is
   generic(   MIN_COUNT : natural := 0;
          MAX_COUNT : natural := 255);
end binary_counter_vhd_tst;
architecture binary_counter_arch of binary_counter_vhd_tst is
   signal clk : std_logic;
   signal enable : std_logic;
   signal q : integer range MIN_COUNT to MAX_COUNT;
```

```
        signal reset : std_logic;
        component binary_counter
           port (clk : in std_logic;
           enable : in std_logic;
           q : out integer range MIN_COUNT to MAX_COUNT;
           reset : in std_logic);
        end component;
    begin
        i1 : binary_counter
        port map (clk => clk,enable => enable,
           q => q,reset => reset);
        init : process
        begin
           clk<='0'; wait for 10ns;
           clk<='1'; wait for 10ns;
        end process init;
        always : process
        begin
           enable<='0';reset<='1';    wait for 30ns;
           enable<='1';reset<='0';    wait for 5000ns;
        end process always;
    end binary_counter_arch;
```

注意：仿真测试文件的实体名为“binary_counter_vhd_tst”，元器件例化名为“i1”，在配置仿真测试模板文件时，须填写以上信息。

（6）配置仿真测试模板文件：选择【Assignments】→【Settings…】菜单命令，系统弹出【Settings-myexam】对话框，在【Category】窗口，选择【EDA Tool Settings】→【Simulation】，此时右边显示【Simulation】设置面板。在【NativeLink settings】选项组，单击【Compile test bench】后的【Test Benches】，弹出【Test Benches】对话框，如图 1.30 所示。

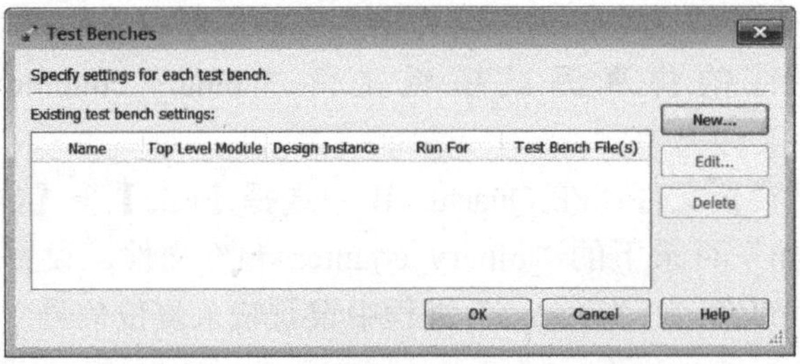

图 1.30　添加测试模板文件对话框

以鼠标左键单击【New】按钮，系统弹出【New Test Bench Settings】对话框。在【Test bench name】栏，输入文件名“binary_counter.vht”；在【Top level module in test bench】栏，输入测试文件实体名“binary_counter_vhd_tst”；选择【Use test bench to perform VHDL timing simulation】选项，并在【Design instance name in test bench】栏输入例化名“i1”；选择【End simulation】时间为 3us（编者注：为使描述与实际软件显示一致，本书中用“us”表示“μs”，后同）；在【Test bench and simulation files】选项组，单击【File name】后的□，选择仿真测试模板文件“simulation/modelsim/ binary_counter.vht”，然后单击【Add】，设置结果如图 1.31 所示。

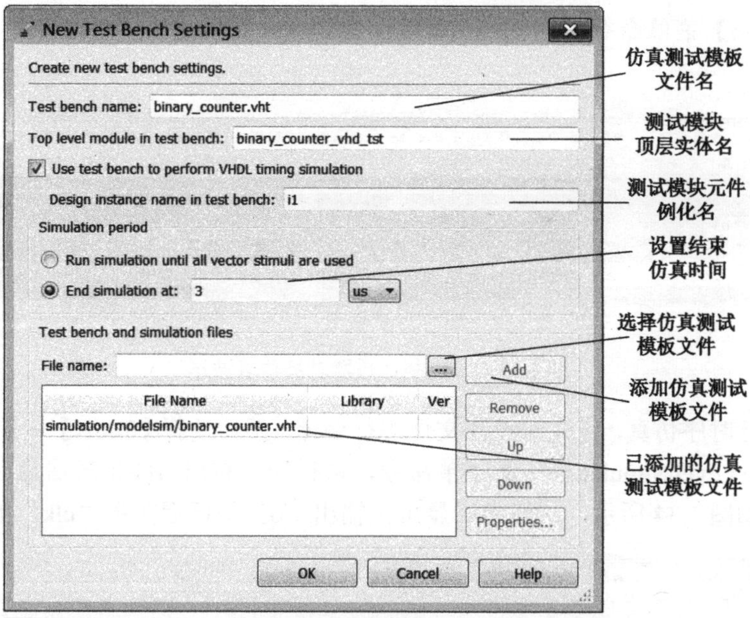

图 1.31　【New Test Bench Settings】对话框

以鼠标左键单击【New Test Bench Settings】对话框的【OK】按钮，将设置的内容填入【Test Benches】对话框中；单击【Test Benches】对话框的【OK】按钮，将“binary_counter.vht”文件名填入【Settings-myexam】对话框的【Compile test bench】，单击【Settings- binary_counter】对话框的【OK】按钮，完成配置仿真测试模板文件，如图 1.32 所示。

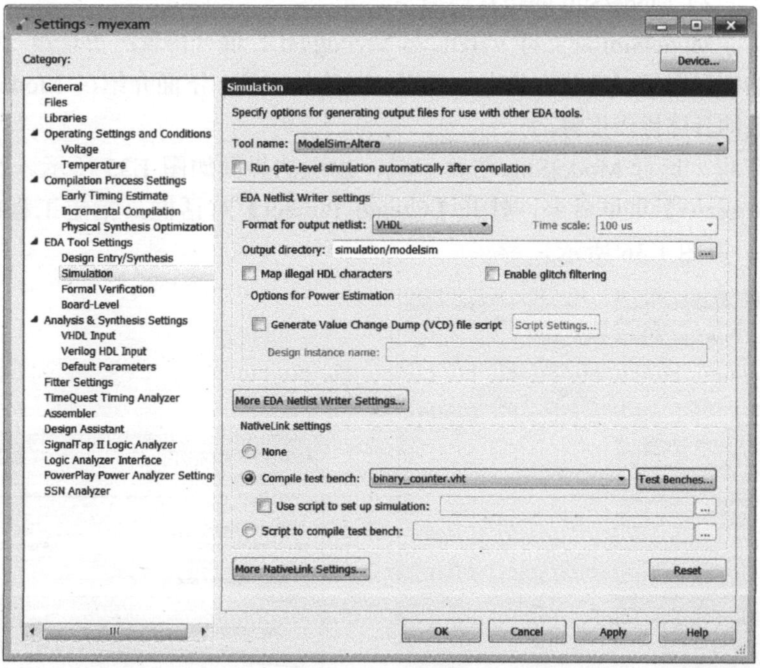

图 1.32　设置完成

（7）观察仿真波形。如果要进行功能仿真，可选择【Tools】→【Run Simulation Tool】→

【RTL Simulation】菜单命令，则 Quartus II 会调用 ModelSim 软件，并获得仿真波形，如图 1.33 所示。

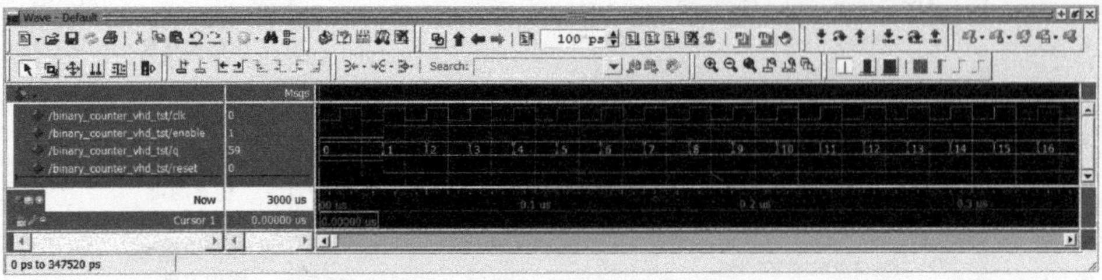

图 1.33　二进制计数器功能仿真波形

如果要进行时序仿真，应先对设计文件进行编译，然后选择【Tools】→【Run Simulation Tool】→【Gate Level Simulation…】菜单命令，进行加入布局布线延时信息后的时序仿真。时序仿真波形如图 1.34 所示，从图中明显可见输出“q”值延迟时钟“clk”的上升沿。

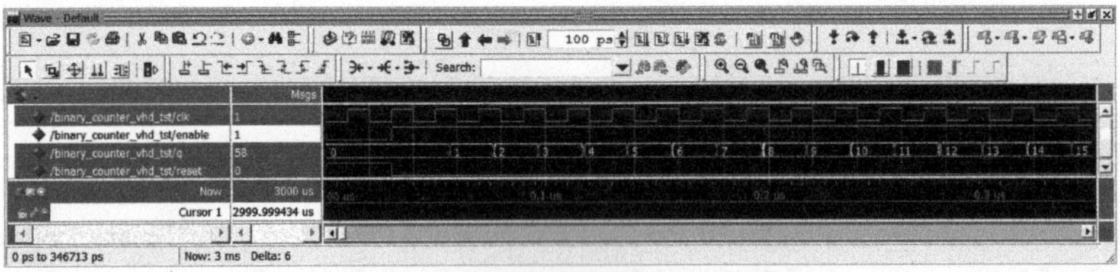

图 1.34　二进制计数器时序仿真波形

2）ModelSim 的仿真环境下

ModelSim 是支持 VHDL 与 Verilog HDL 混合仿真的仿真器，可以进行 FPGA 的寄存器级（功能）仿真与门级（时序）仿真。下面介绍在 ModelSim 环境下仿真的具体操作步骤。

（1）新建工程。运行 ModelSim 仿真工具，出现的界面如图 1.35 所示。选择【File】→【New】→【Project…】菜单命令，打开【Create Project】对话框，指定工程的名称、路径和默认库名称，如图 1.36 所示。

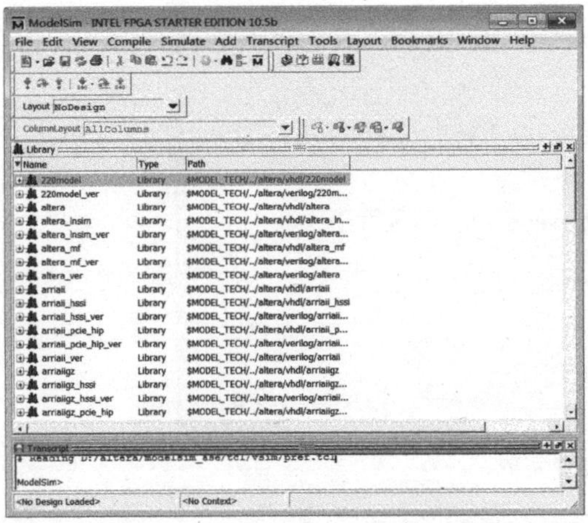

图 1.35　ModelSim 工作环境

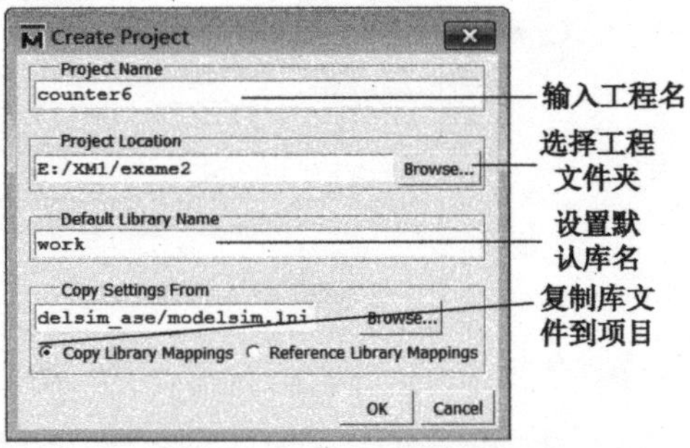

图 1.36　新建工程对话框

本例中设定默认库名【Default Library Name】为“work”，创建一个位于工程文件夹里的工作库子文件夹。此外，允许用“.ini”文件来映射库直接复制库文件至工程。

（2）将设计文件与测试文件添加到工程里。单击【OK】按钮，则系统会自动打开新建的工程窗口，并弹出向工程添加文件的【Add items to the Project】对话框，如图 1.37 所示。

【Add items to the Project】窗口说明：【Create New File】的功能为使用源文件编辑器创建一个新的 Verilog HDL、VHDL、TCL 或文本文件；【Add Existing File】的功能为添加一个或多个已存在的文件；【Create Simulation】的功能为创建指定源文件和仿真选项的仿真；【Create New Folder】的功能为创建一个新的工程文件夹。

（3）选择设计文件与测试文件。单击【Add Existing File】，弹出【Add file to Project】对话框，如图 1.38 所示。单击【Browse…】，弹出【Select files to add to project】对话框；分别选择前面创建的文件“binary_counter.vhd”与“binary_counter.vht”，将文件路径与文件名填入【Add file to Project】对话框的【File Name】栏；选择【Copy to project directory】选项并单击【OK】按钮，则设计文件与测试文件被添加到工程中。

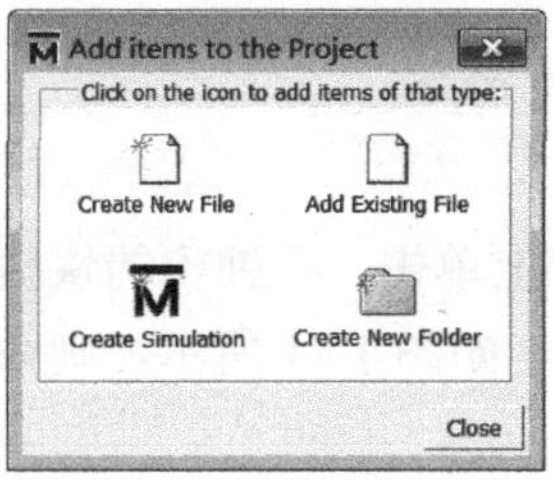

图 1.37　添加选项窗口

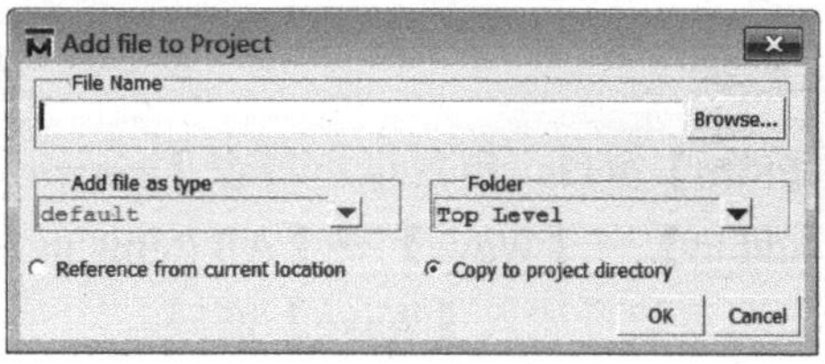

图 1.38　向工程添加文件对话框

如果进行时序仿真，选择文件“myexam.vho”与“binary_counter.vht”。

（4）编译文件。加入工程但未经 ModelSim 编译的文件显示于【Project】窗口中时，其【Status】列有“？”。此时，【Library】窗口的【work】工作库是空的。

在 ModelSim 工作界面，选择【Compile】→【Compile ALL】菜单命令，如果没有错误，编译成功，会在【Transcript】窗口出现报告，【Status】列的“？”变为“√”，如图 1.39 所示。完成编译后设计文件与测试文件被加入【work】工作库。

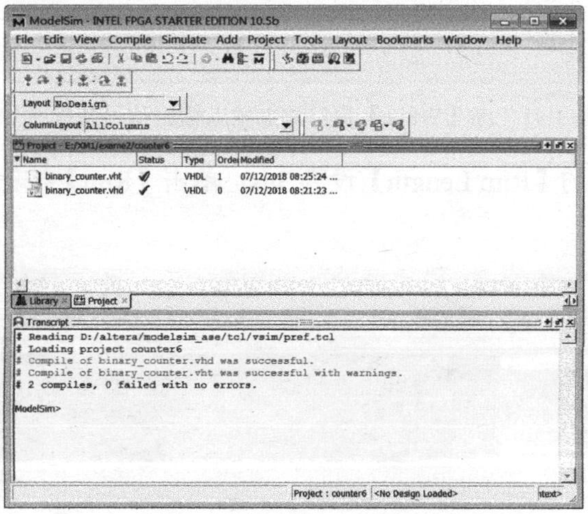

图 1.39　完成编译的工程文件

（5）仿真工程文件。选择【Library】窗口，单击【work】库前的加号展开选项；用鼠标右键在【binary_counter_vhd_tst】上单击，在弹出的快捷菜单中选择【Simulate】，如图 1.40 所示，系统将弹出【Sim】窗口。

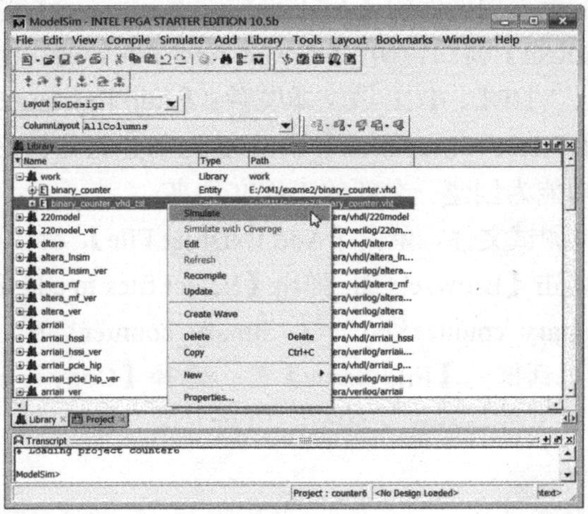

图 1.40　仿真快捷菜单

在【Sim】窗口，用鼠标右键在【binary_counter_vhd_tst】上单击，在弹出的快捷菜单中选择【Add to】→【Wave】→【All Items in region】菜单命令，如图 1.41 所示，则系统会将输入输出端口信号加入【Wave】窗口。

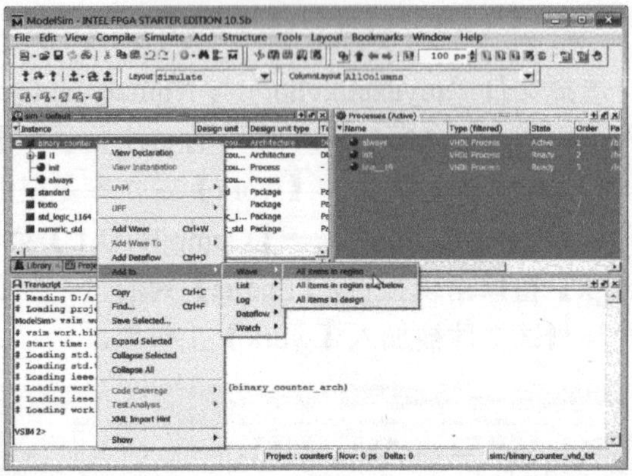

图 1.41　向【Wave】窗口添加输入输出信号快捷菜单

将【Wave】窗口中的【Run Length】设为 3us；单击【Run】按钮，可得功能仿真波形图，如图 1.42 所示。

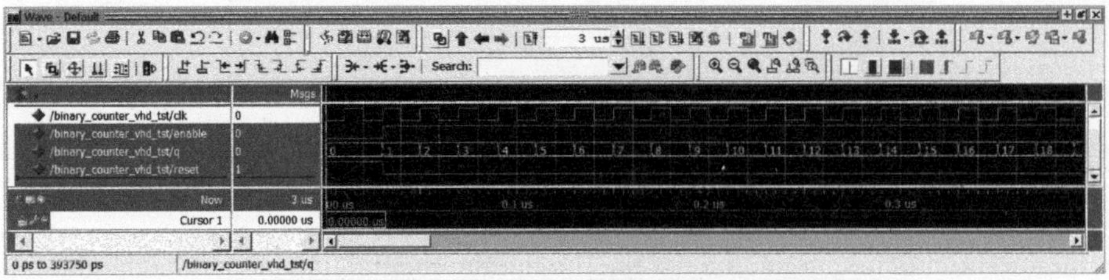

图 1.42　功能仿真波形

1.4　二位二进制数乘法器设计实施

根据前面的系统设计方案，本节介绍用数码管表示输出值的二位二进制数乘法器的设计实施过程。

1. 工程创建

建立工程文件夹（如 E:/XM1/MUL），将本工程的全部设计文件保存在此文件夹。运行 Quartus II 软件，选择【File】→【New Project Wizard…】菜单命令；在【page 1 of 5】设置页面创建名为“mul2”的工程，顶层实体名用“mul2”，如图 1.43 所示。

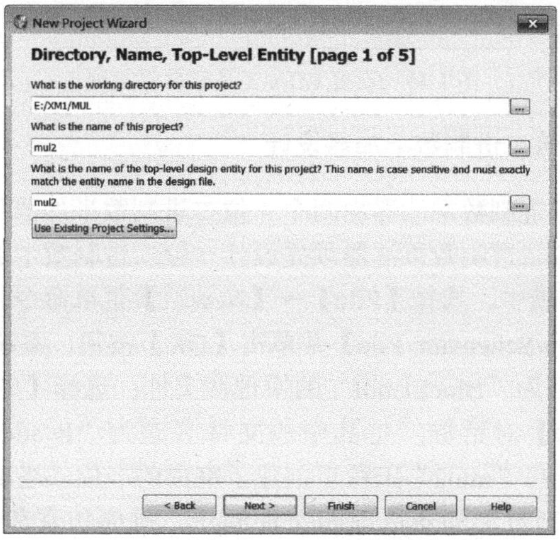

图 1.43　设置工程名和顶层实体名

在【page 3 of 5】设置页面，设置硬件验证采用的 FPGA 最小系统板的芯片参数，如图 1.44 所示。

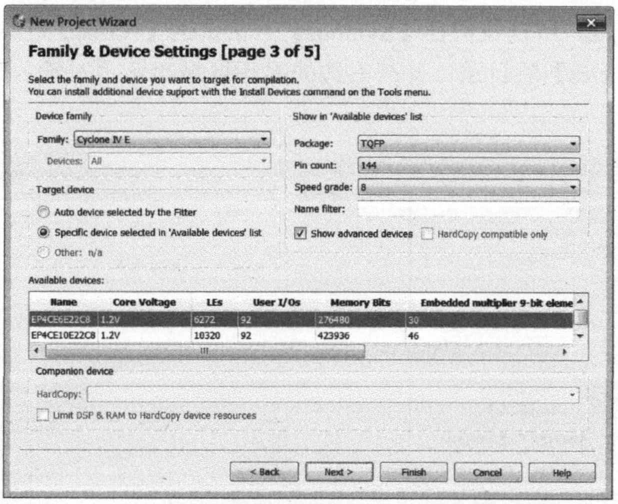

图 1.44　设置 FPGA 芯片参数

在【page 4 of 5】设置页面，设置采用的第三方仿真软件及仿真采用的语言，如图 1.45 所示。

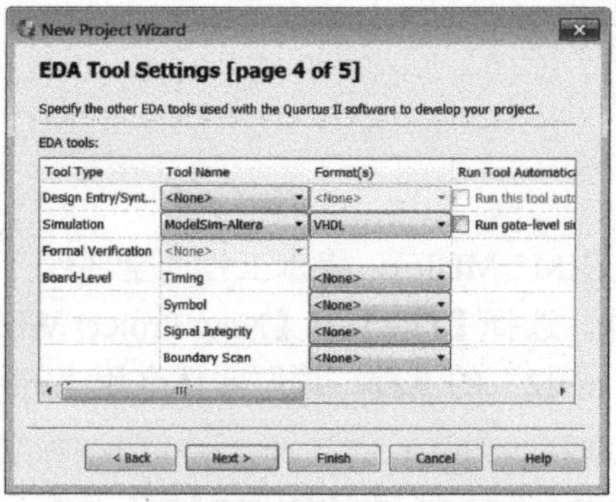

图 1.45　设置 EDA 工具软件对话框

2. 一位二进制数半加器设计

二位二进制数乘法器由两个一位二进制数半加器和四个与门连接而成，因而设计二位二进制数乘法器须先设计一位二进制数半加器。

在 Quartus II 集成环境中，选择【File】→【New…】菜单命令，在弹出的【New】对话框中选择【Block Diagram/Schematic File】并单击【OK】按钮，系统将弹出原理图设计文件编辑窗口，并自动产生名为“Block1.bdf”的原理图文件；选择【File】→【Save As…】菜单命令，弹出【另存为】对话框，将其中的文件名改为“h_adder.bdf”，保存路径改为“E:/XM1/MUL”，这样就在“mul2”工程里创建了空白的一位二进制数半加器原理图文件。

下面介绍一位二进制数半加器原理图文件创建、时序仿真和元器件符号文件创建等过程。

1）原理图文件创建

（1）我们在“h_adder.bdf”原理图文件编辑窗口空白位置双击鼠标左键，系统弹出【Symbol】对话框，如图 1.46 所示。根据设计方案，一位二进制数半加器由“2 输入与门”和“异或门”连接而成，所以我们在【Symbol】对话框的【Name】栏内输入“and2”，系统将自动展开库【Libraries】的目录，并在右边的显示区域显示“2 输入与门”相关元器件，如图 1.47 所示。

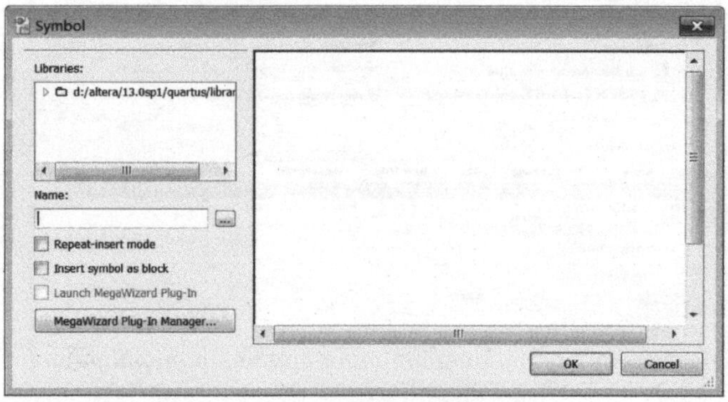

图 1.46　准备选择元器件

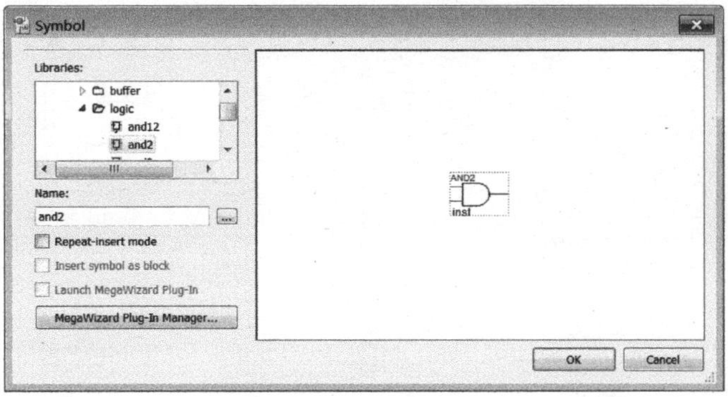

图 1.47 已选好元器件

（2）单击【Symbol】对话框中的【OK】按钮，关闭【Symbol】对话框，鼠标光标变成“+”号，并在其右下角吸附“2 输入与门”元器件图形。我们在“h_adder.bdf”原理图文件编辑窗口的适当位置单击鼠标左键，则“2 输入与门”元器件被加入到该原理图文件；接下来以同样的方法将名为“XOR”的“异或门”加入到该原理图文件。完成后的一位二进制数半加器原理图如图 1.48 所示。

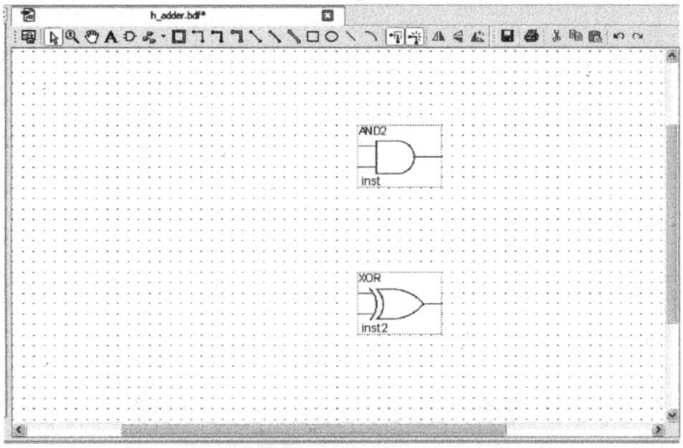

图 1.48 在原理图文件中加入元器件

（3）在“h_adder.bdf”原理图文件编辑窗口的工具栏单击端口工具【Pin Tool】右边的下拉小三角，在下拉菜单中选择【Input】，鼠标光标将变成“+”号，并在其右下角吸附“输入端”元器件图形。在“h_adder.bdf”原理图文件中需要放置“输入端”元器件的位置单击鼠标左键，则“输入端”元器件被添加到该原理图文件，多次单击可加入多个“输入端”元器件。如要退出元器件添加编辑状态可按【Esc】键或单击按钮【Selection Tool】。完成上述工作后，再以类似的方法加入“输出端”。加入输入端、输出端元器件后的一位二进制数半加器原理图文件如图 1.49 所示。

（4）以鼠标左键双击各输入端、输出端，弹出端口属性对话框【Pin Properties】，在【Pin name(s)】后的输入框输入端口名，如图 1.50 所示；单击【OK】按钮完成端口重命名。

将输入端口分别命名为“a”和“b”，将输出端口“和”“进位”分别命名为“so”“co”，完成后的原理图如图 1.51 所示。

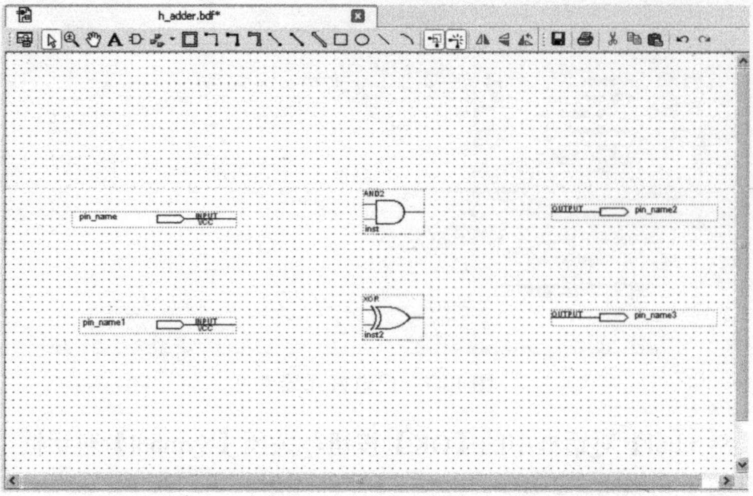

图 1.49　加入输入端、输出端元器件后的原理图文件

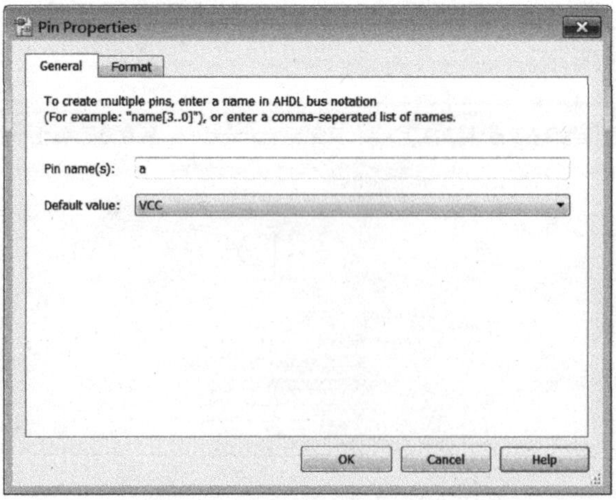

图 1.50　端口属性设置对话框

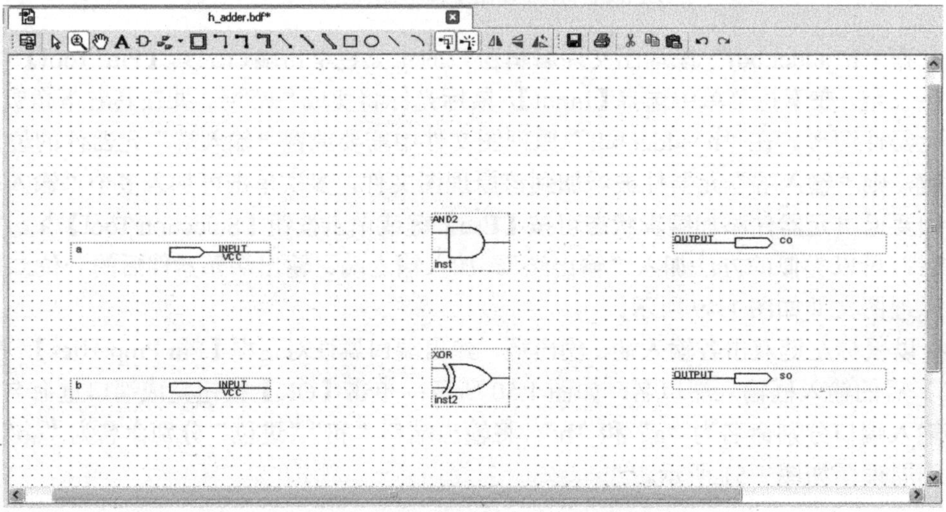

图 1.51　完成端口命名的原理图

（5）在“h_adder.bdf”原理图文件编辑窗口的工具栏单击直角节点连接工具【Orthogonal Node Tool】，鼠标光标将变成“+”号，按住鼠标左键并拖动，可实现元器件间的连接，完成后的原理图如图 1.52 所示。要退出直角节点连接状态可按【Esc】键或以鼠标左键单击【Selection Tool】。

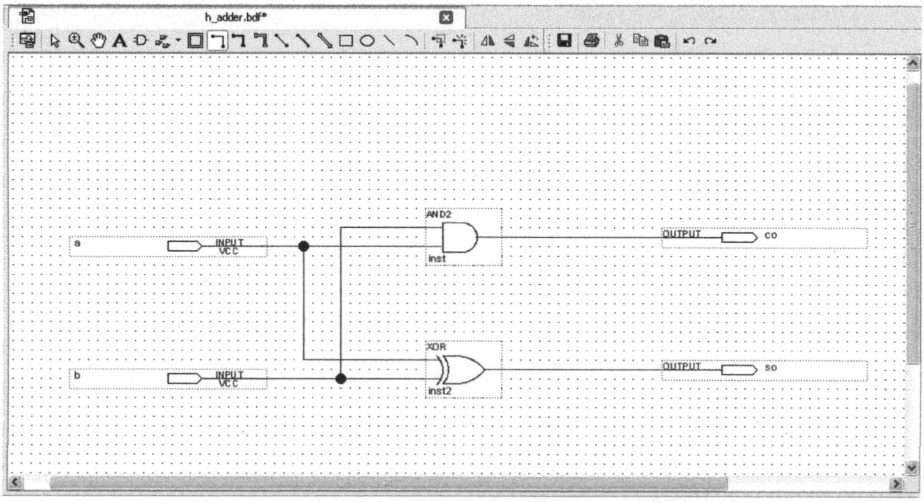

图 1.52　设计完成的一位二进制数半加器原理图

（6）原理图创建完成后，在 Quartus Ⅱ 中【Project Navigator】对话框的【Files】标签页可见“mul2”工程中的一位二进制数半加器原理图设计文件“h_adder.bdf”，如图 1.53 所示。

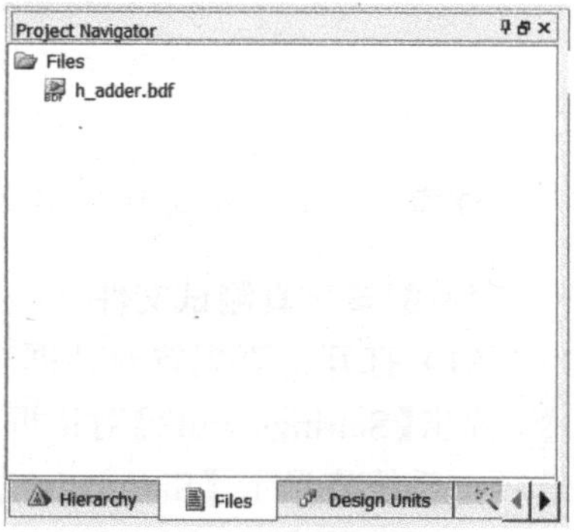

图 1.53　工程导航面板

2）原理图文件编译

将“h_adder.bdf”设置为顶层文件：在 Quartus Ⅱ 中【Project Navigator】窗口的【Files】标签页，以鼠标右键单击“h_adder.bdf”，并在弹出的快捷菜单中选择【Set as Top-Level Entity】，将“h_adder.bdf”文件设置为顶层文件。

原理图文件并进行编译：以鼠标左键单击工具栏按钮【Start Compilation】，编译一位二进制数半加器原理图文件。如果设计文件中没有错误，编译完成后，系统弹出编译完成对话框。

3）创建仿真测试文件

要对编译后的文件进行功能仿真测试，须先建立一个测试文件，用于测试输入输出。

（1）创建仿真测试模板文件。选择【Processing】→【Start】→【Start Test Bench Template Writer】菜单命令。如果没有设置错误，系统将弹出提示生成测试模板文件成功的对话框。生成的仿真测试模板文件名为“h_adder.vht”，存储路径为“E:/XM1/MUL/simulation/modelsim”。

（2）编辑仿真测试文件。选择【File】→【Open...】菜单命令，弹出【Open File】对话框；打开前面生成的仿真测试模板文件“h_adder.vht”，删除“always”进程，在“init”进程中设置输入端 a、b 的值。完成编辑后的仿真测试文件如下：

```
library ieee;
use ieee.std_logic_1164.all;
```

```
entity h_adder_vhd_tst is
end h_adder_vhd_tst;
architecture h_adder_arch of h_adder_vhd_tst is
    signal a : std_logic;
    signal b : std_logic;
    signal c : std_logic;
    signal s : std_logic;
component h_adder
    port (a : in std_logic;
    b : in std_logic;
    c : out std_logic;
    s : out std_logic);
end component;
begin
i1 : h_adder
    port map(a => a,b => b,
        c => c,s => s);
init: process
begin
    a<='0';b<='0';wait for 20us;
    a<='1';b<='0';wait for 20us;
    a<='0';b<='1';wait for 20us;
    a<='1';b<='1';wait for 20us;
    end process init;
 end h_adder_arch;
```

注意：仿真测试文件的实体名为“h_adder_vhd_tst”，测试模块的例化名为“i1”。

4）配置仿真测试文件

（1）打开仿真配置对话框【Simulation】：选择【Assignments】→【Settings…】菜单命令，弹出【Settings-mul2】对话框；在【Category】窗口选择【EDA Tool Settings】→【Simulation】选项，系统将显示【Simulation】面板。

（2）打开指定仿真测试文件的【Test Benches】面板：在【Simulation】对话框中选择【Compile test bench】选项并以鼠标左键单击其后的【Test Benches…】，弹出【Test Benches】对话框，如图 1.54 所示。

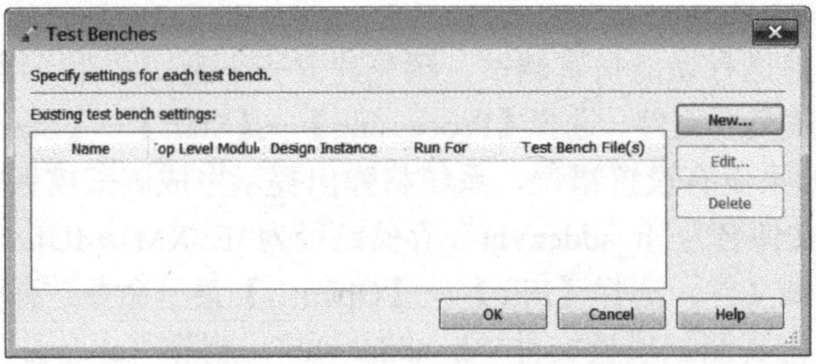

图 1.54　【Test　Benches】对话框

（3）打开【New Test Bench Settings】对话框，配置仿真测试文件：单击【Test Benches】

对话框中的【New】按钮，弹出【New Test Bench Settings】对话框；在【Test bench name】栏，输入仿真测试文件名“h_adder.vht”；在【Top level module in test bench】栏，输入仿真测试文件实体名“h_adder_vhd_tst”；勾选【Use test bench to perform VHDL timing simulation】选项，在【Design instance name in test bench】栏输入例化名“i1”；设置【End simulation at】栏后面的时间为3ms；以鼠标左键单击下面【File name】后的…，选择测试文件“E:/XM1/MUL/simulation/modelsim/h_adder.vht”，单击【Add】按钮，设置结果如图1.55所示。

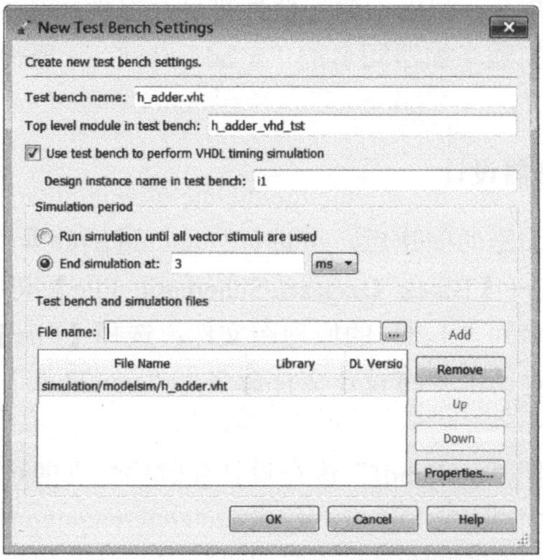

图1.55　【New Test Bench Settings】对话框

（4）指定编译文件：单击【New Test Bench Settings】对话框的【OK】按钮，将设置的内容填入【Test Benches】对话框；单击【Test Benches】对话框的【OK】按钮，将仿真测试文件名“h_adder.vht”填入【Settings-mul2】对话框的【Compile test bench】栏；单击【Settings-mul2】对话框的【OK】按钮，完成配置。

5）时序仿真与波形分析

在Quartus II集成环境中，选择【Tools】→【Run Simulation Tool】→【Gate Level Simulation】菜单命令，可以看到ModelSim的运行界面，出现的时序仿真波形如图1.56所示。

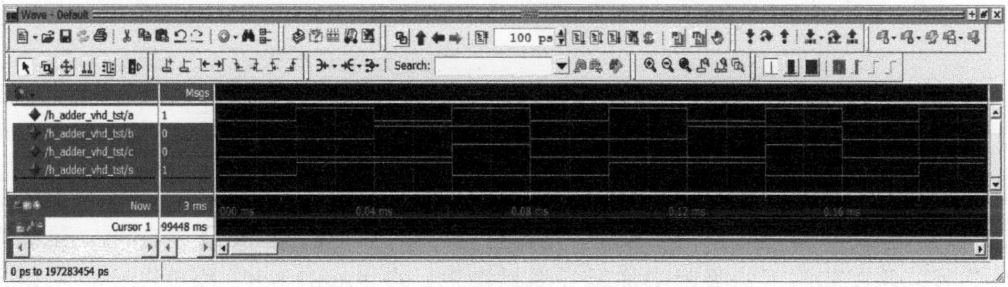

图1.56　时序仿真波形图

从波形图中可知：

当输入端a、b分别输入信号0、0时，输出端s=0，c=0；

当输入端a、b分别输入信号1、0时，输出端s=1，c=0；

当输入端a、b分别输入信号0、1时，输出端s=1，c=0；

当输入端 a、b 分别输入信号 1、1 时，输出端 s=0，c=1。

说明我们设计的一位二进制数半加器符合相关功能要求。

6）生成元器件符号文件

为了使用原理图输入法设计二位二进制数乘法器时，能够调用一位二进制数半加器，须生成一位二进制数半加器的“.bsf”格式的元器件符号文件。

左键双击“h_adder.bdf”原理图文件；选择【File】→【Create/Update】→【Create Symbol File for Current File】菜单命令；弹出创建元器件符号文器件成功的对话框，此时，在工程文件夹内生成了与一位二进制数半加器同名的“h_adder.bsf”元器件符号文件，为设计二位二进制数乘法器做准备。

3. 二位二进制数乘法器设计

完成一位二进制数半加器的创建后，可进行二位二进制数乘法器的设计。

选择【File】→【New...】→【Block Diagram/Schematic File】菜单命令，并单击【OK】按钮，系统将自动产生后缀名为“.bdf”的原理图文件；选择【File】→【Save As...】菜单命令，在弹出的【另存为】对话框中将设计文件命名为“mul2.bdf”，保存路径设为“E:/XM1/MUL”。

下面是使用原理图文件“mul2.bdf”进行设计和时序仿真的过程。

1）原理图文件设计

（1）在“mul2.bdf”编辑窗口的空白位置双击鼠标左键，弹出【Symbol】对话框，如图 1.57 所示。由于已创建了名为“h_adder”的一位二进制数半加器元器件符号文件，因而，在【Symbol】对话框中我们能看到【Project】库。

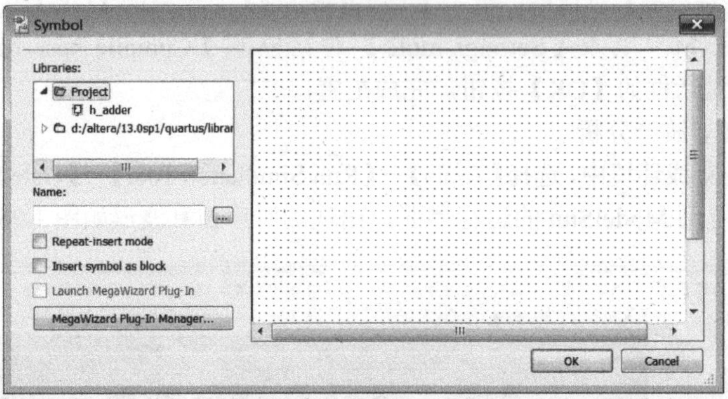

图 1.57　选择元器件

（2）双击【Project】库的“h_adder”元器件符号，关闭【Symbol】对话框，鼠标光标将变成“+”号，并在其右下角吸附半加器元器件图形。在“mul2.bdf”原理图文件编辑窗口的适当位置单击鼠标左键，可添加半加器元器件。

采用同样的方法在“mul2.bdf”原理图中添加其他元器件，包括 4 个名为“AND2”的二输入与门、1 个名为“7449”的译码器，如图 1.58 所示。

（3）根据设计方案，利用直角节点连接工具【Orthogonal Node Tool】ㄱ，连接各元器件。完成连接后的二位二进制数乘法器原理图如图 1.59 所示。

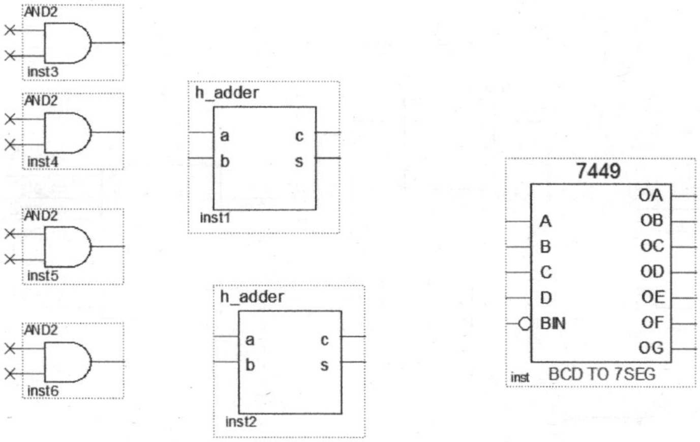

图 1.58　二位二进制数乘法器的元器件分布

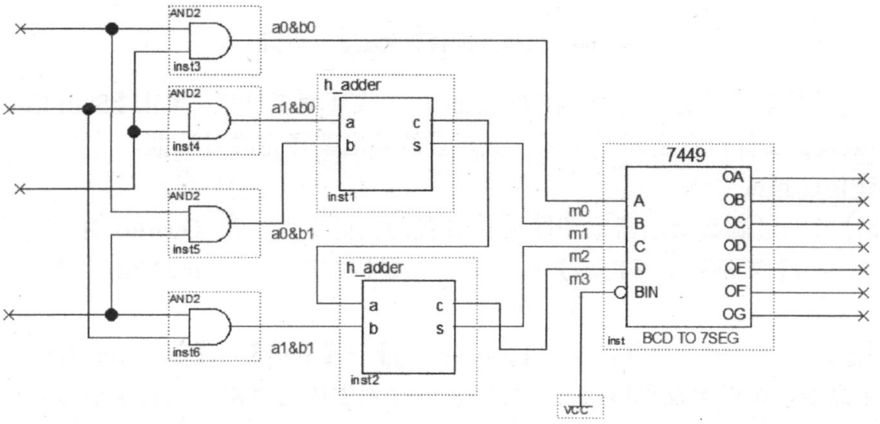

图 1.59　各元器件连接图

（4）输入输出端口元器件命名与网络连接。输入参数为被乘数 in_a、乘数 in_b，均为二位二进制数，输出的积被译码并输出为七段码。为使设计更加简洁、清晰，可采用总线组合的网络名连接的方式。完成的原理图如图 1.60 所示。

输入输出端口元器件命名与网络连接设置方法如下：

在原理图中放置 1 个“INPUT”输入元器件，把端口命名为“in_a[1..0]”，表示该输入端口有 2 位，从高到低分别是“in_a1”“in_a0”；选择工具栏直角总线工具【Orthogonal Bus Tool】，按住鼠标左键从输入端口拖动出一段总线连接线。

根据设计原理图，以鼠标右键单击“a0”端连接线，在弹出的快捷菜单中选择【Properties】命令，弹出【Node Properties】对话框；在【General】面板的【Name】栏输入“in_a0”。表示输入端口 in_a[1..0]的低位“in_a0”与此相连接。其他端口元器件的设置方法与此类似。

2）编译

将原理图文件“mul2.bdf”设置为顶层文件。在 Quartus II 集成环境中的【Project Navigator】对话框的【Files】标签页，以鼠标右键单击“mul2.bdf”，在弹出的快捷菜单中选择【Set as Top-Level Entity】。

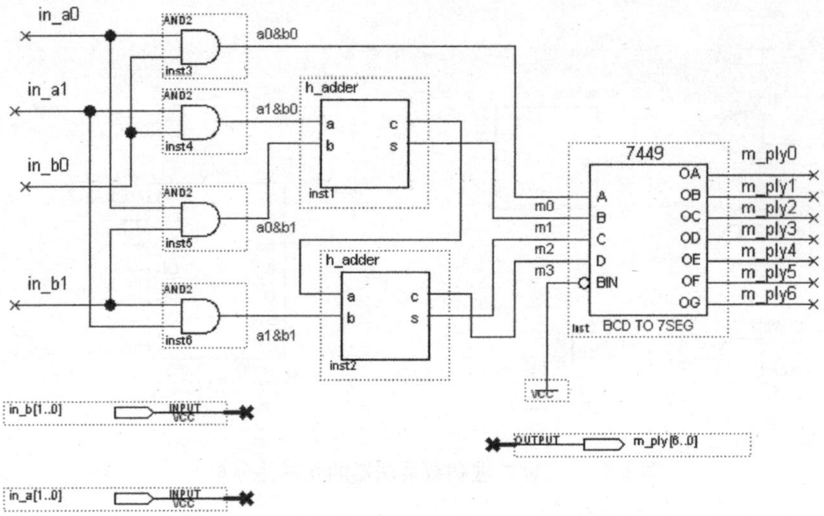

图 1.60　二位二进制数乘法器原理图

二位二进制数乘法器文件编译。在 Quartus II 集成环境工具栏，单击【Start Compilation】按钮▶，如果设计文件没有错误，编译完成，系统弹出编译完成对话框。

3）创建仿真测试文件

（1）将二位二进制数乘法器原理图文件设置为当前文件。在 Quartus II 集成环境中的【Project Navigator】对话框的【Files】标签页，以鼠标左键双击“mul2.bdf”，将其设置为当前文件。

（2）创建仿真测试模板文件。选择【Processing】→【Start】→【Start Test Bench Template Writer】菜单命令，如果无设置错误，系统将弹出提示生成仿真测试模板文件成功的对话框。系统自动生成的文件名为“mul2.vht”，保存路径为“E:/XM1/MUL/simulation/modelsim”。

（3）编辑仿真测试文件。选择【File】→【Open...】菜单命令，弹出【Open File】对话框，按路径“E:/xm1/MUL/simulation/modelsim/”打开“mul2.vht”文件，在“init”进程中设置乘数与被乘数的值。完整的仿真测试文件程序如下：

```
library ieee;
use ieee.std_logic_1164.all;
entity mul2_vhd_tst is
end mul2_vhd_tst;
architecture mul2_arch of mul2_vhd_tst is
   signal in_a : std_logic_vector(1 downto 0);
   signal in_b : std_logic_vector(1 downto 0);
   signal m_ply : std_logic_vector(6 downto 0);
   component mul2
      port (in_a : in std_logic_vector(1 downto 0);
      in_b : in std_logic_vector(1 downto 0);
      m_ply : out std_logic_vector(6 downto 0)    );
   end component;
begin
i1 : mul2
```

```
        port map (in_a => in_a,
                  in_b => in_b,
                  m_ply => m_ply);
    init : process
    begin
        in_a<="00";in_b<="00"  ; wait for 20us;
        in_a<="00";in_b<="01"  ; wait for 20us;
        in_a<="00";in_b<="10"  ; wait for 20us;
        in_a<="00";in_b<="11"  ; wait for 20us;
        in_a<="01";in_b<="00"  ; wait for 20us;
        in_a<="01";in_b<="01"  ; wait for 20us;
        in_a<="01";in_b<="10"  ; wait for 20us;
        in_a<="01";in_b<="11"  ; wait for 20us;
        in_a<="10";in_b<="00"  ; wait for 20us;
        in_a<="10";in_b<="01"  ; wait for 20us;
        in_a<="10";in_b<="10"  ; wait for 20us;
        in_a<="10";in_b<="11"  ; wait for 20us;
        in_a<="11";in_b<="00"  ; wait for 20us;
        in_a<="11";in_b<="01"  ; wait for 20us;
        in_a<="11";in_b<="10"  ; wait for 20us;
        in_a<="11";in_b<="11"  ; wait for 20us;
    end process init;
    end mul2_arch;
```

注意：仿真测试文件的实体名为“mul2_vhd_tst”，测试模块的例化名为“i1”。

4）配置仿真测试文件

（1）打开指定仿真测试文件的【Test Benches】面板。选择【Assignments】→【Settings…】菜单命令，弹出【Settings-mul2】对话框；在【Category】栏，选择【EDA Tool Settings】→【Simulation】选项，对话框内显示【Simulation】面板；单击【Compile test bench】选项后的【Test Benches…】按钮，弹出【Test Benches】对话框。

（2）打开【New Test Bench Settings】对话框，配置仿真测试文件。单击【Test Benches】对话框中【New】按钮，弹出【New Test Bench Settings】对话框；在【Test bench name】栏，输入文件名“mul2.vht”；在【Top level module in test bench】栏，输入仿真测试文件实体名“mul2_vhd_tst”；勾选【Use test bench to perform VHDL timing simulation】选项，在【Design instance name in test bench】栏，输入例化名“i1”；设置【End simulation at】栏后面的时间为 3ms；单击【File name】后的…，在弹出的对话框中选择“E:/xm1/MUL/simulation/ modelsim/ mul2.vht”；单击【Add】按钮。设置结果如图 1.61 所示。

（3）指定编译测试文件。单击【New Test Bench Settings】对话框的【OK】按钮，将设置的内容填入【Test Benches】对话框；单击【Test Benches】对话框【OK】按钮，关闭【Test Benches】对话框。单击【Settings-mul2】对话框中【Compile test bench】栏后的下拉按钮；在弹出的列表中，选择“mul2.vht”，指定其为仿真测试文件。完成配置的界面如图 1.62 所示；单击【Settings-mul2】对话框【OK】按钮，关闭【Settings-mul2】对话框。

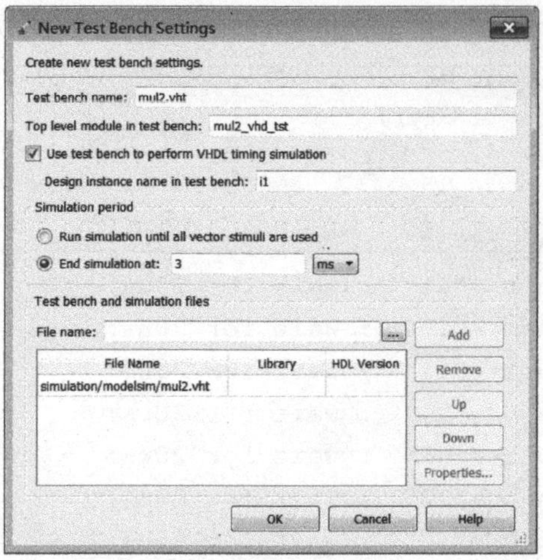

图 1.61　仿真测试文件设置对话框

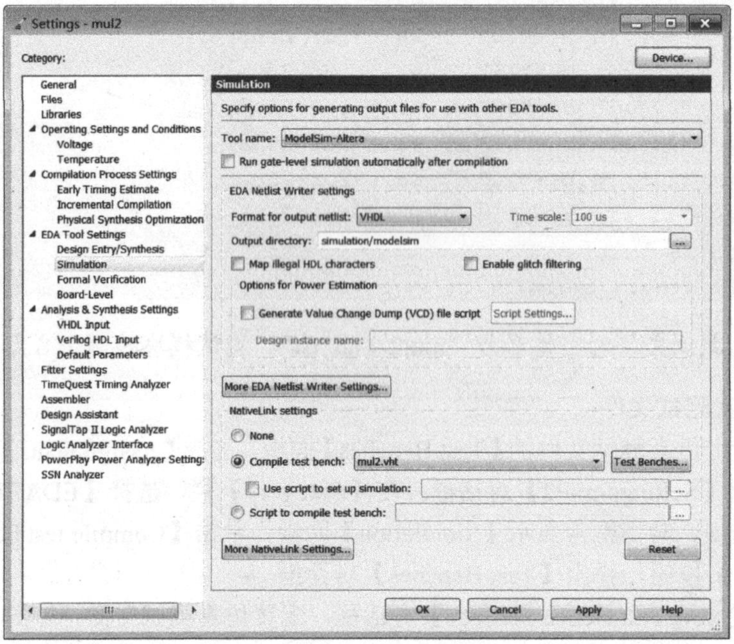

图 1.62　完成配置后的界面

5）时序仿真与波形分析

在 Quartus II 集成环境中，选择【Tools】→【Run Simulation Tool】→【Gate Level Simulation】菜单命令，弹出 ModelSim 的运行界面，产生的时序仿真波形如图 1.63 所示。

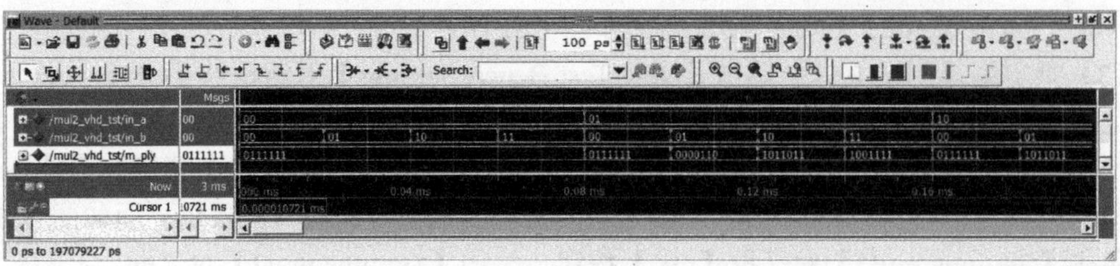

图 1.63　时序仿真波形

从波形图中可知：当被乘数“in_a”为 01（1），乘数“in_b”为“00”（0），即 1×0 时，输出“m_ply”为“0111111”，数码管显示“0”；当被乘数“in_a”为“01”（1），乘数“in_b”为“01”（1），即 1×1 时，输出“m_ply”为“0000110”，数码管显示“1”；当被乘数“in_a”为“01”（1），乘数“in_b”为“10”（2），即 1×2 时，输出“m_ply”为“1011011”，数码管显示“2”；分析其他被乘数“in_a”、乘数“in_b”与输出的积“m_ply”之间的关系，可知系统符合设计要求。

1.5　二位二进制数乘法器编程下载与硬件测试

下载设计文件需要开发板的支持，下面介绍基于 FPGA 最小系统板，以数码管显示输出结果的二位二进制数乘法器的硬件测试过程。

1. FPGA 最小系统板简介

本教材所用的 FPGA 最小系统板如图 1.64 所示，其型号为 Altera 公司开发的 Cyclone IV 系列产品中的 EP4CE6E22C8，其各部分组成如下。

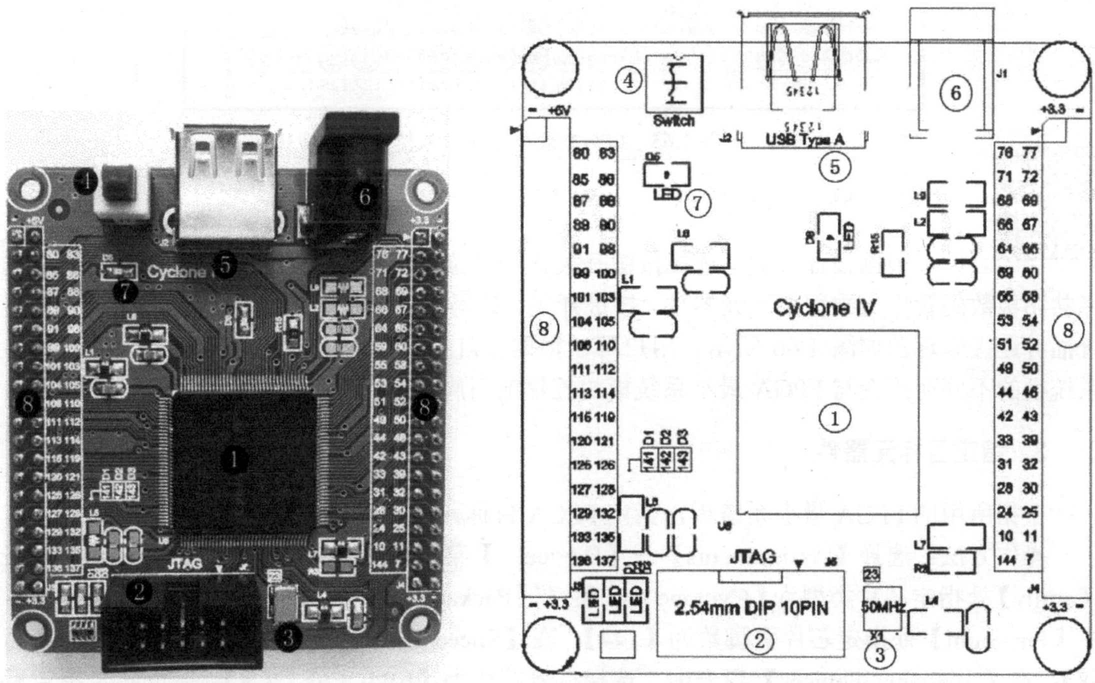

图 1.64　FPGA 最小系统板

（1）板载 EP4CE6E22C8 核心芯片。

（2）JTAG 下载接口可将“.sof”文件程序直接下载到 FPGA 中，进行在线测试，但是如果系统掉电，程序会丢失。通过该下载端口也可配置“.jic”格式的串行 Flash 文件，下载“.jic”格式文件后，如果系统掉电程序不丢失。

（3）板载有源晶振（频率为 50MHz）用于提供系统工作主时钟信号，与 FPGA 芯片 PIN_23 相连。

（4）电源开关。

（5）USB type A（+5V）供电输入。只能选择此电源或“电源输入接口”中的一个进行供电，禁止二者同时被使用。

（6）+5V 电源输入接口，外径为 5mm，内径为 3.5mm，内正外负。

（7）电源工作指示灯 D5。

（8）20×2 双排直插，2.54mm 间距用户接口。引脚边数值表示与 FPGA 芯片的输入输出端相连的引脚值，如图 1.65 所示。

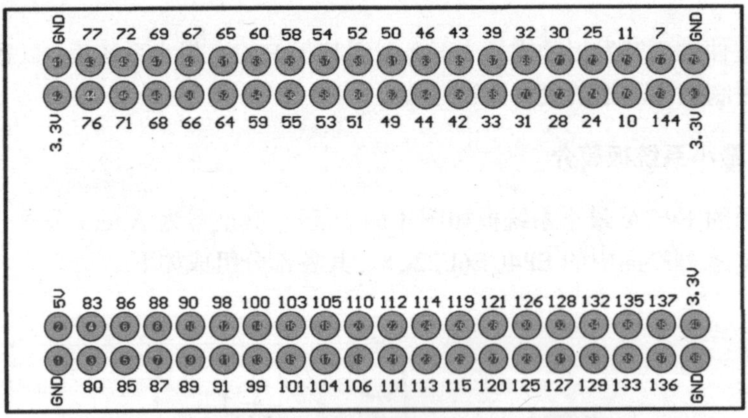

图 1.65　FPGA 最小系统板双排直插用户接口

2. 硬件电路连接

根据设计方案，选择按键开关作为二位二进制乘数、被乘数输入元器件；选择共阴极数码管作为乘积显示元器件。按键开关、数码管与 FPGA 最小系统板的 20×2 双排直插针连接原理图如图 1.66 所示。用户可以根据各自的输入输出设计及使用的 FPGA 最小系统板的不同而改变与 FPGA 最小系统板相连接的引脚。

3. 指定目标元器件

根据所用的 FPGA 最小系统板，指定 FPGA 目标元器件。

操作方法：选择【Assignments】→【Device...】菜单命令，弹出【Device】对话框；在【Family】处指定芯片类型为【Cyclone IV E】；在【Package】处指定芯片封装方式为【TQFP】；在【Pin count】处指定芯片引脚数为【144】；在【Speed grade】选项，指定芯片速度等级为【8】；在【Available devices】列表中，选择有效芯片为【EP4CE6E22C8】，完成芯片指定后的对话框如图 1.67 所示。

根据输入输出电路与 FPGA 相连的引脚，二位二进制数乘法器与目标芯片引脚的连接关系见表 1.4。

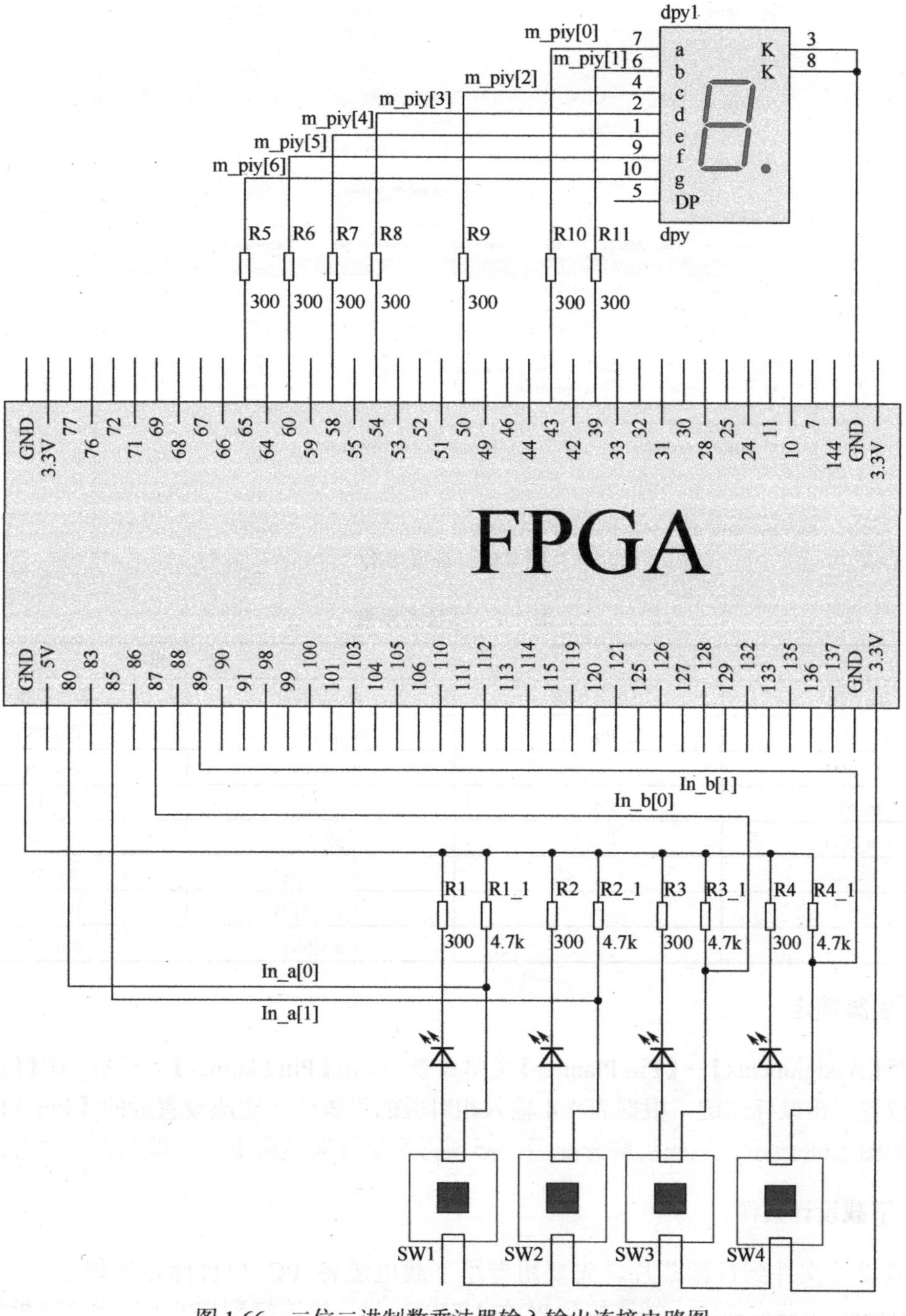

图 1.66　二位二进制数乘法器输入输出连接电路图

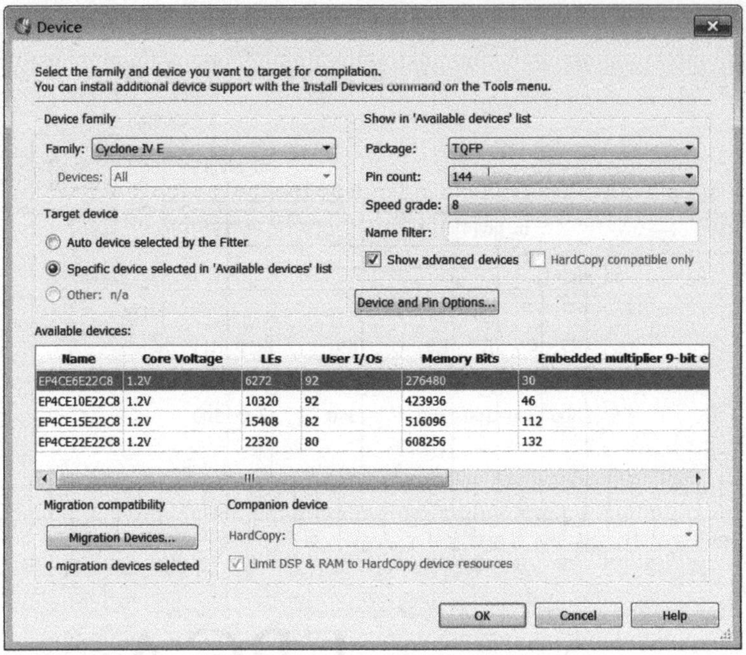

图 1.67　设置结果

表 1.4　连接关系表

输　入		输　出	
端口名称	芯片引脚	端口名称	芯片引脚
In_a[0]	Pin_80	m_ply[0](a)	Pin_43
In_a[1]	Pin_85	m_ply[1](b)	Pin_39
In_b[0]	Pin_87	m_ply[2](c)	Pin_50
In_b[1]	Pin_89	m_ply[3](d)	Pin_54
		m_ply[4](e)	Pin_58
		m_ply[5](f)	Pin_60
		m_ply[6](g)	Pin_65

4. 引脚锁定

选择【Assignments】→【Pin Planner】菜单命令，弹出【Pin Planner】对话框，在【Location】列空白位置双击鼠标左键，根据表 1.4 输入相对应的引脚值。完成设置后的【Pin Planner】对话框如图 1.68 所示。完成引脚分配后，必须再次执行编译命令，才能保存引脚分配信息。

5. 下载设计文件

下载设计文件到目标芯片，先要用专用下载电缆将 PC 与目标芯片相连。本例中将“USB-Blaster”下载电缆的一端连接到 PC 的 USB 口，另一端连接到 FPGA 最小系统板的 JTAG 口，接通 FPGA 最小系统板的电源，进行下载配置。

配置下载电缆：选择【Tool】→【Programmer…】菜单命令或单击工具栏中的【Programmer】按钮，弹出【Programmer】对话框；单击【Hardware Setup…】，弹出硬件设置对话框，选择【USB-Blaster[USB-0]】选项完成下载电缆配置，如图 1.69 所示。

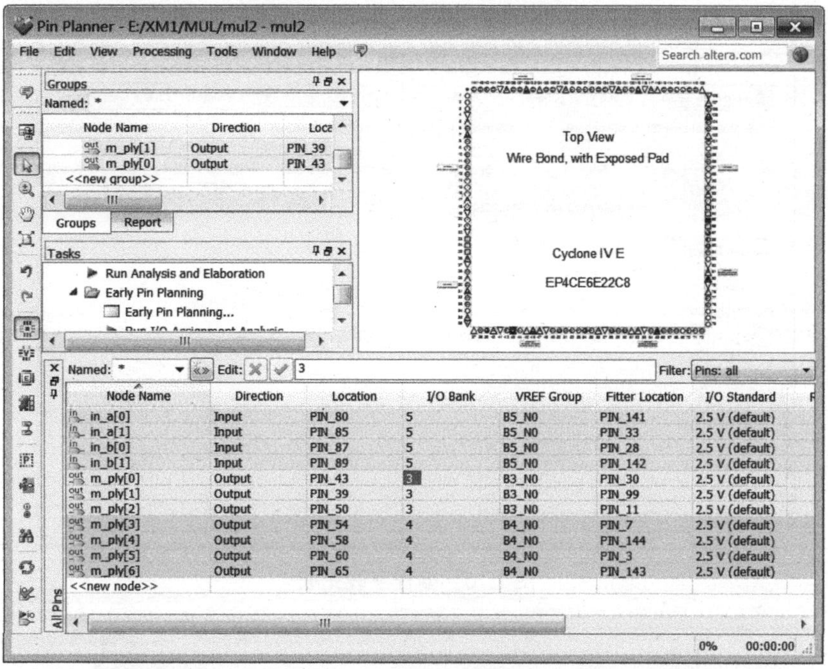

图 1.68　乘法器引脚锁定结果

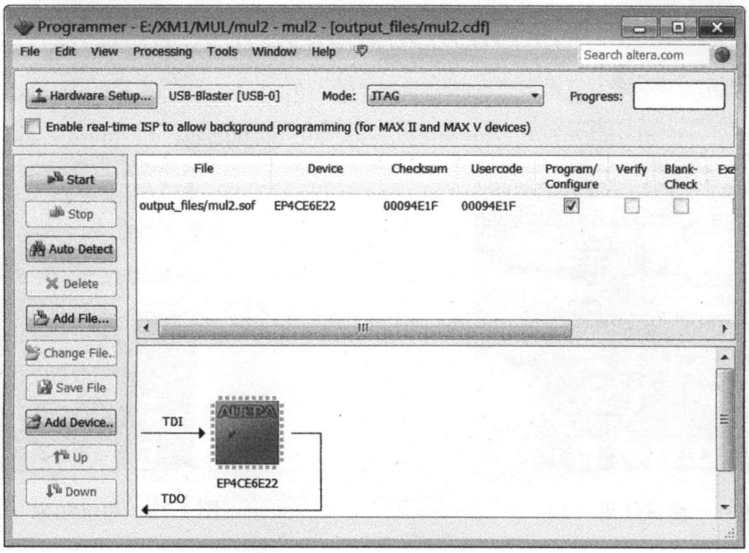

图 1.69　下载电缆配置对话框

配置下载文件：在【Programmer】对话框【Mode】下拉列表框，选择【JTAG】模式；勾选下方文件列表中的【Program/Configure】选项；以鼠标左键单击【Start】按钮，编程下载开始，下载进度为 100%表示下载完成，如图 1.70 所示。

6．硬件测试

通过按键开关 a0、a1、b0、b1 改变输入的二进制数，观察数码管中显示的乘积，如图 1.71、图 1.72 所示。

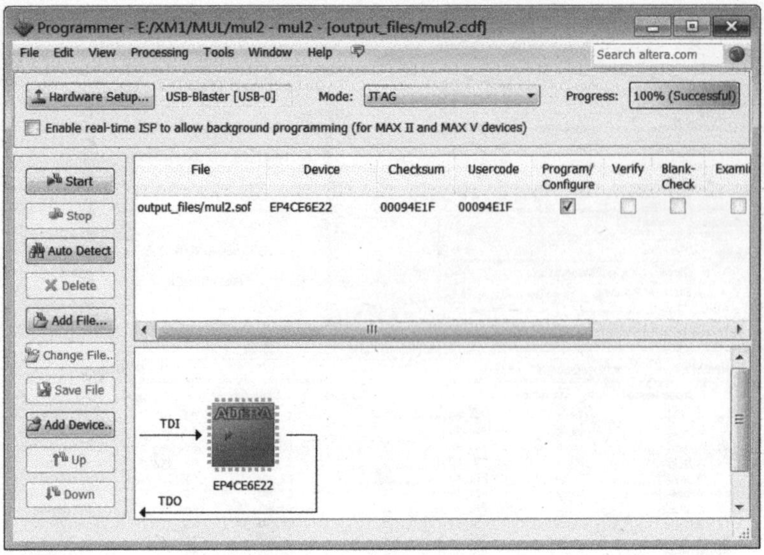

图 1.70　编程下载完成

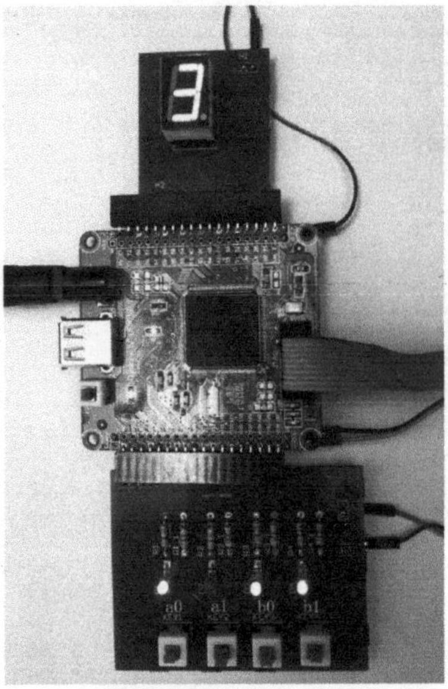

图 1.71　测试结果（1）

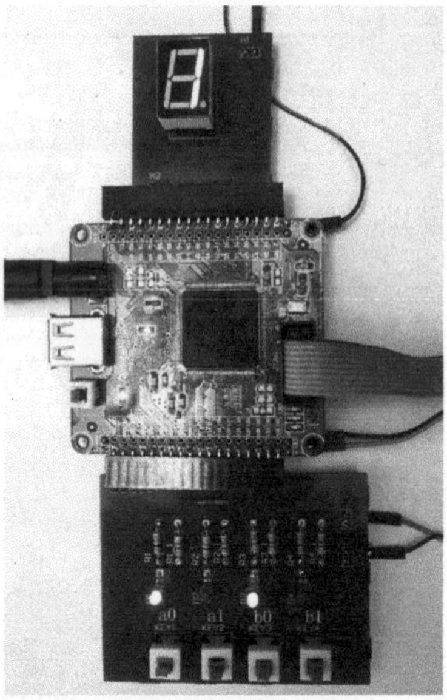

图 1.72　测试结果（2）

从图 1.71 中可知，被乘数“a1a0”的值为“01”(1)，乘数“b1b0”的值为“11”(3)，即 1×3=3 时，数码管显示值为“3”。从图 1.72 中可知，被乘数“a1a0”的值为“01”(1)，乘数“b1b0”的值为“01”(1)，即 1×1=1 时，数码管显示值为“1”。继续设置不同的输入值，可测试二位二进制数乘法器是否符合设计要求。

做一做，试一试

（1）设计并制作二位二进制数乘法器，输入输出值均用数码管显示。

（2）设计并制作四位二进制数乘法器，输入输出值均用数码管显示。

项目小结

本项目通过介绍基于原理图的二位二进制数的乘法器设计与制作过程，介绍了基于FPGA的、采用EDA技术的数字电子系统开发流程；使学生熟悉EDA技术、FPGA工作原理；并能熟练使用开发软件Quartus II与仿真软件ModelSim，学会自顶向下模块化的设计方法。

项目 2　三路表决器设计制作

使用原理图方式进行数字系统设计具有形象、直观的特点，但随着数字系统设计规模日益增大、复杂程度不断提高，如果仍然采用原理图方式描述电路，则无法满足快速高效的设计要求。为了满足设计人员对抽象层次更高的电路描述的需要，硬件描述语言（HDL）应运而生，它具有对系统的高层次描述功能，具有很强的灵活性和通用性。用硬件描述语言对电子线路的描述和设计是 EDA 建模和实现技术的重要方法。本项目以三路表决器为载体，说明用 VHDL 程序描述和设计数字电路的方法，使学生逐步掌握 VHDL 基本语法知识，提高数字电路 VHDL 程序描述和设计能力。

2.1　三路表决器设计任务描述

三路表决器是一个组合电路，本项目通过介绍三路表决器电路的 VHDL 程序描述与设计，使学生熟悉 VHDL 程序结构、语句表述和语法特点。在实际设计中，实现三路表决器的方法有多种，本项目主要内容是介绍 VHDL 程序的设计示例，要求使用 VHDL 程序，采用文本输入法设计一个基于 FPGA 的三路表决器，并将相关程序下载到 FPGA 芯片，进行硬件验证。

1．学习目标

能 力 目 标	知 识 目 标
（1）能使用 Quartus II 软件，应用文本输入法设计数字电路。 （2）能将数字电路转化为硬件描述语言。 （3）能使用 ModelSim 软件对设计电路进行功能仿真。 （4）能将设计好的程序通过编程器载入开发板目标芯片。 （5）能进行 VHDL 程序与 FPGA 的在线联合调试。 （6）能用开关、数码管、发光二极管设计数字系统的输入与输出	（1）了解常用硬件描述语言类型。 （2）了解 VHDL 程序的特点。 （3）熟悉 VHDL 程序的基本格式和规范。 （4）熟悉 VHDL 程序基本结构。 （5）熟悉 VHDL 程序的标识符

2．任务描述

采用文本输入法，利用 VHDL 程序设计一个三路表决器，完成的逻辑功能如表 2.1 所示，同意票数大于等于 2 票，表示通过。要求在 Quartus II 软件平台上用文本输入法设计三路表决器；用 ModelSim 仿真软件仿真检查设计结果；利用 FPGA 最小系统板进行硬件验证；可选用的输入输出硬件资源为按键开关、LED、数码管、蜂鸣器。

表 2.1　三路表决器逻辑功能表

评　委	投 票 意 见							
评委 A	×	×	×	√	√	√	×	√
评委 B	×	×	√	×	√	×	√	√

续表

评　委	投 票 意 见							
评委 C	×	√	×	×	×	√	√	√
表决结果	×	×	×	×	√	√	√	√

3. 教学工具

（1）计算机。

（2）Quartus II 软件。

（3）ModelSim 仿真软件。

（4）FPGA 最小系统板、万能板、按键开关、数码管、发光二极管、蜂鸣器、连接导线。

2.2　三路表决器设计方案

设计、制作基于 FPGA 最小系统板的三路表决器，应根据不同的输入输出表示电路，确定 FPGA 中三路表决器的数字逻辑电路。

1. 功能描述

表决输入：三个评委分别用按键开关 KD1、KD2、KD3 来表示自己的意愿，如果同意某决议，使用按钮开关输入高电平，不同意则输入低电平。

表决结果：根据任务要求可选用 LED、数码管、蜂鸣器等显示。

2. 设计方案

输入为 3 个开关，输出根据不同情况可以用 1 个灯的亮灭表示，当输入为高电平的开关数不少于 2 个时，灯亮表示通过；当输入为高电平的开关数少于 2 个时，灯灭表示未通过。同理，输出还可用 2 个灯、1 个灯加蜂鸣器、数码管加蜂鸣器等表示，如表 2.2 所示。

表 2.2　三路表决器输入输出表示方法

输入表示方法	输出表示方法			
3 个按键开关	1 个 LED 灯	2 个 LED 灯	LED 灯与蜂鸣器	数码管与蜂鸣器
高电平表示同意； 低电平表示不同意	灯亮表示通过； 灯灭表示不通过	L1 灯亮表示通过； L2 灯亮表示不通过	灯亮且发出蜂鸣声表示通过； 灯灭且无声表示不通过	数值大于等于 2 且发出蜂鸣声表示通过； 数值小于 2 且不发出蜂鸣声表示不通过

3. 输入输出电路的设计

根据表示方法不同，可以设计不同的输入输出电路。本项目以 3 个按键开关输入，2 个 LED 灯表示输出结果的三路表决器为例，说明三路表决器设计。

输入电路设计：用 3 个按键开关代表 3 位评委意愿输入，当按键按下时输入高电平，与之相连的发光二极管“亮”，表示同意；当按键未按下时，输入低电平，与之相连的发光二极管“灭”，表示不同意。输入参考电路如图 2.1 所示。

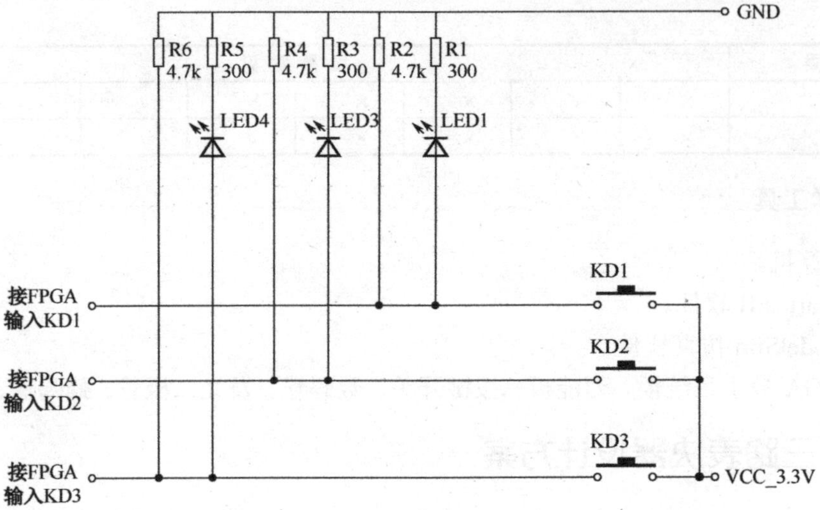

图 2.1　三路表决器输入参考电路

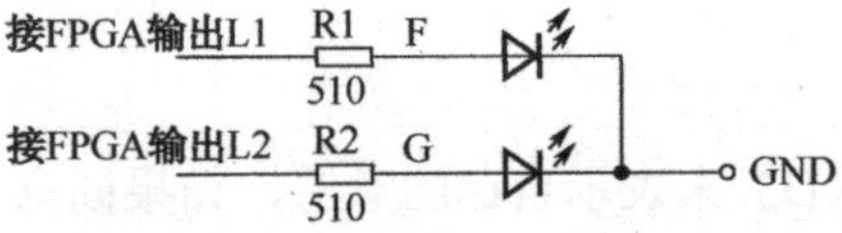

图 2.2　三路表决器输出参考电路

输出电路设计：用发光二极管的“亮”与“灭”表示通过与不通过。当输出为高电平时，与之相连的发光二极管“亮”，表示通过；当输出为低电平时，与之相连接的发光二极管“灭”，表示不通过。输出参考电路如图 2.2 所示。

4．设计制作流程

根据三路表决器的功能要求确定设计方案；根据设计方案，在 EDA 工具软件平台上设计三路表决器数字逻辑电路并仿真；将三路表决器数字逻辑电路载入 FPGA 芯片；将输入输出电路与 FPGA 芯片相应的引脚相连并进行功能验证。基于 FPGA 最小系统板的三路表决器设计制作具体流程如图 2.3 所示。

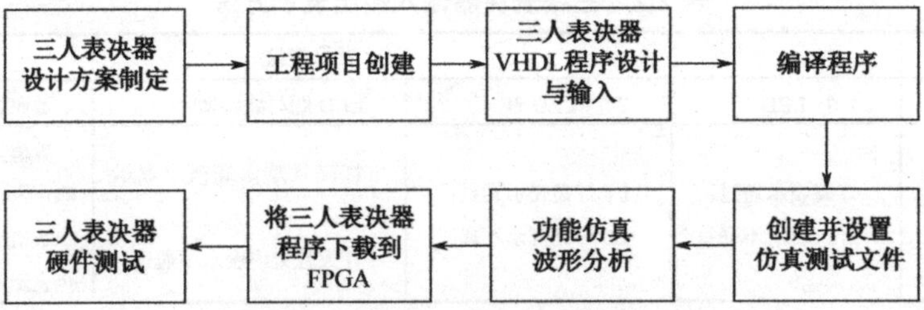

图 2.3　三路表决器设计制作流程

2.3　知识链接——VHDL 程序结构及标识符

VHDL 程序是利用 EDA 技术进行电子系统设计的主流硬件描述语言之一，VHDL 由美国国防部组织开发，1987 年被 IEEE 确认为 IEEE1076 标准，1993 年升级为 IEEE1164 标准。VHDL 支持数字电子系统设计、综合、验证和测试。VHDL 以其强大的系统描述能力、规范的程序设计结构、灵活的语言表达风格和多层次的仿真测试手段等特点，在电子设计领域受到普遍的认同，成为现代 EDA 技术领域首选的硬件描述语言。

1. VHDL 的特点

VHDL 不仅具有与具体硬件电路和设计平台无关的特性，还具有良好的电路行为描述和系统描述的功能。在易读性和层次化、结构化设计方面表现出了强大的生命力和应用潜力。采用 VHDL 进行硬件系统与电路设计，具有如下特点。

（1）硬件描述能力强，设计效率高。

它支持门级电路的描述，也支持寄存器、存储器、总线等构成的寄存器传输级电路描述，还支持行为和结构混合描述为对象的系统级电路描述，从而简化了硬件设计，提高了设计的效率和可靠性。

（2）可读性强，易于修改和发现错误。

用 VHDL 编写的源程序文件既是程序又是文档，它不但可以被计算机接受，也容易被工程技术人员理解。

（3）良好的可移植性。

它作为一种被 IEEE 承认的工业标准，可以作为通用的硬件描述语言，在不同的设计环境和系统平台中使用。

（4）良好的适应性。

VHDL 设计不依赖于元器件，与工艺无关，不会因工艺变化而使设计过时，从而延长设计的生命周期。

（5）支持对大规模设计的分解和对已有设计的再利用。

VHDL 体系符合自顶向下、自底向上和并行工程设计思想，支持对大规模设计的分解，复杂的电路系统可以由多人、多项目组共同承担完成。

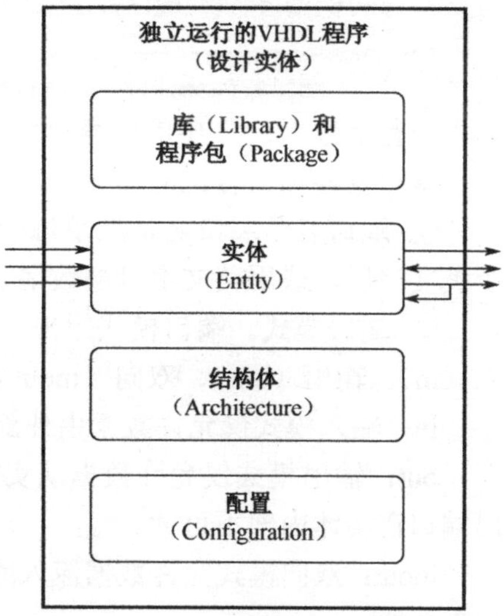

图 2.4　VHDL 程序结构

2. VHDL 程序结构

一个相对完整的 VHDL 程序称为设计实体，通常都具有比较固定的结构。由实体（Entity）、结构体（Architecture）、配置（Configuration）、库（Library）和程序包（Package）等构成，如图 2.4 所示。

不同的 VHDL 程序可以有不同的程序结构，无论 VHDL 程序描述的电路复杂还是简单，作为一个电路功能模块而独立存在和独立运行的 VHDL 程序必须包含实体与结构体二部分，其他部分可根据程序的需要增加。

1）实体

实体用来描述对外端口信息，即设计实体经封装后对外的通信界面。实体包含输入端口和输出端口的说明，也可以包含一些参数化的数值说明。实体说明部分基本格式如下：

```
entity 实体名  is
[generic（类属参数说明）];
   port（端口表）;
end[entity]实体名;
```

实体说明部分基本格式解释如下：

（1）一个基本的实体说明以“entity 实体名 is”开始，以“end [entity]实体名”结束。[ ]表示其中的部分是可选项。

（2）实体名。一个设计实体无论多大、多复杂，在实体中定义的实体名即为这个设计实体的名称。实体名是标识符，标识符具体取名由设计者决定，一般将 VHDL 程序的文件名作为此设计实体名。命名 VHDL 程序标识符时应注意的是：标识符不能取 VHDL 程序的关键字、保留字及设计软件元件库中元件的名称。标识符由英文字母、数字及下画线组合而成，不能用数字作为第一个字符，不能用下画线作为最后一个字符。

（3）类属参数说明。类属参数说明必须放在端口说明之前，用来指定端口中矢量的位数、元件的延迟时间参数等。类属参数说明书写格式如下：

```
generic ([constant]常量名称：[in]数据类型[:=设定值]；…)；
```

【例 2.1】 generic(wide:integer :=32);

说明：wide 为常数，值为整数 32

（4）端口表。端口表是对端口的说明，用于描述设计实体的输入/输出信号，也可以说是对外部引脚信号的名称、数据类型和输入/输出情况的描述。端口说明的一般书写格式如下：

```
port(端口名{，端口名}：端口模式 数据类型[:=设定值]；
  ......
    端口名{，端口名}：端口模式 数据类型[:=设定值])；
```

其中，花括号“{ }”中的内容可以没有，也可以有多项。

端口表各项内容说明如下：

① 端口名。端口名是赋予每个外部引脚的名称，即该端口的标识符，通常用一个或几个英文字母，或用英文字母加数字来命名，名称须满足 VHDL 程序标识符的要求。

② 端口模式。端口模式用来定义外部引脚的信号流向。端口模式共有四种，分别为输入（in）、输出（out）、双向（inout）和缓冲（buffer）。

in：输入模式仅允许数据由外部流向实体输入端口。

out：输出模式仅允许数据从实体内部流向实体输出端口，输出模式不能用于反馈，输出端口在实体内部不可读。

inout：双向模式允许数据流入或流出实体。双向模式允许用于内部反馈，适合描述双向数据总线。

buffer：缓冲模式通常用于内部有反馈需求的信号描述。缓冲模式与输出模式类似，只是缓冲模式允许用于内部反馈，而输出模式不行。

③ 数据类型。在实际使用时，端口描述的数据类型通常有位（bit）、位矢量（bit_vector）、标准逻辑（std_logic）、标准逻辑矢量（std_logic_vector）。

bit：若端口的数据类型定义为 bit 类型，则其信号值是一个一位二进制数，取值只能是 0 或 1。

bit_vector：若端口的数据类型定义为 bit_vector 类型，其信号值是一组二进制数。

std_logic：标准逻辑，其取值有 9 种，分别是：0（信号 0）、1（信号 1）、H（弱信号 1）、L（弱信号 0）、Z（高阻）、X（不定）、W（弱信号不定）、U（初始值）和一（不可能情况）等。

std_logic_vector：标准逻辑矢量，它是标准逻辑的集合，基本元素是 std_logic 类型。

std_logic 和 std_logic_vector 由 IEEE_std_logic_1164 程序包支持，在用 std_logic 和 std_logic_vector 声明端口时，在实体说明前必须增加库说明。

【例 2.2】 端口说明之一

```
    prot(clk,clr:in bit;
       sec0,sec1:out bit_vector(3 downto 0));
```

说明：clk 和 clr 端口均为输入端口，且都是 bit 数据类型。而 sec0 和 sec1 均为输出端口，且都具有 4 位总线宽度。“3 downto 0”表示其为 4 位端口，位矢量为 4 位。

【例 2.3】 端口说明之二

```
    library IEEE;
    use IEEE_std_logic_1164.all;
    prot(clk,clr:in std_logic;
       sec0,sec1:out std_logic _vector(3 downto 0));
```

说明：“library IEEE”与“use IEEE_std_logic_1164.all”为库使用声明语句，以便在对 VHDL 程序语句进行编译时，从指定库的程序包中寻找预定义的数据类型；clk 和 clr 端口均为输入端口，且都是 std_logic 数据类型；sec0 和 sec1 均为输出端口，且都具有 4 位总线宽度。“3 downto 0”表示其为 4 位端口，每位均为标准逻辑位。

2）结构体

结构体描述了该设计实体单元电路的逻辑功能。结构体附属于实体，是对实体的说明。结构体描述格式如下：

```
    architecture 结构体名 of 实体名 is
       [说明语句];
    begin
       功能描述语句;
    end [architecture] 结构体名;
```

其中，实体名必须是所在设计实体的实体名字，而结构体名可以自由选择，当一个设计实体含有多个结构体时，结构体不能同名。结构体说明语句必须放在关键字“architecture”和“begin”之间，结构体必须以“end [architecture] 结构体名”作为结束语句。

结构体说明语句用于对结构体内部所用到的信号（signal）、数据类型（type）、常量（constant）、元件（component）、函数（function）和过程（procedure）等进行说明。需要注意的是，在结构体中说明和定义的数据类型、常量、函数和过程，作用范围局限于其所在的结构体。实体说明中的端口表定义的 I/O 端口为外部信号，而结构体定义的信号为内部信号。结构体内的信号定义与实体的端口说明类似，由信号名称和数据类型组成，但不需要定义信号模式，即不用说明信号的方向。

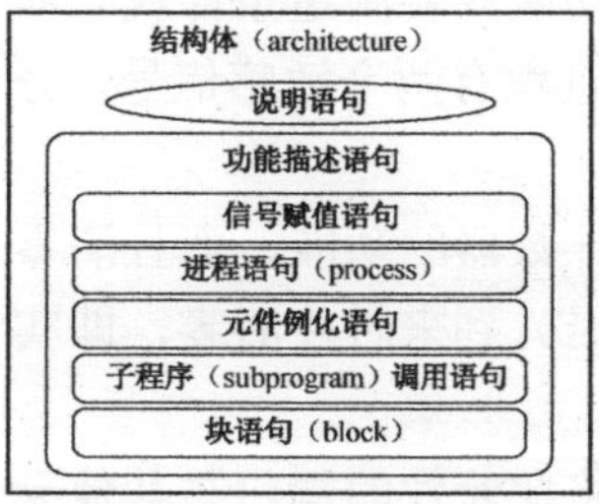

图 2.5　结构体构造图

功能描述语句包括 5 种不同类型的以并行方式工作的语句结构，如图 2.5 所示。5 种语句结构本身以并行方式工作，但它们内部不一定是并行语句。

（1）信号赋值语句：根据设计实体内的处理结果向定义的信号或输出端口进行赋值。

（2）进程语句：在 VHDL 程序中进程语句是使用频繁的一种语句。在一个结构体内可以包含多个进程，每个进程都是同步执行的，但是进程内部的语句是顺序执行的。虽然进程中的语句是顺序执行的，但执行进程中的顺序语句并不需要时间，只是信号在传输时会有延时，这一点与单片机中的顺序执行语句不同。进程语句的描述格式为：

```
[进程名：] process[(敏感信号表)]
        [进程说明部分]；
      begin
      顺序描述语句部分；
   end process [进程名]；
```

其中，进程名是进程语句的标识符，它是一个可选项；敏感信号表是用来激励进程启动的量，当敏感信号表中有一个信号或多个信号发生变化时，该进程启动，否则该进程处于挂起状态；进程说明部分定义该进程所需要的局部量，可包括数据类型、常量、变量、属性、子程序等，但不允许定义信号和共享变量；顺序描述语句用于描述该进程的行为。

【例 2.4】 异步清零十进制加法计数器的描述

```
library ieee;
use ieee.std_logic_1164.all;
use ieee.std_logic_unsigned.all;
entity cnt10y is
port(clr:in std_logic;
    clk:in std_logic;
    cnt:buffer std_logic_vector(3 downto 0));
end cnt10y;
architecture example9 of cnt10y is
begin
process(clr,clk)
    begin
      if clr='0' then
cnt<="0000";
      elsif clk'event and clk='1' then
         if (cnt="1001") then
           cnt<="0000";
         else
           cnt<=cnt+'1';
         end if;
      end if;
    end process;
end example9;
```

程序说明：在时序逻辑电路中，异步控制信号指该信号的控制功能只要满足条件就立即产生，而不需等时钟的有效边沿到来时才生效。该程序结构体内的进程有两个敏感信号，分别是时钟信号 clk 与清零信号 clr，程序功能仿真结果如图 2.6 所示。

从波形图中可知，程序在 clk 上升沿控制下实现了十进制加法计数器的功能，而且清零信号 clr 为零，计数器立即清零，而不是等时钟有效的边沿（上升沿）到来时才清零，即实现了异步清零十进制加法计数器的功能。

（3）元件例化语句：对其他的设计实体进行元件调用说明，并将此元件的端口与其他元件、信号或高层次实体的界面端口进行连接。

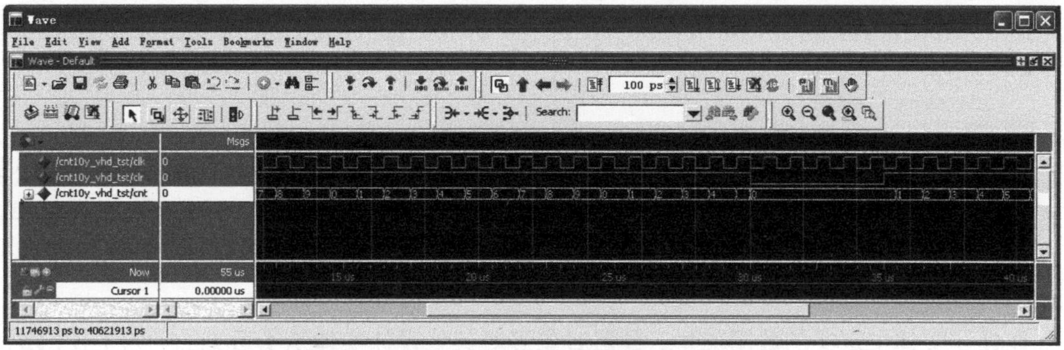

图 2.6　异步清零十进制加法计数器功能仿真波形

（4）子程序调用语句：用以调用过程或函数，并将获得的结果赋值给信号。

（5）块语句：由一系列并行执行语句构成的组合体，其功能是将结构体中的并行语句组成一个或多个子模块。

3）库

库是经过编译后的数据集合，编译的目的是为了使设计遵循某些统一的语言标准或数据格式，同时便于利用已有的设计成果，以提高设计效率。库通常是以一个子目录的形式存在的，这些子目录中存放了不同数量的程序包，这些程序包里定义了一些常用的信息。

（1）库的分类。VHDL 程序中常用的库有 IEEE 库、STD 库、WORK 库、ASIC 库和用户自定义库等。

IEEE 库。IEEE 库是 VHDL 程序中最为常用的库，它包含了 IEEE 标准的程序包和其他一些支持工业标准的程序包。其中 std_logic_1164、std_logic_unsigned、std_logic_signed、std_logic_arith 等程序包是经常使用的程序包。使用这些程序包时必须先声明 library ieee。

STD 库。STD 库是 VHDL 程序的标准库，在该库中包含 standard 程序包及 textio 程序包。standard 程序包是 VHDL 程序的标准程序包，里面定义了 VHDL 程序标准数据、逻辑关系及函数等，在 EDA 工具软件启动后自动调用到工作库中，所以，使用 standard 程序包中定义的量可以不加声明。但是若使用 textio 程序包，则须按照格式进行说明。

WORK 库。WORK 库是 VHDL 程序的工作库，用户在工程设计中设计成功、正在验证、未仿真环节产生的中间部件等都堆放在 WORK 库。当需要使用这些部件时，EDA 工具软件自动把这些部件及参数加到当前工作库中，所以，不需要再进行说明调用。

ASIC 库。在 VHDL 程序中，为了进行门级仿真，各公司提供面向 ASIC 的逻辑门库。在各库中存放着与逻辑门一一对应的实体。使用 ASIC 库，须按照格式进行说明。

用户自定义库。用户自定义库是用户根据自己的需要，将开发的共用程序包和实体等汇集在一起，定义成一个库。在使用用户自定义库时，须按照格式进行说明。

（2）库的说明。在 VHDL 程序中，库的说明通常放在实体描述的最前面。多数情况下，对库进行说明后，设计者才能使用库集合中定义的数据。库说明语句格式如下：

```
    library 库名;
```

（3）库的使用。库说明语句与 use 语句一般同时使用，库说明语句指明所使用的库名，use 语句指明使用库中的程序包。一旦说明了库和程序包，整个设计实体就可以被访问或调用，但其作用范围仅限于所说明的设计实体。库的调用格式：

```
    library  库名;
```

```
use 库名.程序包名.all; (或use 库名.程序包名.项目名; )
```

【例 2-5】库的调用

```
library ieee;
use ieee.std_logic_1164.all;
```

说明：两语句表明打开 IEEE 库中的 std_logic_1164 程序包，并使程序包中所有的公共资源对于后面的 VHDL 设计实体程序全部开放，即该语句后的程序可任意使用程序包中的公共资源。

4）程序包

在设计实体中定义的数据类型、数据对象等对其他设计实体是不可见的。为了使已定义的数据类型、数据对象等被更多的其他设计实体共享，可以将它们收集在一个 VHDL 程序包中，这样可以提高设计的效率和程序的可读性。多个程序包可以并入一个 VHDL 程序库中。常用的预定义程序包有：

（1）std_logic_1164 程序包。std_logic_1164 程序包是 IEEE 库中最常用的程序包，是 IEEE 的标准程序包。其中包含了一些数据类型、子类型和函数的定义，这些定义将 VHDL 程序扩展为一个能描述多值逻辑的硬件描述语言。std_logic_1164 程序包中用得最多和最广的是定义了满足工业标准的两个数据类型 std_logic 和 std_logic_vector。新定义的数据类型除具有"0"和"1"逻辑量以外，还有其他的逻辑量，如高阻态"z"、不定态"x"等，更能满足实际数字系统设计仿真的需求。

（2）std_logic_arith 程序包。std_logic_arith 程序包在 std_logic_1164 程序包的基础上扩展了 3 个数据类型，即 unsigned、signed 和 small_int，并为其定义了相关的算术运算符和转换函数。unsigned 数据类型不包含符号位，无法参与有符号的运算；signed 数据类型包含符号位，可以参与有符号的运算。

（3）std_logic_unsigned 和 std_logic_signed 程序包。这两个程序包定义了可用于 integer 型、std_logic 型和 std_logic_vector 型混合运算的运算符，并定义了由 std_logic_vector 型到 integer 型的转换函数。其中：std_logic_signed 中定义的运算符考虑到了符号，用于有符号数的运算；std_logic_unsigned 程序包定义的运算符没有符号，用于无符号运算。

5）配置

配置语句用来为较大的系统设计提供管理和工程组织。通常在大而复杂的 VHDL 程序设计中，同一个实体可以采用多种结构体描述，因此，对拥有多种结构体的实体，可以通过配置语句把特定的结构体关联到一个确定的实体，以使设计者比较不同结构体之间的仿真差别。

配置是 VHDL 程序实体中的一个基本单元。对以元件例化的层次方式构成的 VHDL 程序实体，可以将其中的配置语句理解为设计实体选择合适元件结构的表单，以配置语句指定在顶层设计中的某一元件与一特定结构体相衔接，或赋予特定属性。配置语句还能用于对元件的端口连接进行重新安排。

配置语句的一般格式如下：

```
configuration 配置名 of 实体名 is
  for 选配结构体名
  end for;
end 配置名;
```

3．VHDL 程序字符集、标识符与关键字

字符是组成 VHDL 程序的最基本单元。标识符是用户编程时为常量、变量、信号、端口、子程序或参数等定义的名字。

1）VHDL 程序字符集

VHDL 合法的字符集有两大类：基本字符集与扩展字符集。

基本字符集是基本标识符使用的字符集，包括以下 4 类：

（1）26 个大写英文字母：A～Z。

（2）26 个小写英文字母：a～z。

（3）10 个阿拉伯数字：0～9。

（4）下画线。

扩展字符集是扩展标识符使用范围的字符集，除了基本字符集所含字符外，还包括图形符号与空格等。扩展字符集扩展了标识符的使用范围，但也增加了字符的复杂性。为了保持程序的通用性并提高程序的可读性，建议用基本字符集设计 VHDL 程序。

2）标识符

标识符是程序设计语言的组成部分，VHDL 程序的标识符与其他程序设计语言一样有其自身的规则与特点。

VHDL 程序基本标识符的设计规则如下：

（1）必须由基本字符集中字符组成。

（2）必须由基本字符集中的 26 个大、小写英文字母开头。

（3）基本字符集的下画线不能作为基本标识符的最后一个字符。

（4）基本字符集的下画线不能连续出现两次或两次以上。

（5）VHDL 程序的保留字不能单独作为一个基本标识符。

（6）基本标识符中的英文字母不区分大小写。

3）关键字

关键字是 VHDL 程序预先定义的保留字，它们在程序中有不同的作用。如 entity（实体）、type（类型）、if、edn process（进程）等都是 VHDL 程序的关键字。

2.4　三路表决器设计制作实施

根据前面系统设计方案，本节以三个按键开关输入，两个 LED 灯表示输出结果，采用 FPGA 最小系统板进行硬件测试的三路表决器为例，说明三路表决器设计制作过程。具体实施步骤按照先后顺序可分为：创建工程、VHDL 程序设计、程序编译、仿真测试文件创建、功能仿真、编程下载、硬件测试等。

1．工程创建与 VHDL 程序设计

在计算机中建立工程文件夹（如 E:/XM2/BJQ），将本工程的全部设计文件放在此文件夹中。

1）三路表决器工程创建

在 Quartus II 集成环境中，选择【File】→【New Project Wizard...】菜单命令，根据新

建工程向导创建名为“bjq”的工程，顶层实体名用“bjq”；芯片类型可以根据各自硬件测试使用的 FPGA 芯片类型设置；第三方仿真软件选择“ModelSim-Altera”，仿真语言设置为 VHDL。

2）三路表决器 VHDL 程序设计

在 Quartus II 集成环境中，选择【File】→【New…】菜单命令，弹出【New】对话框；选择【Design File】→【VHDL File】选项，单击【OK】按钮，在 Quartus II 集成环境中，将弹出文本文件编辑窗口，并自动产生文本文件“vhdl1.vhd”。

在 Quartus II 集成环境中，选择【File】→【Save As…】菜单命令，弹出【另存为】对话框，将三路表决器设计文件命名为“bjq.vhd”，保存在“E:/XM2/BJQ”目录。在文本文件编辑窗口输入如下 VHDL 程序：

```
library ieee;                  --库声明部分
use ieee.std_logic_1164.all;
--************************************************
entity bjq is                --实体说明部分
   port (kd:in std_logic_vector (2 downto 0);
        pl:out std_logic_vector (1 downto 0));
end entity bjq;
--************************************************
architecture cont of bjq is    --结构体部分
begin
with kd select
   pl<="10" when "011",
       "10" when "101",
       "10" when "110",
       "10" when "111",
       "01" when others;
end architecture cont;
```

3）三路表决器 VHDL 程序结构说明

（1）VHDL 程序的基本约定。VHDL 程序语句由保留关键字引导；一般 VHDL 程序对字母大小写不敏感，但单引号“''”与双引号“" "”中的字符、字符串例外；每条 VHDL 程序语句以一个分号作为结束；VHDL 程序对空格不敏感；在“--”之后的是 VHDL 程序的注释语句，不参与程序编译。

（2）VHDL 程序的基本结构。无论 VHDL 程序描述的电路复杂还是简单，一个 VHDL 程序必须包含实体说明部分（entity 关键词引导）与结构体部分（architecture 关键词引导）。除实体说明与结构体以外，根据需要还可以增加另外三个部分：库声明（library 关键词引导）、配置（configuration 关键词引导）、包（package 关键词引导）等。本程序含有 3 个部分：库声明部分、实体说明部分、结构体部分。

4）三路表决器 VHDL 程序各描述语句说明

完成三路表决器 VHDL 程序文本输入后，文件编辑窗口如图 2.7 所示。三路表决器 VHDL 程序各描述语句说明如下。

（1）库声明部分：对照图 2.7，三路表决器 VHDL 程序第 1、2 行语句为库声明部分。由于第 4～7 行的实体中使用了“std_logic_vector”标准逻辑矢量，它在“std_logic_1164 程序包”中进行了定义。因而，要对“std_logic_1164 程序包”所在的“IEEE”库进行声明，并使用“std_logic_1164 程序包”，以便声明语句后的设计实体调用。库声明部分通常放在 VHDL 程序描述的最前面。

```
1  library ieee;                     --库声明部分
2  use ieee.std_logic_1164.all;
3  --**********************************************
4  entity bjq is                     --实体说明部分
5     port (kd:in std_logic_vector (2 downto 0);
6           pl:out std_logic_vector (1 downto 0));
7  end bjq;
8  --**********************************************
9  architecture cont of bjq is      --结构体部分
10 begin
11 with kd select
12    pl<="10" when "011",
13        "10" when "101",
14        "10" when "110",
15        "10" when "111",
16        "01" when others;
17 end cont;
```

图 2.7 三路表决器 VHDL 程序

（2）实体说明部分：对照图 2.7，三路表决器 VHDL 程序第 4～7 行语句为实体说明部分。以关键词 entity 引导、end entity bjq 结尾。实体说明部分用来描述实体的对外端口信息，如信号流动的方向、流动在其上的数据类型等。这部分相当于原理图的一个元件符号。

本程序实体名为“bjq”；输入端口名为“kd”，数据类型为“std_logic_vector”标准逻辑矢量，数据位宽为 3 位，即有 3 个输入信号，分别是 kd(2)、kd(1)、kd(0)；输出端口名为“pl”，数据类型为“std_logic_vector”标准逻辑矢量，数据位宽为 2 位，即有 2 个输出信号，分别是 pl(1)、pl(0)。

（3）结构体部分：对照图 2.7，三路表决器 VHDL 程序第 9～17 行语句为结构体部分。以关键词 architecture 引导、end cont；结尾。结构体用来描述电路和系统的逻辑功能。

本程序结构体名为“cont”；第 11～16 行语句为选择信号赋值语句，描述电路的逻辑功能；当输入信号 kd 的值为“011”时，将值“10”赋值给输出 pl，即输入信号“kd(2)”为低电平，“kd(1)”与“kd(0)”为高电平，表示有 2 人同意。此时，输出信号“pl(1)”为高电平，L1 灯亮；“pl(0)”为低电平，L2 灯灭，表示通过；同理，第 12～15 行语句所表示的为有 2 人或 3 人同意的情况，输出信号均为“pl(1)”为高电平，L1 灯亮，“pl(0)”为低电平，L2 灯灭，表示通过；第 16 行语句表示除了前面情况以外的任何情况（包括只有 1 人同意或没人同意），输出信号“pl(1)”为低电平，L1 灯灭，“pl(0)”为高电平，L2 灯亮，表示不通过。

5）三路表决器程序编译

完成三路表决器 VHDL 程序设计并输入后，在 Quartus II 集成环境中，选择【Processing】→【Start Compilation】菜单命令，对程序进行编译。编译时，Quartus II 首先检查工程的设计文件有无语法错误或连接错误，错误信息会在【Messages】窗口显示，双击错误信息可定位到发生错误的位置，如果有错误必须进行修改，直到编译通过。

2．创建仿真测试文件及功能仿真

编译通过表示设计文件无语法或连接错误，但设计功能是否实现，还须通过功能仿真来验证。运用第三方仿真软件 ModelSim 进行功能仿真，须先建立一个仿真测试文件，在仿真测试文件中设置三路表决器 VHDL 程序的输入值，用以测试这些值进入设计完成的三路表决器后，输出结果是否满足设计要求。

1）创建仿真测试模板文件

在 Quartus II 集成环境中，选择【Processing】→【Start】→【Start Test Bench Template Writer】菜单命令。如果没有设置错误，系统将弹出生成仿真测试模板文件成功的对话框。默认生成的仿真测试模板文件名为“BJQ.vht”，保存位置为“E:/XM2/BJQ /simulation/modelsim”。

2）编辑仿真测试文件

在 Quartus II 集成环境中，选择【File】→【Open…】菜单命令，弹出【Open File】对话框，双击“E:/XM2/BJQ /simulation/modelsim /BJQ.vht”文件，删除“always”进程；在“init”进程中设置表决器输入端“kd”的值。完整的仿真测试文件如下：

```
library ieee;
use ieee.std_logic_1164.all;
entity bjq_vhd_tst is
end bjq_vhd_tst;
architecture bjq_arch of bjq_vhd_tst is
    signal kd : std_logic_vector(2 downto 0);
    signal pl : std_logic_vector(1 downto 0);
    component bjq
        port (kd : in std_logic_vector(2 downto 0);
                pl : out std_logic_vector(1 downto 0));
    end component;
begin
        i1 : bjq
        port map (kd => kd,pl => pl);
    init : process
    begin
         kd<="000" ;wait for 20us;
         kd<="001" ;wait for 20us;
         kd<="010" ;wait for 20us;
         kd<="011" ;wait for 20us;
         kd<="100" ;wait for 20us;
         kd<="101" ;wait for 20us;
         kd<="110" ;wait for 20us;
         kd<="111" ;wait for 20us;
    end process init;
 end bjq_arch;
```

程序说明：进程“init”表示每隔 20us，输入不同的组合值，测试输出结果情况。

注意仿真测试文件的实体名为“bjq_vhd_tst”，测试模块的元件例化名为“i1”，在仿真测试文件配置时要填写。

3）配置仿真测试文件

（1）打开【Simulation】面板。在 Quartus II 集成环境中，选择【Assignments】→【Settings…】菜单命令，弹出设置工程“BJQ”的【Settings –BJQ】对话框；在【Category】栏，选择【EDA Tool Settings】的【Simulation】选项，此时对话框内将显示【Simulation】面板，如图 2.8 所示。

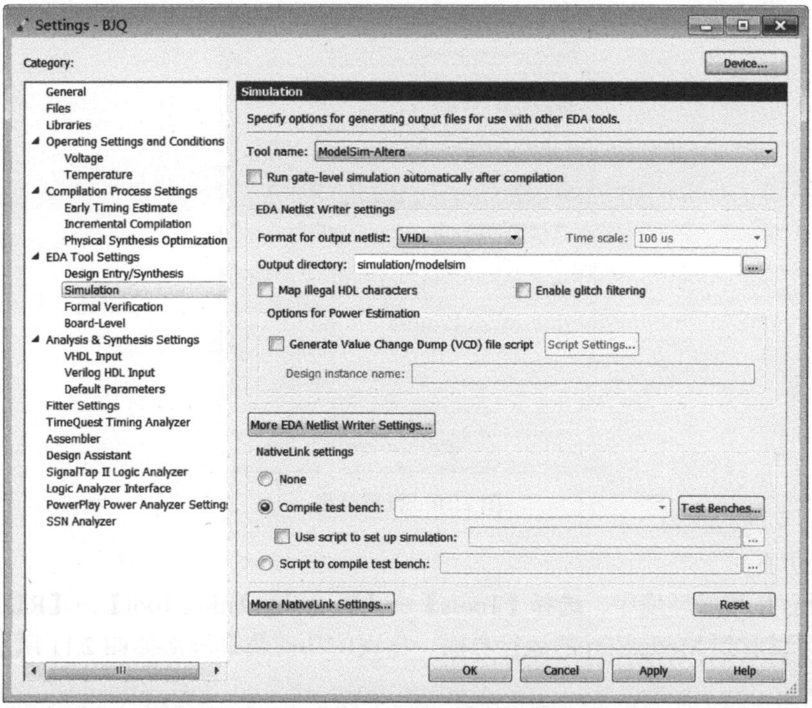

图 2.8　BJQ 工程设置对话框

（2）打开指定测试文件的【Test Benches】面板。在【Simulation】面板的【NativeLink settings】选项组，选择【Compile test bench】选项，单击【Compile test bench】选项后的【Test Benches...】按钮，弹出【Test Benches】对话框，如图 2.9 所示。

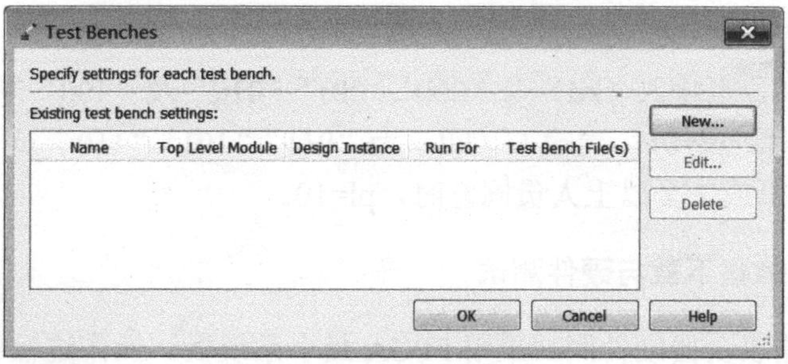

图 2.9　【Test Benches】对话框

（3）单击【Test Benches】对话框中的【New...】按钮，弹出【New Test Bench Settings】对话框；在【Test bench name】栏，输入仿真测试文件名“BJQ.vht”；在【Top level module in test bench】栏，输入仿真测试文件的实体名“bjq_vhd_tst”；选择【Use test bench to perform VHDL timing simulation】选项，在【Design instance name in test bench】栏，输入元件例化名“i1”；在【End simulation at:】后输入“200”；单击【Test bench and simulation files】选项组【File name】后的⋯，弹出【Select File】对话框，选择仿真测试文件“E:/XM2/BJQ/simulation/modelsim/BJQ.vht”，单击【Add】按钮，设置结果如图 2.10 所示。完成各项设置后单击各对话框的【OK】按钮，返回主界面。

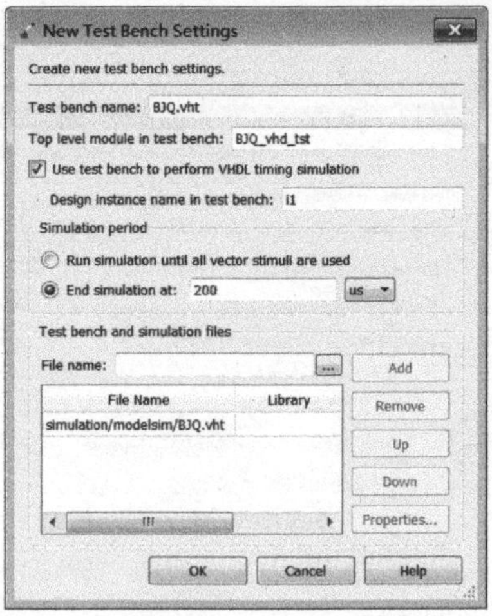

图 2.10　设置结果

4）功能仿真

在 Quartus II 集成环境中，选择【Tools】→【Run Simulation Tool】→【RTL Simulation】菜单命令，可以看到 ModelSim 的运行界面，出现的功能仿真波形如图 2.11 所示。

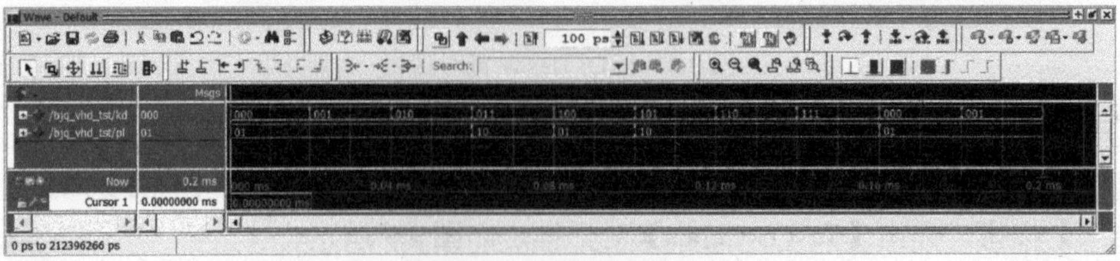

图 2.11　功能仿真波形图

从波形图中可知，当输入（kd）为“000”“001”“010”及“100”时，输出 pl 为“01”，即少于 2 个人同意时，pl=01；当输入（kd）为“011”“101”“110”及“111”时，输出 pl 为“10”，即当有 2 个或 2 个以上人员同意时，pl=10。

3．编程下载与硬件测试

三路表决器硬件测试采用 FPGA 最小系统板。操作过程包括指定目标器件、引脚锁定、下载设计文件和硬件测试。

1）指定目标器件

在 Quartus II 集成环境中，选择【Assignments】→【Device…】菜单命令，在弹出的【Device】对话框中指定 FPGA 最小系统板芯片为 Altera 公司 Cyclone Ⅳ E 系列的 EP4CE6E22C8 芯片，如图 2.12 所示。如果在前面创建工程时，设置的芯片型号与使用的芯片一致，则可以省略该步骤。

2）引脚锁定

根据设计方案，选择三个按键开关作为表决键，可以输入高低电平；输出用 L1、L2 两个发光二极管表示输出结果。按键开关、发光二极管与 FPGA 最小系统板的 20×2 双排直插针连接原理图，如图 2.13 所示。与 FPGA 最小系统板相连的引脚，可以根据各自的输入输出设计及使用的 FPGA 最小系统板的不同而改变。

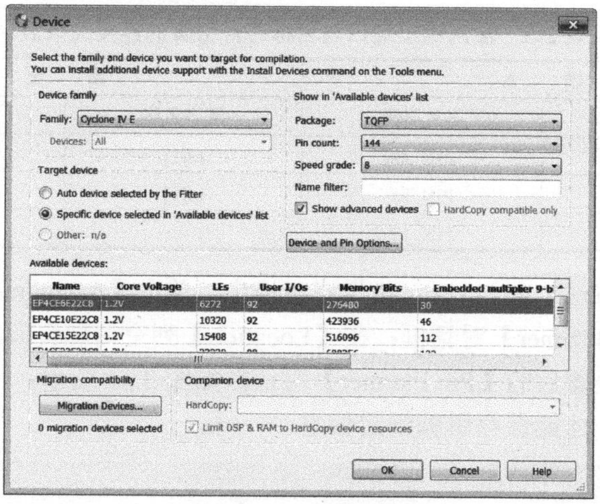

图 2.12　芯片设置结果

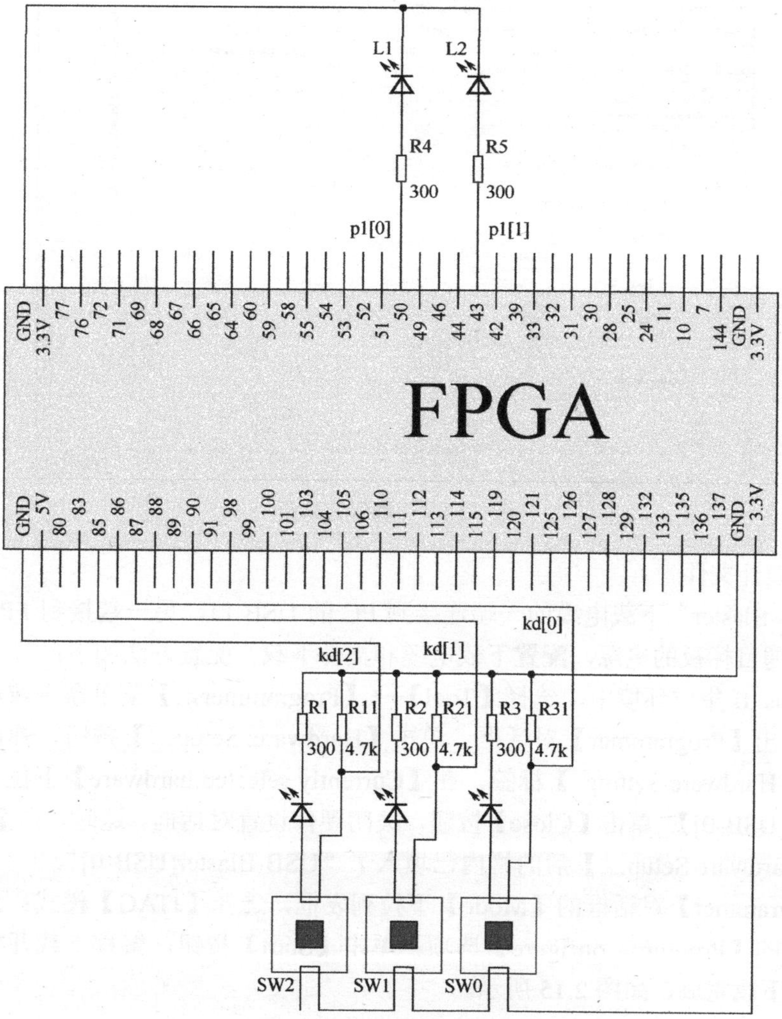

图 2.13　三路表决器输入输出连接电路图

根据图 2.13 可知，三路表决器与 FPGA 目标芯片引脚的连接关系见表 2.3。

表 2.3　输入输出端口与目标芯片引脚的连接关系表

输　入		输　出	
端口名称	芯片引脚	端口名称	芯片引脚
kd[2]	PIN_80	pl[1]	PIN_43
kd[1]	PIN_85	pl[0]	PIN_50
kd[0]	PIN_87		

引脚锁定的操作方法：在 Quartus II 集成环境中，单击【Assignments】→【Pin Planner】菜单命令，弹出【Pin Planner】对话框；在【Location】列空白位置双击，根据表 2.3 输入相对应的引脚值。完成设置后的【Pin Planner】对话框如图 2.14 所示。引脚分配完成以后，必须再次执行编译命令，才能保存引脚锁定信息。

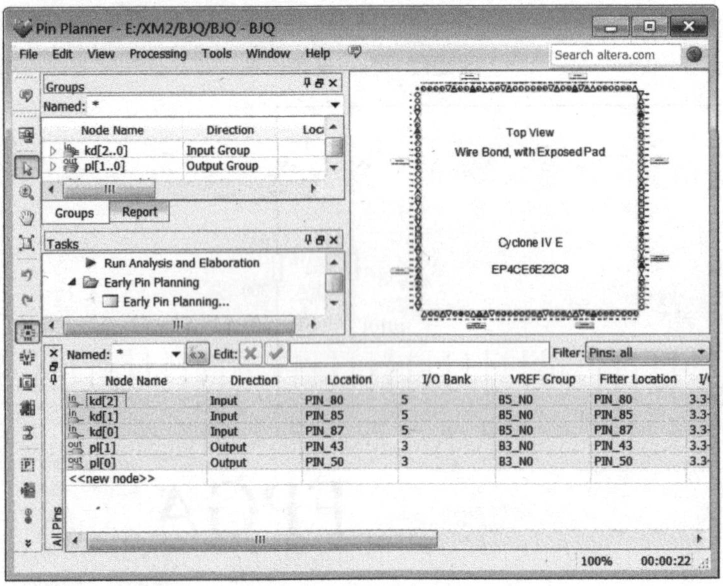

图 2.14　引脚锁定结果

3）下载设计文件

将“USB-Blaster”下载电缆的一端连接到 PC 的 USB 口，另一端接到 FPGA 目标板的 JTAG 口，接通目标板的电源，配置下载电缆和文件下载。配置方法如下：

在 Quartus II 集成环境中，选择【Tool】→【Programmer…】菜单命令或单击工具栏中的按钮，弹出【Programmer】对话框；单击【Hardware Setup…】按钮，弹出硬件设置对话框；单击【Hardware Settings】标签，在【Currently selected hardware】下拉列表框，选择【USB-Blaster[USB-0]】；单击【Close】按钮，关闭硬件设置对话框。这时，在【Programmer】对话框的【Hardware Setup…】后的栏内已填入了“USB-Blaster[USB-0]”。

在【Programmer】对话框的【Mode】下拉列表框，选择【JTAG】模式；选择下载文件“BJQ.sof”后的【Program/Configure】选项；单击【Start】按钮，编程下载开始，下载进度达 100%说明下载完成，如图 2.15 所示。

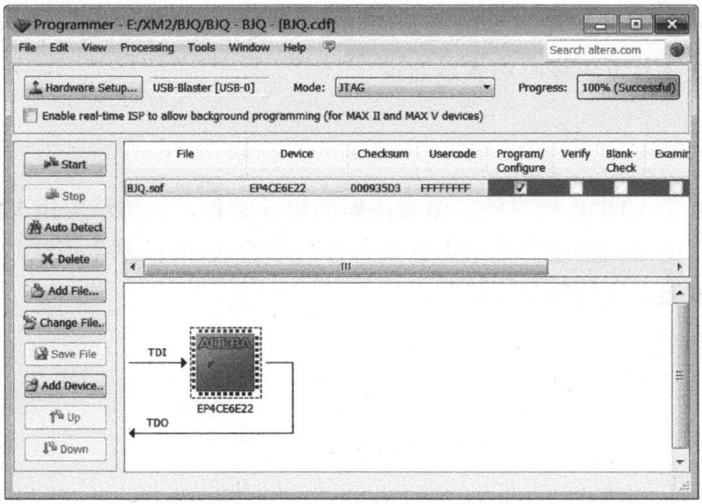

图 2.15　编程下载完成

4）硬件测试

改变按键开关 KD0、KD1、KD2 输入的高低电平，观察发光二极管 PL1、PL0 的亮灭，如图 2.16、图 2.17 所示。图 2.16 中设置 KD1 为高电平，KD0、KD2 为低电平，此时，与 PL(0)相连的灯亮表示不通过；图 2.17 中设置 KD0、KD2 为高电平，KD1 为低电平，此时，与 PL(1)相连的灯亮表示通过；改变 KD0、KD1、KD2 电平高低的组合，观察与 PL(1)、PL(0)相连的发光二极管亮灭情况，测试表决器设计的正确性。

图 2.16　硬件测试结果（一）

图 2.17　硬件测试结果（二）

做一做，试一试

（1）基于 FPGA 最小系统开发板用 VHDL 程序设计五人表决器。

（2）基于 FPGA 最小系统开发板用 VHDL 程序设计三人表决器，输出电路用灯亮且发出蜂鸣声表示通过。

（3）基于 FPGA 最小系统开发板用 VHDL 程序设计五人表决器，输出电路用数码管显示表决票数，用灯亮且发出蜂鸣声表示通过。

项目小结

本项目通过基于 VHDL 程序的三路表决器的设计制作，训练学生用 VHDL 程序描述和设计组合数字逻辑电路的技能；使学生逐步完善所学的 VHDL 基本语法知识；熟悉 VHDL 程序结构、语句表述、字符集与标识符。

项目 3　四路抢答器设计制作

本项目介绍基于 FPGA 最小系统板，用 VHDL 程序设计制作四路抢答器。使学生通过四路抢答器电路设计，理解 VHDL 程序的结构及语言要素，熟悉 VHDL 程序的数据对象、数据类型及基本运算符。

3.1　四路抢答器设计任务描述

四路抢答器硬件电路以 FPGA 最小系统板为核心，输入电路用按键开关控制输入信号，输出电路用 LED 灯、数码管或蜂鸣器表示，四路抢答器的逻辑功能通过 VHDL 程序实现。

1．学习目标

能 力 目 标	知 识 目 标
（1）能使用 Quartus II 软件，应用文本输入法设计数字电路。	（1）了解常用硬件描述语言类型。
（2）能将数字电路转化为硬件语言描述文件。	（2）熟悉 VHDL 程序的基本格式和规范。
（3）能用按键开关、数码管、蜂鸣器设计数字电路的输入与输出部分。	（3）熟悉 VHDL 程序的数据对象。
（4）能进行 VHDL 程序与 FPGA 的在线联合调试。	（4）知道信号数据对象的主要属性。
（5）会设置信号数据对象的主要属性。	（5）熟悉 VHDL 程序的数据类型。
（6）能自定义数据类型	（6）熟悉 VHDL 程序的基本运算符

2．任务描述

四路抢答器功能要求：主持人控制开关可控制抢答起始时刻；四位参赛者的抢答按键按下时，抢答器能准确判断出抢答者，用 LED 灯指示或数码管显示；抢答器应具有互锁功能，当某位参赛者完成抢答后，其他各位参赛者抢答键无效。

四路抢答器设计要求：在 Quartus II 软件平台，基于 VHDL 程序设计四路抢答器控制器；通过 ModelSim 仿真软件仿真检查设计结果；选用 FPGA-EP4CE6E22C8 最小系统板，按键开关、LED 灯、数码管等元件进行硬件测试。

3．教学工具

（1）计算机。

（2）Quartus II 软件。

（3）ModelSim 仿真软件。

（4）FPGA-EP4CE6E22C8 最小系统板、万能板、按键开关、自锁开关、发光二极管、数码管、蜂鸣器、连接导线。

3.2　四路抢答器设计方案

基于 FPGA 最小系统板的四路抢答器设计，包括控制器的设计、输入电路设计及输出显示电路的设计。抢答信号通过输入电路输入控制器，经控制器锁存对应的抢答者信息并输出显示信号与提示信号，通过输出电路显示抢答信息与提示信息。

输出显示电路根据输出的复杂程度可设计为：用发光二极管指示抢答成功与否、用数码管显示抢答成功者的编号、用数码管显示抢答成功者编号的同时发出提示声音等。四路抢答控制器的逻辑电路包括判断、锁存、译码等逻辑电路。

1．输入电路设计

四路抢答器输入电路设计：用按键开关控制抢答信号的输入，当按键开关闭合时，向 FPGA 输入高电平，指示发光二极管发光；当按键开关断开时，向 FPGA 输入低电平，指示发光二极管不发光。抢答输入电路的原理图如图 3.1 所示。

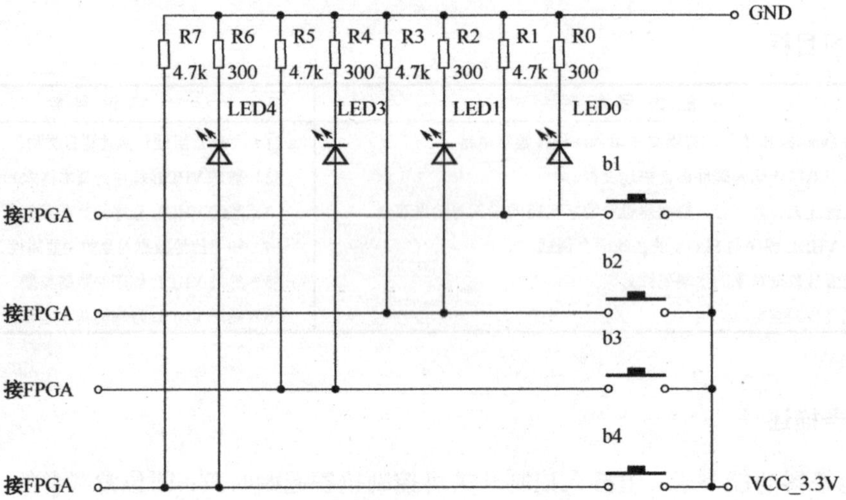

图 3.1　抢答输入电路原理图

主持人控制信号输入电路设计：用自锁开关控制什么时候开始抢答。当开关闭合时，向 FPGA 输入高电平，指示发光二极管发光，四路抢答器处于抢答状态；当开关断开时，向 FPGA 输入低电平，指示发光二极管不发光，四路抢答器处于抢答准备状态。主持人控制信号输入电路的原理图如图 3.2 所示。

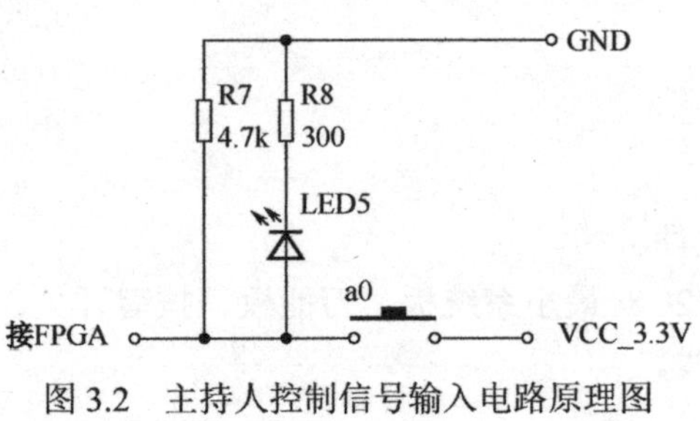

图 3.2　主持人控制信号输入电路原理图

2. 输出电路设计

输出电路根据设计的四路抢答器的复杂程度设计：

（1）用发光二极管显示抢答成功与否的输出电路原理图如图 3.3 所示。

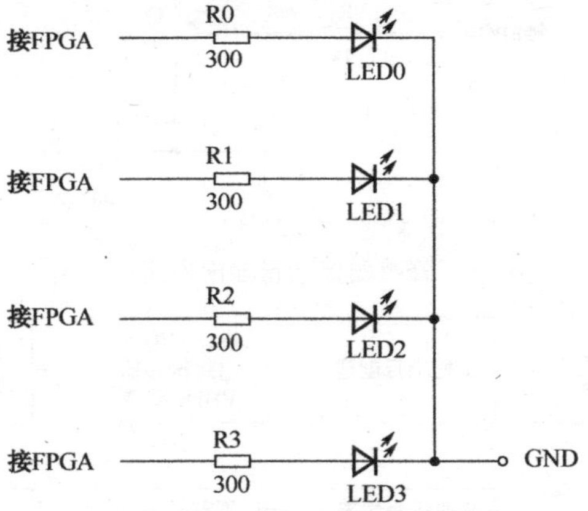

图 3.3　发光二极管显示输出电路原理图

（2）用数码管显示抢答成功者编号的输出电路原理图如图 3.4 所示。

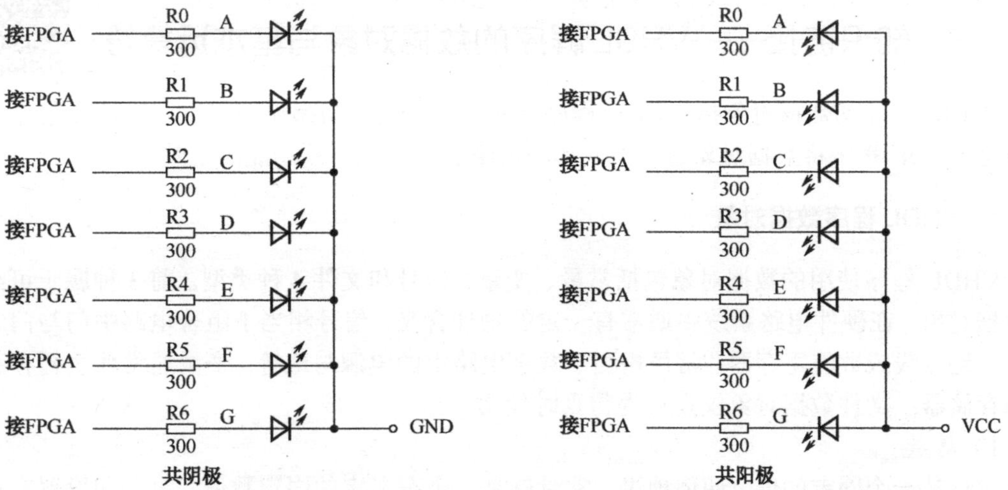

图 3.4　数码管显示输出电路原理图

（3）用数码管显示抢答者编码的同时发出提示音，蜂鸣器提示音输出电路原理图如图 3.5 所示。

3. 设计制作流程

根据四路抢答器的功能要求确定设计方案；根据设计方案，在 EDA 工具软件平台上设计四路抢答器数字逻辑电路并仿真；将四路抢答器数字逻辑电路载入 FPGA 芯片；将输入输出电路与 FPGA 芯片相应的引脚相连并进行功能验证。基于 FPGA 最小系统板的四路抢答器设计制作具体流程如图 3.6 所示。

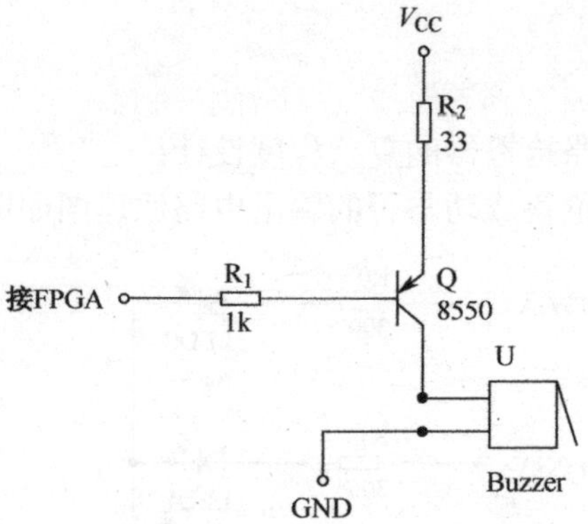

图 3.5　蜂鸣器提示音输出电路原理图

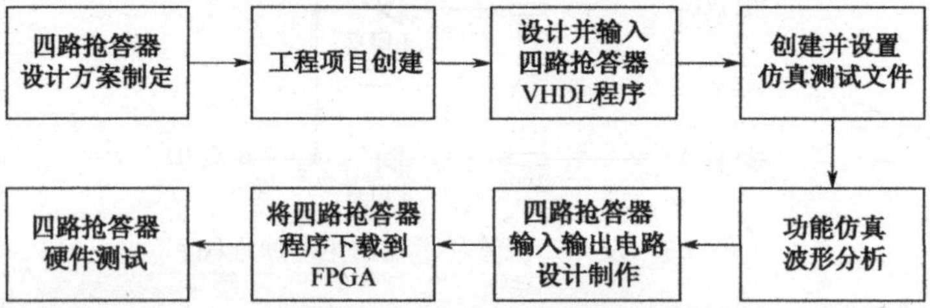

图 3.6　四路抢答器设计制作流程

3.3　知识链接——VHDL 程序的数据对象与基本运算符

VHDL 程序的数据对象指 VHDL 程序中进行各种运算与操作的对象，VHDL 程序的运算符是 VHDL 程序将数据对象进行不同形式的组合以实现不同功能的工具。

1. VHDL 程序数据对象

VHDL 程序使用的数据对象包括常量、变量、信号和文件 4 种类型。前 3 种属于可综合的数据对象，在硬件电路系统中通常有一定的物理含义。信号相当于组合电路中门与门之间的硬件连接线或数值寄存器；常量相当于数字电路中的电源与地等；变量通常代表暂存某些值的存储器；文件数据对象仅在行为仿真时使用。

1）常量

常量是一个固定的值，通俗地讲，常量就是一个有名字的固定数值。定义和设置常量主要是为了让程序更易阅读和修改。常量语句允许在实体、结构体、程序包、进程和子程序中定义，常量的适用范围取决于它被定义的位置。常量定义的一般格式如下：

```
constant 常量名：数据类型:=表达式;
```

【例 3.1】 常量的定义

```
constant  DATA: integer:=50;
constant  VCC: real:=5.0;
constant  RISE: time:=25ns;
```

说明：该例语句定义了一个名为“DATA”的整数常量，并且赋予初值 50；定义了一个名为“VCC”的实数常量，并且赋予初值 5.0；定义了一个名为“RISE”的时间常量，并且赋予初值 25 纳秒。

2）变量

变量是一种内容可发生变化的数据对象，其主要作用是在进程中作为临时的数据存储单元。变量只能在进程语句和子程序中使用，它是一个局部量，在仿真过程中执行到变量赋值语句后，变量就被即时赋值。变量定义语句的一般格式如下：

```
variable 变量名：数据类型 [约束条件] [:=初值表达式]；
```

变量数值的改变是通过变量赋值来实现的，变量赋值的一般形式：

```
目标变量名 := 表达式；
```

变量赋值符号为“:=”，变量赋值语句后的“表达式”必须与目标变量名具有相同的数据类型，这个数值可以是运算表达式，也可以是一个数值。

【例 3.2】变量的定义与赋值

```
variable  X,Y: real range 0 to 200;
variable  A,B: bit_vector(7 downto 0);
X:=100.0;
Y:=1.5+X;
A:="10101100";
B(7 downto 2):=A(5 downto 0);
B(1 downto 0):= "10";
```

说明：程序定义“X”“Y”为限定在0到200内的实变量；“A”“B”为位矢量变量；给“X”变量赋值为100.0，给“Y”变量赋值为100.0+1.5=101.5；给“A”变量赋值为“10101100”；给“B”变量赋值为“10110010”（“B”变量第7位至第2位与“A”变量第5位至第0位相同，为“101100”，“B”变量第1位至第0位为“10”）。

3）信号

信号既可以描述为电子电路内部硬件连接的连线，也可描述为数值寄存器，可以保留历史值。它除了没有数据流动方向说明以外，其他性质和“端口”概念几乎完全一致。信号通常在结构体、包集合和实体中说明，是个全局量。信号的定义语句格式如下：

```
Signal 信号名：数据类型[约束条件][:=表达式]；
```

给信号赋初值用“:=”符号，在程序中，给信号赋值用“<=”符号，信号赋值语句一般形式：

```
目标信号名 <= 表达式 [after 时间量]；
```

这里的“表达式”可以是一个运算表达式，也可以是数据对象（变量、信号或常量），信号赋值时可附加延时。

信号是VHDL程序作为硬件描述语言的一大特性，信号具有一些属性。VHDL程序支持以下的信号属性，假设下列属性说明中sig为一信号，t为时间值。

```
sig'event --如果sig值发生改变，则返回true，否则返回false；
sig'stable --如果sig值保持不变，则返回true，否则返回false；
sig'active --如果sig值为'1'，则返回true，否则返回false；
sig'quiet(t) --如果sig值在时间t内保持不变，则返回true，否则返回false；
sig'last_event --返回从上一次事件发生的时间到当前时间的时间差；
sig'last_active --返回最后一次sig='1'到当前所经历的时间长度值；
sig'last_value --返回最后一次变化前sig的值。
```

以上属性除sig'event与sig'stable属性可以综合外，其他属性都不可综合，仅用于仿真。例如：clk'event and clk='1'为时钟信号clk上升沿的表示方法；clk'event and clk='0'为时钟信号

clk 下降沿的表示方法。

4）变量、信号的比较

信号和变量是 VHDL 程序中重要的数据对象，它们间主要区别有：

（1）物理意义不同：信号用于电路中的信号连接，变量用于进程中局部数据存储。

（2）定义位置不同：信号的使用和定义位置在结构体、程序包和实体中，不能在进程、函数和子程序中使用，而变量只能在进程、函数和子程序中定义。

（3）赋值符号不同：变量用“:=”，信号用“<=。

（4）附加延时不同：变量赋值语句一旦被执行，其值立即被赋予变量。信号实际赋值过程和赋值语句的处理是分开进行的，即信号赋值语句执行时附加了延时。

【例 3.3】信号的赋值。假设下列程序中的 a,b,c,d,x,y 均为已定义的信号。

```
process(a,b,c,d)
begin
    d<=a;
    x<=b+d;
    d<=c;
    y<=b+d;
end process;
```

说明：程序执行的结果是：x=b+c；y=b+c。程序执行过程中对信号 d 先执行赋值 a 语句，再执行赋值 c 语句，但并未进行处理。信号实际赋值过程和赋值语句的处理是分开进行的，当进程中的所有语句执行完毕，信号 d 最后代入值 c 作为最终的数值，所以，d 中的数值是 c，程序执行的结果是：x=b+d=b+c；y=b+d=b+c。

【例 3.4】信号与变量赋值的差别。假设下列程序中的 a,b,c,x,y 均为数据类型为标准逻辑量的信号。

```
process(a,b,c)
variable d:std_logic; -- d定义为数据类型为标准逻辑量的变量
begin
    d:=a;
    x<=b+d;
    d:=c;
    y<=b+d;
end process;
```

说明：程序执行的结果是：x=b+d=b+a；y=b+d=b+c。由于 d 是变量，没有延时，立即执行，因此，执行赋值语句 d:=a 后，a 值赋给了 d，所以在执行 x<=b+d 语句后，x=b+a；接着又执行赋值语句 d:=c，c 值又赋给了 d，所以在执行 y<=b+d 语句后，y=b+c。

2. VHDL 程序数据类型

VHDL 程序的每个数据对象都有确定的数据类型，不同类型的数据间无法直接进行操作，数据类型相同而位长不同时，也不能直接代入，数据类型不匹配时必须使用转换函数。VHDL 程序不仅提供了多种预定义的标准数据类型，用户还可以自定义数据类型。

1）标准数据类型

标准的数据类型有 10 种，这些数据类型及其含义如表 3.1 所示。

表 3.1　标准数据类型

标准数据类型	含　义
整数(integer)	整数 32 位，-2 147 483 647 ～ +2 147 483 647
实数(real)	浮点数，-1.0E+38～+1.0E+38
位(bit)	逻辑 0 或 1
位矢量(bit_vector)	位矢量，元素为 bit
布尔量(boolean)	逻辑“true”或逻辑“false”
字符(character)	ASCⅡ字符
时间(time)	时间单位 fs,ps,ns,μs,ms,sec,min,hr
错误等级(severity level)	note (注意),warning(警告),error(出错),failure(失败)
自然数(natural) 正整数(positive)	整数的子集。自然数为大于等于 0 的整数 正整数是大于 0 的整数
字符串(string)	字符矢量

上述 10 种标准数据类型中，实数、时间、错误等级和字符串等数据类型不可综合，只可用于系统仿真。

2）用户自定义数据类型

VHDL 程序允许用户定义新的数据类型，可由用户自定义的数据类型有：枚举类型、整数类型、实数和浮点数类型、数组类型、存取类型、文件类型、记录类型和物理类型等。用户自定义数据类型书写格式为：

```
type 数据类型名 is 数据类型定义 of 基本数据类型;
```

或

```
type 数据类型名 is 数据类型定义;
```

下面介绍可以综合的常用的用户自定义数据类型。

（1）枚举类型：枚举类型是把类型中的各个可能的取值都列举出来，使用枚举类型的数据可提高程序的可阅读性。枚举类型可以用符号来代替数值，在使用状态机时常采用枚举类型来定义状态参数。枚举类型的定义格式：

```
type 数据类型名 is (元素1, 元素2, …);
```

如状态机的定义方式为：

```
type states is (s0,s1,s2,s3);--自定义数据类型“states”有4种状态
signal present_state,next_state: states;--定义信号“present_state”与
                                  --“next_state”数据类型为“states”。
```

（2）数组类型：数组是将相同类型的数据集合在一起所形成的一个新的数据类型。它可以是一维的，也可以是二维或多维的。数组的定义格式如下：

```
type 数组名 is  array(数组范围) of 数据类型;
```

如定义一个名为“ram”的一维数组表述如下：

```
type ram is array(0 to 63) of std_logic;
```

定义一个名为“matrix”的二维数组表述如下：

```
type matrix is array(15 downto 0) of std_logic_vector(15 downto 0 );
```

（3）记录类型：记录类型是将不同类型的数据和数据名组织在一起而形成的数据类型。记录类型与数组类型的区别在于：数组是由多个同一类型的数据集合起来，记录可由不同类型数据组合，定义记录类型的数据时需要一一定义。记录类型的一般书写格式如下：

```
type 数据类型名 is record
```

```
        元素名1：数据类型名;
        元素名2：数据类型名;
        …
    end record;
```

从记录类型数据中提取元素数据时应使用“.”，如定义一个名为“bank”的记录类型数据：

```
    type bank is record   --定义纪录类型数据“bank”
        a0: std_logic_vector(4 downto 0);  --5位标准逻辑矢量类型元素
        a1: std_logic_vector(7 downto 0);  --8位标准逻辑矢量类型元素
        ro: integer range 0 to 15;  --限定在0-15间的整数类型元素
    end record;
    signal rbank :bank;    --定义信号“rbank”，数据类型为“bank”
    rbank. a0<= "10101";  --给“rbank”的“a0”元素赋值
```

3）数据类型转换

VHDL是一种强类型的语言，不同类型的数据之间不能直接进行运算和赋值操作。为了实现正确的运算和赋值操作，必须要对信号或者变量的数据类型进行类型转换。数据类型转换函数通常由 VHDL 程序的包集合提供，IEEE 库各程序包提供的数据类型的转换函数如表 3.2 所示。在使用转换函数前，要使用 library 和 use 语句声明和相应的包集合，才可使用相应的转换函数。

表 3.2　数据类型转换函数

包　集　合	函　数　名	功　　能
std_logic_1164	to_stdlogicvector(a)	由 bit_vector 转换为 std_logic_vector
	to_bitvector(a)	由 std_logic_vector 转换为 bit_vector
	to_stdlogic(a)	由 bit 转换为 std_logic
	to_bit(a)	由 std_logic 转换为 bit
std_logic_aryth	conv_std_logic_vector(a,位长)	由 integer,unsigned,signed 转换为 std_logic_vector
	conv_integer(a)	由 unsigned,signed 转换为 integer
std_logic_unsigned	conv_integer(a)	由 std_logic_vector 转换为 integer

4）数值类属性

数值类属性用于返回有关数据类型或数组类型的特定值，还可返回数组的长度及类型的边界值。常用的有'left、'right、'high、'low、'length 等，通常用单引号“'”指定属性。使用方法是单引号后面跟属性名，单引号前面是所附属性的数据对象。各数值类属性的含义说明如下：

（1）'left：返回数据类区间最左端值。

（2）'right：返回数据类区间最右端值。

（3）'high：返回数据类区间高端值。

（4）'low：返回数据类区间低端值。

（5）'length：返回限制性数组中的元素数。

【例 3.5】 数值类属性设置

```
    type word is array(15 downto 0) of std_logic;--自定义数据“word”
    process(clk)
        variable l_range,r_range,m_range,n_range,len_range:integer range 0 to 16;
```

```
    begin
        l_range := word'left;
        r_range := word'right;
        m_range := word'high;
        n_range := word'low;
        len_range := word'length;
    end process;
```

说明：l_range=15：数组“word”左端值。数组定义为“array(15 downto 0)”，所以左端值为15，右端值为0；若数组定义为“array(0 to 15)，则左端值为0，右端值为15”。r_range=0（数组“word”右端值），m_range=15（数组“word”高端值），n_range=0（数组“word”低端值），len_range=16（数组“word”长度）。

3. VHDL 程序基本运算符

IEEE 库预定义的运算符主要有算术运算符、关系运算符、逻辑运算符、移位运算符、赋值运算符、关联运算符、并置运算符等。运算符操作的对象是操作数，操作数的类型应该和运算符所要求的数据类型一致。VHDL 程序的各运算符如表 3.3 所示。

表 3.3　VHDL 程序的运算符

类　别	运　算　符	功　能	数 据 类 型
算术运算符	+	加运算	integer
	−	减运算	integer
	*	乘运算	integer 或者 real
	/	除运算	integer 或者 real
	mod	求模运算	integer
	rem	取余运算	integer
	**	指数运算	integer
	abs	取绝对值运算	integer
	−	负数	integer
	+	正数	integer
关系运算符	=	等于	任何数据类型
	/=	不等于	任何数据类型
	<	小于	枚举与 integer 及对应的一维数组
	<=	小于等于	枚举与 integer 及对应的一维数组
	>	大于	枚举与 integer 及对应的一维数组
	>=	大于等于	枚举与 integer 及对应的一维数组
逻辑运算符	not	取反运算	bit、boolean 或 std_logic
	and	与运算	bit、boolean 或 std_logic
	or	或运算	bit、boolean 或 std_logic
	nand	与非运算	bit、boolean 或 std_logic
	nor	或非运算	bit、boolean 或 std_logic
	xor	异或运算	bit、boolean 或 std_logic
	xnor	异或非运算	bit、boolean 或 std_logic

续表

类　别	运　算　符	功　能	数 据 类 型
移位运算符	sll	逻辑左移	bit 或 boolean 型的一位数组
	srl	逻辑右移	bit 或 boolean 型的一位数组
	sla	算术左移	bit 或 boolean 型的一位数组
	sra	算术右移	bit 或 boolean 型的一位数组
	rol	逻辑循环左移	bit 或 boolean 型的一位数组
	ror	逻辑循环右移	bit 或 boolean 型的一位数组
赋值运算符	<=	信号赋值	
	:=	变量赋值	
关联运算符	=>	例化元件时用于形参到实参的映射	
并置运算符	&	连接	bit、std_logic

VHDL 程序设计中的运算符与其他程序设计语言一样，也有其优先级，部分优先级的顺序如表 3.4 所示。

表 3.4　VHDL 程序的部分运算符优先级

运算符类型	运　算　符	优先级顺序
逻辑运算符	not	
算术运算符	abs	最高优先级 ↑
	**	
	rem	
	mod	
	/	
	*	
并置运算符	&	
算术运算符	−	
	+	
关系运算符	>=	
	<=	
	>	
	<	
	/=	
	=	
逻辑运算符	xor	
	nor	
	nand	↓ 最低优先级
	or	
	and	

3.4　四路抢答控制器设计制作实施

根据系统设计方案，本节介绍基于 FPGA 最小系统板，以共阴极数码管显示抢答者编号的四路抢答器的实施过程。

1．程序设计

Quartus II 设计工具以工程为工作对象，通过工程来管理所有设计文件及编译设计过程产生的中间文件，程序设计之前先要创建工程，再设计四路抢答器 VHDL 程序并进行编译，检查模块间的连接及语法错误。

1）工程创建

建立工程文件夹（如 E:/XM3/QDQ），将本工程的全部设计文件存放在此文件夹。在 Quartus II 集成环境中，选择【File】→【New Project Wizard...】菜单命令，根据新建工程向导，工程路径设置为已建立的工程文件夹（如 E:/XM3/QDQ）；创建名为"QDQ"的工程；顶层实体名用"QDQ"；第三方仿真软件选择"ModelSim-Altera"，仿真语言设为 VHDL。

2）设计并输入 VHDL 程序

在 Quartus II 集成环境中，选择【File】→【New...】菜单命令，弹出【New】对话框；选择【Design File】→【VHDL File】选项，单击【OK】按钮，在 Quartus II 集成环境中，将弹出文本文件编辑窗口界面，并自动产生文本文件"vhdl1.vhd"。

在 Quartus II 集成环境中，选择【File】→【Save As...】菜单命令，弹出【另存为】对话框，命名四路抢答器文件为"QDQ.vhd"，保存在"E:/XM3/QDQ"目录。在文本文件编辑窗口输入实现四路抢答器的 VHDL 程序，如下：

```
library ieee;
use ieee.std_logic_1164.all;
entity qdq is
   port (clk :in std_logic;  --时钟输入
   host :in std_logic;  --主持人控制信号输入
   answer : in std_logic_vector(3 downto 0);  --抢答信号输入
   smg : out std_logic_vector(6 downto 0) );  --数码管7段码信号输出
end entity;
architecture rtl of qdq is
   signal lock:std_logic_vector(3 downto 0):="0000"; --声明‘锁存’信号
begin
P1:process (host,answer,clk) --抢答锁存并译码输出显示进程
 begin
   if host='0' then --主持人控制信号为'0'（低电平），清零，不允许抢答
      lock<="0000";
   elsif clk'event and clk='1' then
      if(answer(3)='1')and not(lock(0)= '1' or lock(1)='1' or lock(2)='1')
then
         lock(3)<='1';  --锁存第4组抢答信号
      elsif( answer(2)='1')and not(lock(0)='1' or lock(1)='1' or
lock(3)='1') then
         lock(2)<='1';  --锁存第3组抢答信号
      elsif( answer(1)='1')and not(lock(0)='1' or lock(2)='1' or
lock(3)='1') then
         lock(1)<='1';  --锁存第2组抢答信号
      elsif( answer(0)='1')and not(lock(1)='1' or lock(2)='1' or
lock(3)='1') then
         lock(0)<='1';  --锁存第1组抢答信号
      end if;
   end if;
```

```
case lock is          --译码电路
 when "0001"=>smg<="0000110";  --显示数值“1”
 when "0010"=>smg<="1011011";  --显示数值“2”
 when "0100"=>smg<="1001111";  --显示数值“3”
 when "1000"=>smg<="1100110";  --显示数值“4”
 when others=>smg<="0111111";   --显示数值“0”
end case;
end process;
end rtl;
```

程序说明：程序中的进程 P1 用 if 语句的条件判断来确定执行内容。在抢答有效时段（host='1'），输入时钟信号上升沿（clk'event and clk='1'）时，判断抢答信号，即以输入时钟信号的频率检测输入信号变化情况；用case语句将锁存信号变换为七段数码管的编码值。

3）编译程序

完成四路抢答器VHDL程序设计并输入后，在Quartus II集成环境中，选择【Processing】→【Start Compilation】菜单命令，对设计程序进行编译处理。编译处理时，Quartus II首先检查工程的设计文件有无语法错误或连接错误，错误信息会在【Messages】窗口显示，双击错误信息可定位到错误的程序位置，如果有错误必须进行修改，直到编译通过。

2. 创建与设置仿真测试文件

编译通过表示设计文件无语法或连接错误，但设计功能是否实现，还须通过功能仿真来验证。

1）创建仿真测试模板文件

在Quartus II集成环境中，选择【Processing】→【Start】→【Start Test Bench Template Writer】菜单命令。如果没有设置错误，系统将弹出生成仿真测试模板文件成功的对话框。默认生成的仿真测试模板文件名为“qdq.vht”，位置为“E:/XM3/QDQ /simulation/modelsim”。

2）编辑仿真测试文件

在Quartus II集成环境中，选择【File】→【Open…】菜单命令，弹出【Open File】对话框，双击仿真测试模板文件“E:/XM3 /QDQ /simulation/modelsim/qdq.vht”，在“qdq.vht”文件的“init”进程中设置输入时钟信号“clk”的值；在“always”进程中设置抢答信号“answer”与主持人控制信号“host”的值。完成编辑后，完整的测试文件如下：

```
library ieee;
use ieee.std_logic_1164.all;
entity qdq_vhd_tst is
end qdq_vhd_tst;
architecture qdq_arch of qdq_vhd_tst is
   signal answer : std_logic_vector(3 downto 0);
   signal clk : std_logic;
   signal host : std_logic;
   signal smg : std_logic_vector(6 downto 0);
component qdq
   port (answer : in std_logic_vector(3 downto 0);
         clk : in std_logic;
         host : in std_logic;
```

```
            smg : out std_logic_vector(6 downto 0));
    end component;
    begin
       i1 : qdq
       port map (answer => answer,clk => clk,
                   host => host,smg => smg    );
    init : process
    begin
       clk<='0';wait for 10ns;
       clk<='1';wait for 10ns;
    end process init;
    always : process
    begin
       host<='0'; answer<="0000" ; wait for 100 ms;
       answer<="0100" ; wait for 100 ms;
       answer<="0000" ; wait for 100 ms;
       host<='1'; wait for 100 ms;
       answer<="0001" ; wait for 10 ms;
       answer<="0010" ; wait for 100 ms;
       answer<="0000" ; wait for 200 ms;
       host<='0'; wait for 200 ms;
    end process always;
    end qdq_arch;
```

程序说明：进程“init”表示输入时钟信号“clk”的频率为50MHz，周期为20ns。进程“answer”表示当主持人控制信号“host”为低电平（不允许抢答）时，编号3抢答信号输入100ms的情况；以及当主持人控制信号“host”为高电平（允许抢答）时，编号1抢答信号输入（answer为"0001"）10ms后，编号2输入抢答信号（answer为"0010"）100ms的情况。

注意仿真测试文件的实体名为“qdq_vhd_tst”，仿真测试模块的元件例化名为“i1”，在仿真测试文件配置时须填写。

3）选择并配置仿真测试文件

（1）打开【Simulation】面板。在Quartus II集成环境中，选择【Assignments】→【Settings...】菜单命令，弹出设置工程“qdq”的【Settings –qdq】对话框；在【Settings –qdq】对话框的【Category】栏，选择【EDA Tool Settings】的【Simulation】选项，在【Settings –qdq】对话框内将显示【Simulation】面板。

（2）打开指定测试文件的【Test Benches】面板。在【Simulation】面板的【Native Link settings】选项组，选择【Compile test bench】选项；单击【Compile test bench】选项后的【Test Benches】，弹出【Test Benches】对话框。

（3）打开【New Test Bench Settings】对话框，配置仿真测试文件。在【Test Benches】对话框，单击【New】按钮，弹出【New Test Bench Setting】对话框；在【Test bench name】栏，输入测试文件名“qdq.vht”；在【Top level module in test bench】栏，输入仿真测试文件的实体名“qdq_vhd_tst”；选择【Use test bench to perform VHDL timing simulation】选项，在【Design instance name in test bench】栏，输入仿真测试模块元件例化名“i1”；选择【End simulation】时间为1s；单击在【Test bench and simulation files】选项组【File name】后的[...]，

选择测试文件“E:/XM3/QDQ/simulation/modelsim qdq.vht”，单击【Add】按钮，设置结果如图 3.7 所示。完成各项设置后，单击各对话框的【OK】按钮，返回主界面。

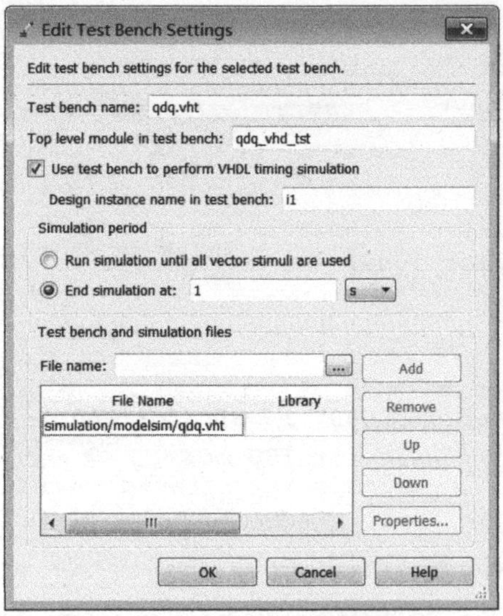

图 3.7　选择并配置仿真测试文件

3. 功能仿真

在 Quartus II 集成环境中，选择【Tools】→【Run Simulation Tool】→【RTL Simulation】菜单命令，可以看到 ModelSim 的运行界面出现功能仿真波形，如图 3.8 所示。

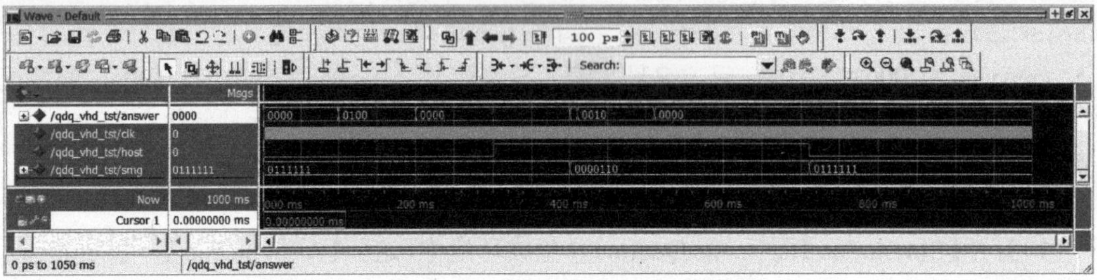

图 3.8　功能仿真波形图

功能仿真波形图分析说明如下：

从仿真波形图中可知，主持人控制信号“host”为低电平（不允许抢答）时，编号 3 抢答信号输入（answer="0100"）无效，输出七段码信号“smg”为“0111111”（显示数值“0”）。

放大 400ms 处功能仿真波形，如图 3.9 所示。

主持人控制信号“host”为高电平（允许抢答）时，编号 1 抢答信号首先输入（answer="0001"），输出七段码信号“smg”变为“0000110”（显示数值 1）；编号 2 抢答信号再次输入（answer="0010"），七段码信号“smg”不变，即锁定先输入的抢答信号编号。同理，设置仿真测试文件的“host”与“answer”的不同组合，可仿真其他可能的情况。

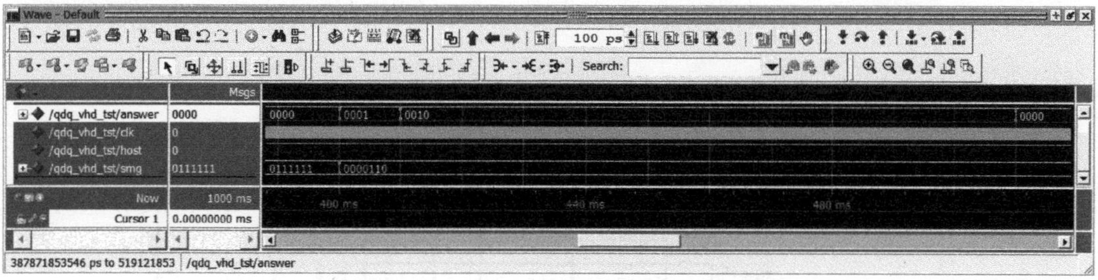

图 3.9　400ms 处四路抢答器功能仿真波形图

3.5　四路抢答器编程下载与硬件测试

编程下载与硬件测试需要输入输出硬件电路及 FPGA 最小系统板支持。下面介绍基于 FPGA 最小系统板，以共阴极数码管显示抢答者编号的四路抢答器硬件测试过程。

1. 硬件电路连接

根据前面所述，基于 FPGA 最小系统板，用 VHDL 程序设计的四路抢答器输入输出端口如图 3.10 所示。

输入输出各端口说明如下：

- clk 为系统时钟信号输入端，接入 FPGA 最小系统板所提供的 50MHz 时钟信号。
- answer[3..0]为抢答信号输入端。
- host 为主持人控制信号输入端。
- smg[6..0]为七段数码管抢答编号显示信号输出端。

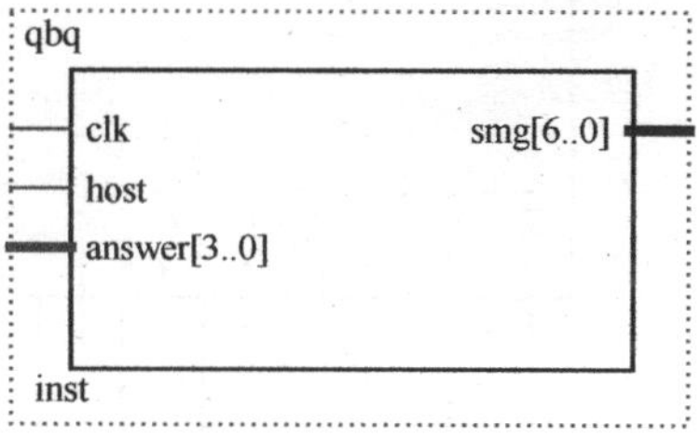

图 3.10　四路抢答器输入输出端口

根据设计方案，选择按键开关作为抢答信号输入元件；选择可自锁按键开关作为主持人控制信号输入元件；选择共阴极数码管作为抢答编号显示元件。抢答信号输入按键开关、主持人控制信号输入自锁按键开关、数码管与 FPGA 最小系统板的 20×2 双排直插针连接原理图如图 3.11 所示。与 FPGA 最小系统板相连的引脚，可以根据各自的输入输出设计及使用的 FPGA 最小系统板的不同而改变。

2. 程序下载

设计完成的四路抢答器逻辑控制程序载入 FPGA 芯片，须根据所用的 FPGA 芯片指定芯片类型，确定输入输出引脚及下载配置。

1）指定目标元件

根据所用 FPGA 最小系统板指定目标元件，操作方法如下：

在 Quartus Ⅱ 集成环境中，选择【Assignments】→【Device...】菜单命令，在弹出的【Device】对话框中指定。在【Family】选项，指定芯片类型为【Cyclone IV E】；在【Package】选项，指定芯片封装方式为【TQFP】；在【Pin count】选项，指定芯片引脚数为【144】；在【Speed grade】选项，指定芯片速度等级为【8】；在【Available devices】列表，选择有效芯片为【EP4CE6E22C8】芯片，完成芯片指定后的对话框如图 3.12 所示。

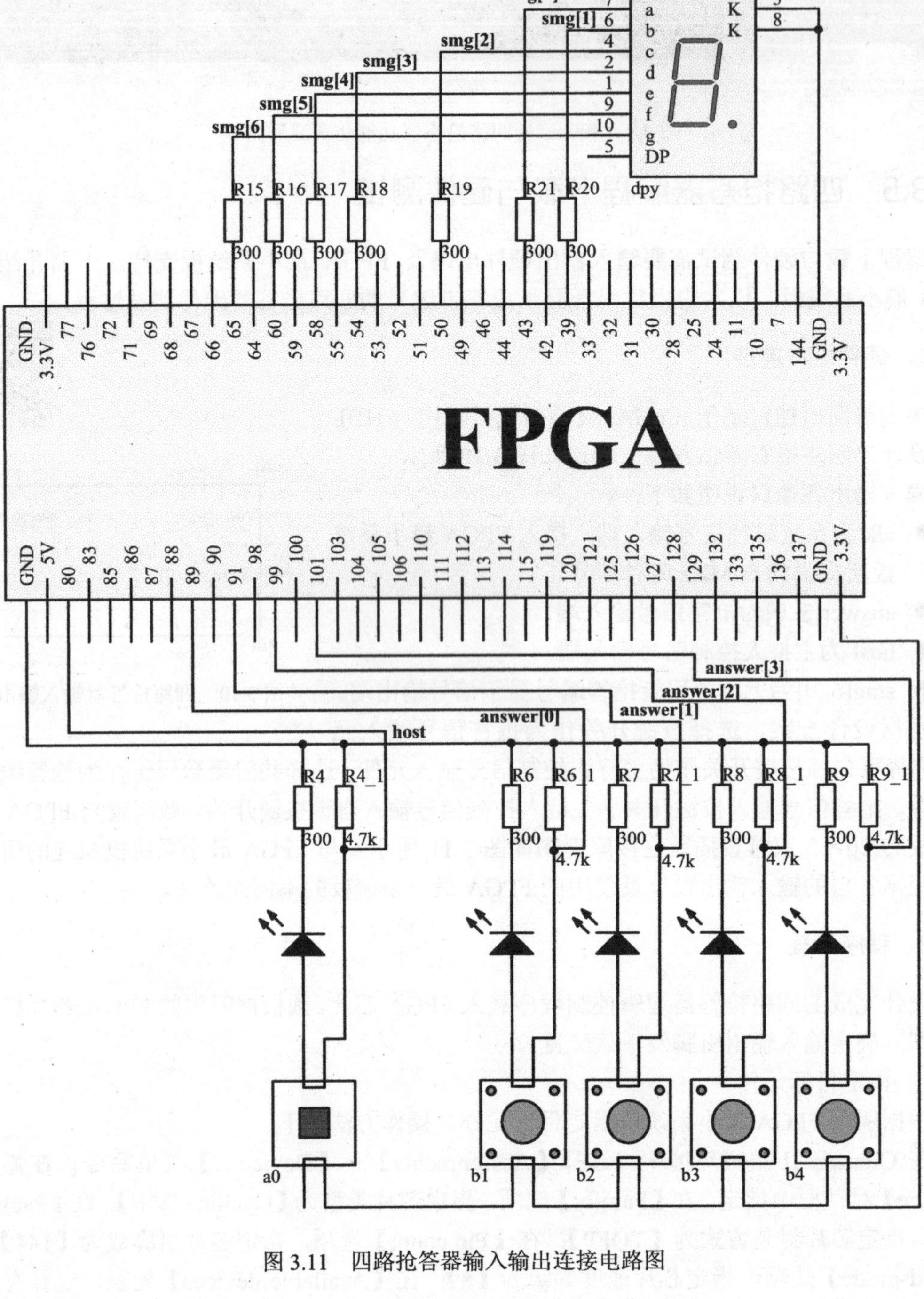

图 3.11　四路抢答器输入输出连接电路图

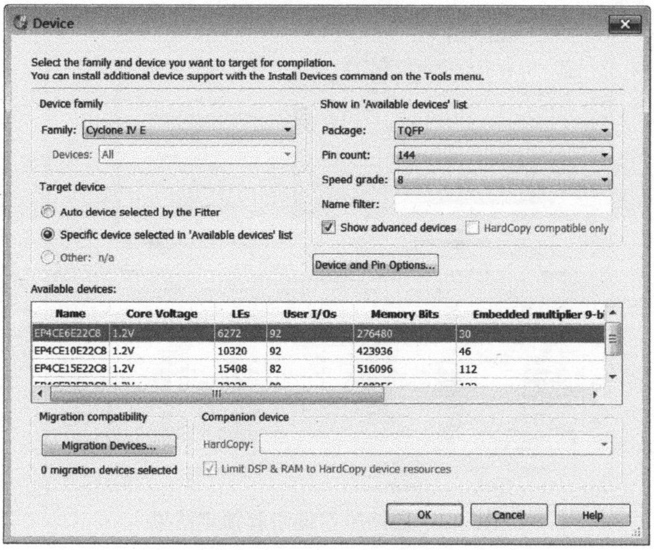

图 3.12　设置结果

2）输入输出引脚锁定

根据输入输出电路与 FPGA 最小系统板相连的引脚可知，四路抢答器输入输出端口与目标芯片引脚的连接关系如表 3.5 所示。

表 3.5　输入输出端口与目标芯片引脚的连接关系表

输　入		输　出	
端口名称	芯片引脚	端口名称	芯片引脚
answer[3]	PIN_101	smg[6]	PIN_65
answer[2]	PIN_99	smg[5]	PIN_60
answer[1]	PIN_91	smg[4]	PIN_58
answer[0]	PIN_89	smg[3]	PIN_54
clk	PIN_23	smg[2]	PIN_50
host	PIN_80	smg[1]	PIN_39
		smg[0]	PIN_43

引脚分配锁定操作方法：在 Quartus II 集成环境中，单击【Assignments】→【Pin Planner】菜单命令，弹出【Pin Planner】对话框；在【Pin Planner】对话框的【Location】列空白位置双击，根据表 3.5 输入相对应的引脚值。完成设置后的【Pin Planner】对话框如图 3.13 所示。当分配引脚完成以后，必须再次执行编译命令，这样才能保存引脚锁定信息。

3）下载设计文件

下载设计文件到目标芯片，须采用专用下载电缆将 PC 与目标芯片相连。将“USB-Blaster”下载电缆的一端连接到 PC 的 USB 口，另一端接到 FPGA 最小系统板的 JTAG 口，然后，接通 FPGA 最小系统板的电源，进行下载配置。

配置下载电缆：选择【Tool】→【Programmer…】菜单命令创建与设置命令或单击工具栏中的按钮，弹出【Programmer】对话框；单击【Hardware Setup…】按钮，弹出硬件设置对话框，选择使用 USB 下载电缆的【USB-Blaster[USB-0]】选项，完成下载电缆配置，如图 3.14 所示。

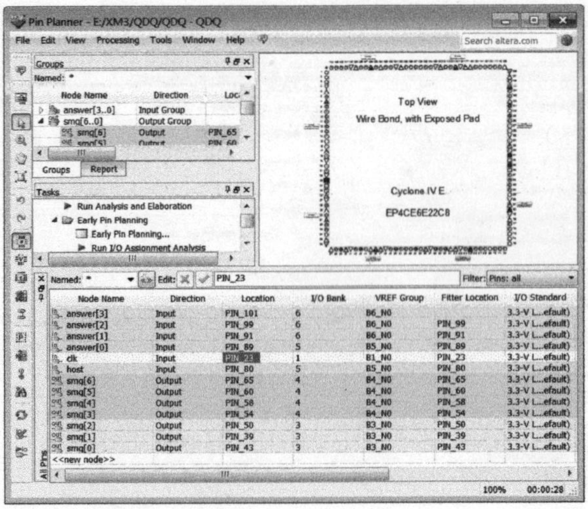

图 3.13　四路抢答器引脚锁定结果

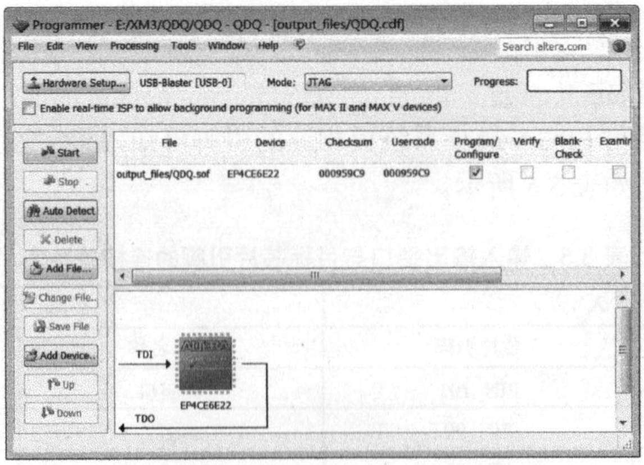

图 3.14　编程下载对话框

配置文件下载：在【Programmer】对话框的【Mode】下拉列表框中选择【JTAG】模式；选择下载文件“QDQ.sof”后的【Program/Configure】选项；单击【Start】按钮，编程下载开始，下载进度达100%说明下载完成，如图3.15所示。

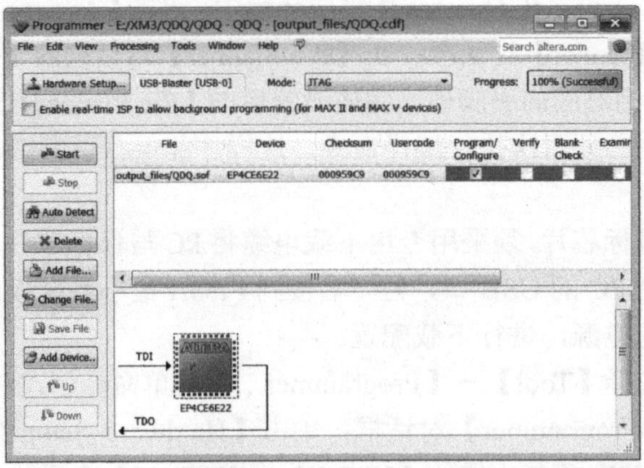

图 3.15　编程下载完成

3. 硬件测试

完成四路抢答器的输入输出元件与FPGA最小系统的FPGA芯片的连接，将四路抢答器逻辑控制程序载入FPGA芯片后，可现场在线测试四路抢答器硬件电路功能。

自锁开关a0为主持人控制开关，按键开关b1、b2、b3、b4为抢答开关。当主持人控制信号为低电平时（开关指示灯灭），b1、b2、b3、b4抢答开关无效，数码管显示数值“0”，如图3.16所示。

图3.16　a0为低电平时抢答开关无效

图3.17　a0为高电平时按b2键抢答成功

当主持人控制信号为高电平时（开关指示灯亮），b1、b2、b3、b4抢答开关有效，先后按下b2、b3（输入高电平），数码管显示数值“2”，b2键抢答成功，如图3.17所示。

抢答成功后抢答信号被锁定，如图 3.18 所示；抢答信号被锁定后，按下其他抢答开关（b3、b4）无效，如图3.19所示。进行第2次抢答前，需要主持人控制开关设为低电平，数码管清零后，重新设为高电平，才可进行第2次抢答。

图3.18　抢答成功后抢答信号锁定

图3.19　抢答信号锁定后抢答开关无效

做一做，试一试

（1）基于 FPGA 最小系统开发板设计制作四路抢答器，输出电路用数码管显示抢答者信息的同时发出提示声音。

（2）基于 FPGA 最小系统开发板设计制作四路抢答器，输出电路用数码管显示抢答者信息并显示各路抢答成绩。

（3）基于 FPGA 最小系统开发板设计制作简易的六路抢答器。

项目小结

本项目通过基于 VHDL 程序的简易四路抢答器的设计制作，训练学生用 VHDL 程序描述和设计时序数字电路的技能；使学生熟悉 VHDL 程序的语法特点；熟练使用 VHDL 程序的数据对象、数据类型、数据对象属性。

项目 4　简易电子琴设计制作

VHDL 程序的描述语句分为并行执行语句和顺序执行语句，VHDL 程序的并行执行语句是相对于传统的软件描述语言而言的，这是 VHDL 程序作为硬件描述语言的特点。本项目介绍基于 FPGA 的最小系统板，用 VHDL 程序设计制作简易电子琴。通过简易电子琴控制器电路的 VHDL 程序设计，使学生熟悉 VHDL 程序的平行语句的使用，实现多进程间信号的通信。

4.1　简易电子琴设计任务描述

利用 FPGA 最小系统板，采用文本输入法，基于 VHDL 程序设计制作某一大调简易电子琴，要求简易电子琴在演奏时能够显示该大调每个音符的简谱值及不同音高。

1. 学习目的

能 力 目 标	知 识 目 标
（1）能将实际的数字系统需求转化为数字电子系统硬件语言描述。	（1）掌握 VHDL 程序平行语句的特点。
（2）能采用 VHDL 程序设计分频电路。	（2）熟悉简单信号赋值语句格式。
（3）能熟练使用 ModelSim 软件对设计电路进行功能仿真与时序仿真。	（3）熟悉条件信号选择语句的格式。
（4）会创建与编辑功能仿真测试文件。	（4）熟悉多进程语句的格式。
（5）能用蜂鸣器、数码管、开关等元件设计数字系统的输入与输出	（5）掌握多进程语句间信号的传递

2. 任务描述

简易电子琴功能要求：能够实现某一大调音乐的演奏功能，同时在演奏时能够显示该大调每个音符的简谱值及区分相同简谱值的音高。

设计要求：在 Quartus II 软件平台上用 VHDL 程序设计简易电子琴控制器电路，用 ModelSim 仿真软件仿真检查设计结果；选用 FPGA 最小系统板、按键开关、数码管、LED 灯、蜂鸣器等硬件资源进行硬件验证。

3. 教学工具

（1）计算机。
（2）Quartus II 软件。
（3）ModelSim 仿真软件。
（4）FPGA 最小系统板、万能板、按键开关、发光二极管、数码管、蜂鸣器、连接导线。

4.2　简易电子琴设计方案

基于 FPGA 最小系统板的简易电子琴输入用两个按键开关的组合控制某个

大调的不同八度音，7个按钮开关控制同一八度音的7个音符；输出用3个LED表示发出音符不同八度音，用数码管显示音符的简谱值，用蜂鸣器发声。简易电子琴工作过程：琴键信号通过输入电路输入基于FPGA设计的简易电子琴控制器；简易电子琴控制器将FPGA最小系统板的板载基频，根据输入信号不同，分频为不同音符的频率，通过输出端驱动蜂鸣器发声；同时，简易电子琴控制器输出驱动显示简谱数值的数码管信号和区分不同八度音的3个LED的电平。

1. 简易电子琴输入电路设计

琴键信号输入电路设计：用按键开关控制“1234567”7个琴键信号的输入，当按键开关闭合时，向FPGA输入高电平，指示发光二极管发光；当按键开关断开时，向FPGA输入低电平，使发光二极管不发光。7个琴键信号输入电路的原理图如图4.1所示。

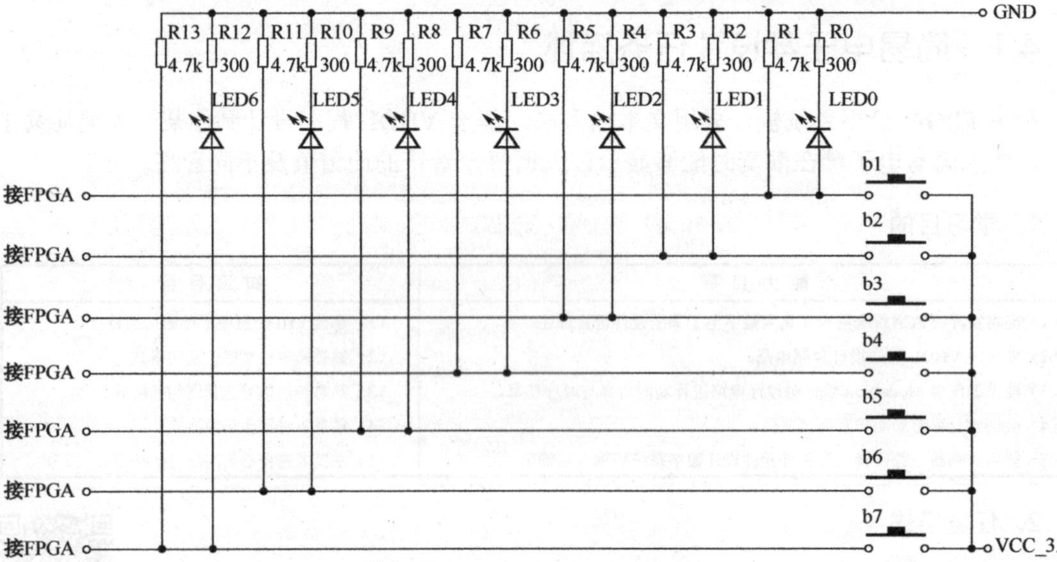

图4.1　琴键信号输入电路原理图

控制不同八度音信号输入电路设计：用2个按键开关的组合来控制3个不同音高的八度音。当按钮开关闭合时，向FPGA输入高电平，指示发光二极管发光；当按键开关断开时，向FPGA输入低电平，使发光二极管不发光。控制不同八度音信号的输入电路原理图如图4.2所示。当c1、c2均不闭合时，发低八度音；当c1闭合、c2不闭合时，发原音；当c1不闭合、c2闭合时，发高八度音。

2. 简易电子琴控制器设计方案

不同大调乐曲的每个音符对应一定频率，简易电子琴控制器各琴键发声的频率根据钢琴的12大调音阶来设计。

1）钢琴12大调音阶

音阶是两个相同音之间的顺序排列，钢琴12大调音阶的音名排列如下：

C大调音阶：C　D　E　F　G　A　B　C

C#(Db)大调音阶：C#　D#　F　F#　G#　A#　C　C#

D 大调音阶：D　E　F#　G　A　B　C#　D

D#(Eb)大调音阶：D#　F　G　G#　A#　C　D　D#

E 大调音阶：E　F#　G#　A　B　C#　D#　E

F 大调音阶：F　G　A　A#　C　D　E　F

F#(Gb) F 大调音阶：F#　G#　A#　B　C#　D#　F　F#

G 大调音阶：G　A　B　C　D　E　F#　G

G#(Ab)大调音阶：G#　A#　C　C#　D#　F　G　G#

A 大调音阶：A　B　C#　D　E　F#　G#　A

A#(Bb)大调音阶：A#　C　D　D#　F　G　A　A#

B 大调音阶：B　C#　D#　E　F#　G#　A#　B

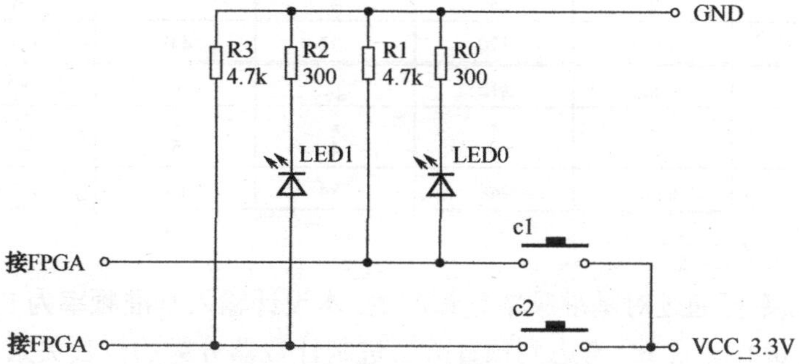

图 4.2　控制不同八度音信号的输入电路原理图

2）钢琴上各音名的名称与频率的关系

钢琴上每个琴键对应一定的音名，每个音名对应一定的频率。以 a1=440Hz 为标准的钢琴各琴键对应的音名和频率的关系如表 4.1 所示。

表 4.1　钢琴上各音名的名称与频率的关系

键颜色	白	黑	白	黑	白	白	黑	白	黑	白	黑	白
音名										A2	#A2	B2
频率										27.5	29.1	30.9
音名	C1	#C1	D1	#D1	E1	F1	#F1	G1	#G1	A1	#A1	B1
频率	32.7	34.6	36.7	38.9	41.2	43.7	46.2	49	51.9	55	58.3	61.7
音名	C	#C	D	#D	E	F	#F	G	#G	A	#A	B
频率	65.4	69.3	73.4	77.8	82.4	87.3	92.5	98	103.8	110	116.5	123.5
音名	c	#c	d	#d	e	f	#f	g	#g	a	#a	b
频率	130.8	138.6	146.8	155.6	164.8	174.6	185	196	207.7	220	233.1	246.9
音名	c1	#c1	d1	#d1	e1	f1	#f1	g1	#g1	a1	#a1	b1
频率	261.6	277.2	293.7	311.1	329.6	349.2	370	392	415.3	440	466.2	493.9
音名	c2	#c2	d2	#d2	e2	f2	#f2	g2	#g2	a2	#a2	b2
频率	523.3	554.4	587.3	622.3	659.3	698.5	740	784	830.6	880	932.3	987.8
音名	c3	#c3	d3	#d3	e3	f3	#f3	g3	#g3	a3	#a3	b3
频率	1047	1109	1175	1245	1319	1397	1480	1568	1661	1760	1865	1976
音名	c4	#c4	d4	#d4	e4	f4	#f4	g4	#g4	a4	#a4	b4
频率	2093	2217	2349	2489	2637	2794	2960	3136	3322	3520	3729	3951
音名	c5											
频率	4186											

3）相同大调不同八度音频率

不同大调基准音频率不同，各大调不同八度音频率可根据 12 大调音阶的音名排列规则，对照表 4.1 钢琴上各音名的名称与频率的关系，可得到各大调不同八度音的频率。表 4.2 列出了 D 大调 3 个八度音的音名、频率及对应的简谱。

表 4.2　D 大调 3 个八度音的频率及对应的简谱

音名	d	e	#f	g	a	b	#c1
简谱	1̣	2̣	3̣	4̣	5̣	6̣	7̣
频率	146.8	164.8	185	196	220	246.9	277.2
音名	d1	e1	#f1	g1	**a1**	b1	#c2
简谱	1	2	3	4	5	6	7
频率	293.7	329.6	370	392	**440**	493.9	554.4
音名	d2	e2	#f2	g2	a2	b2	#c3
简谱	1̇	2̇	3̇	4̇	5̇	6̇	7̇
频率	587.3	659.3	740	784	880	987.8	1109

4）各音符频率的产生

不同音符的频率可通过对基准频率分频产生。本设计输入基准频率为 FPGA 最小系统板板载晶振产生的 50MHz 频率。考虑到预置数二进制计数器分频的位数关系，对 50MHz 基准频率先进行 50 分频，分频为 1MHz 的基频，然后用带预置数的 12 位二进制计数器分频，带预置数计数器分频所产生的是非等占空比脉冲信号。该非等占空比脉冲信号不具有驱动蜂鸣器的能力，故须对此脉冲信号再次进行 2 分频，使输出频率成为等占空比的信号，以驱动蜂鸣器发声。计算可控分频器的分频系数表达式为，可控分频器的分频系数 Tone=2^{12}–(50000000/50*2f)，其中 f 为音符的频率。根据各音符的频率及计算公式可计算出 D 大调 3 个八度各音符的分频系数，如表 4.3 所示。

表 4.3　D 大调各音符对应的分频系数、音符显示数据和高低音指示电平的关系

序号	简谱	频率(Hz)	分频系数	分频系数（二进制）	数码管显示值	表示音高低的 3 个 LED 灯
1	1̣	146.8	690	001010110010	1	001
2	2̣	164.8	1062	010000100110	2	001
3	3̣	185.0	1393	010101110001	3	001
4	4̣	196.0	1545	011000001001	4	001
5	5̣	220.0	1823	011100011111	5	001
6	6̣	246.9	2071	100000010111	6	001
7	7̣	277.2	2292	100011110100	7	001
8	1	293.7	2394	100101011010	1	011
9	2	329.6	2579	101000010011	2	011
10	3	370.0	2745	101010111001	3	011

续表

序号	简谱	频率(Hz)	分频系数	分频系数（二进制）	数码管显示值	表示音高低的3个LED灯
11	4	392.0	2820	101100000100	4	011
12	5	440.0	2960	101110010000	5	011
13	6	493.9	3084	110000001100	6	011
14	7	554.4	3194	110001111010	7	011
15	$\dot{1}$	587.3	3245	110010101101	1	111
16	$\dot{2}$	659.3	3338	110100001010	2	111
17	$\dot{3}$	740.0	3420	110101011100	3	111
18	$\dot{4}$	784.0	3458	110110000010	4	111
19	$\dot{5}$	880.0	3528	110111001000	5	111
20	$\dot{6}$	987.8	3590	111000000110	6	111
21	$\dot{7}$	1109	3645	111000111101	7	111

5）简易电子琴控制器的 VHDL 程序设计

根据前面的分析，简易电子琴控制器的 VHDL 程序设计如下：

进程 1：用琴键输入电平，控制不同八度音，输入信号转换为对应琴键的分频系数、3 个 LED 灯电平、数码管驱动信号。

进程 2：将 50MHz 的频率分频为 1MHz 频率。

进程 3：通过可预置分频系数的分频计数器，在进程 1 分频系数的控制下，将 1MHz 的频率分频为各音符脉冲信号。

进程 4：将进程 3 各音符脉冲信号 2 分频后输出，驱动蜂鸣器信号。

3. 简易电子琴输出电路设计

输出电路包括：显示不同八度音的发光二极管电路、数码管显示驱动电路、蜂鸣器驱动电路。

1）显示不同八度音发光二极管电路

显示不同八度音的发光二极管输出电路原理图如图 4.3 所示。

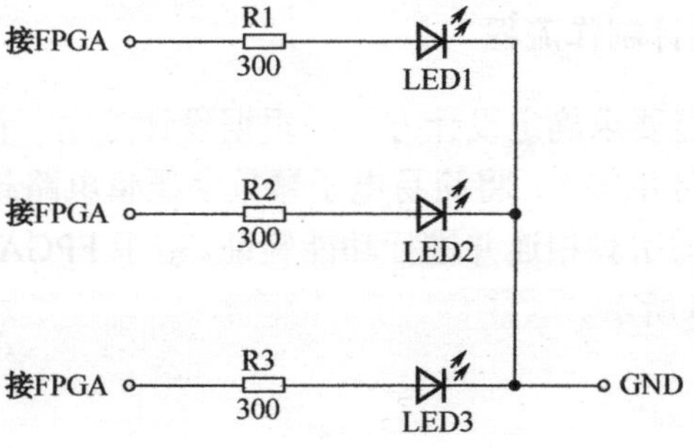

图 4.3　显示不同八度音的发光二极管输出电路

2）数码管显示驱动电路

数码管显示驱动输出电路原理图如图 4.4 所示。

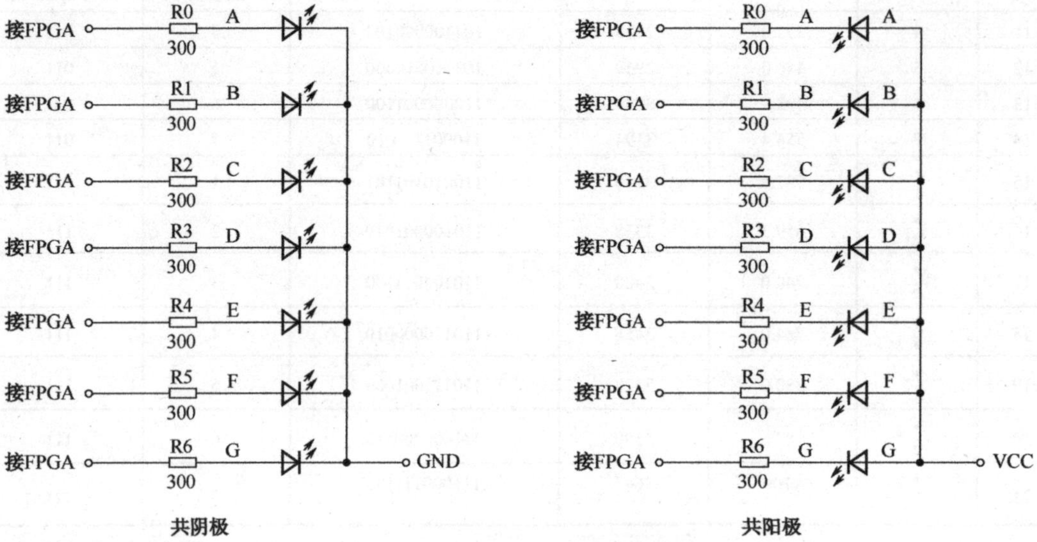

图 4.4　数码管显示输出电路原理图

3）蜂鸣器驱动电路

蜂鸣器驱动电路原理图如图 4.5 所示。

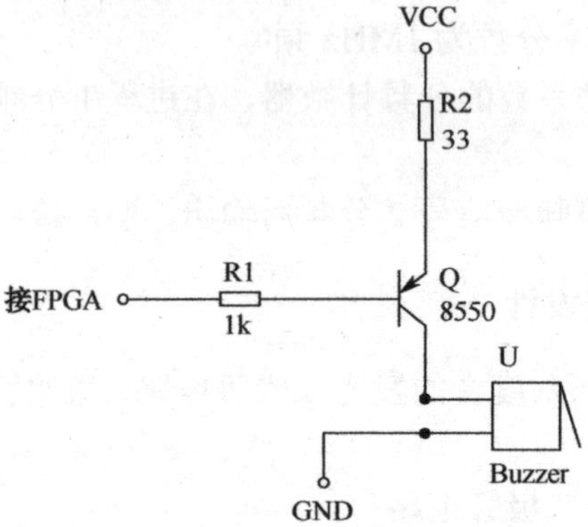

图 4.5　蜂鸣器驱动电路原理图

4. 简易电子琴电路设计制作流程

根据简易电子琴的功能要求确定设计方案；根据设计方案，在 EDA 工具软件平台上设计简易电子琴数字逻辑电路并仿真；将简易电子琴数字逻辑电路载入 FPGA 芯片；将输入输出电路与 FPGA 芯片相应的引脚相连并进行功能验证。基于 FPGA 最小系统板的简易电子琴设计制作具体流程如图 4.6 所示。

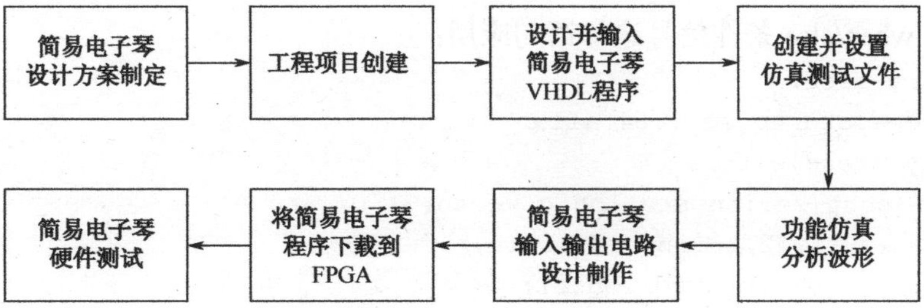

图4.6　简易电子琴电路设计制作流程

4.3　知识链接——VHDL程序的并行语句

VHDL是硬件描述语言，其描述语句包括顺序语句与并行语句，多进程语句是VHDL程序典型的并行语句。相对于传统的软件语言而言，并行语句最能体现VHDL作为硬件设计语言的特点。各种并行语句在结构体中是同时并发执行的，其执行顺序与书写的顺序无关。在结构体中主要的并行语句有：简单信号赋值语句、条件信号选择语句、进程语句、端口映射语句、元件例化语句、生成语句、块语句、过程调用语句等。端口映射语句、元件例化语句、生成语句常用于VHDL程序的结构化描述方式。本节主要介绍结构体中常见的简单信号赋值语句、条件信号选择语句、进程语句。

1. 简单信号赋值语句

简单信号赋值语句是VHDL程序并行语句中最基本的语句，简单信号赋值语句在进程内部使用时属于顺序语句，但是，在进程外的结构体中使用时属于并行语句。简单信号赋值语句的使用格式：

```
信号 <= 表达式;
```

简单信号赋值语句由4部分组成：左操作数、赋值操作符“<=”、表达式和分号“;”。其中左操作数必须是信号，不能是输入端口信号；表达式可以是算术表达式，也可以是逻辑表达式，还可以是关系表达式，但表达式中不能含有输出端口信号。目标信号与信号的赋值源必须长度一致、类型一致，否则在检查编译时会出错。

在简单信号赋值语句中，如果两边数据类型不一致，可以通过调用相关的程序包，运用数据类型转换函数进行数据类型转换；如果赋值两边长度不一致，可以通过并置符补充相应的位数，或者通过段下标进行赋值。

2. 条件信号选择语句

条件信号选择语句的作用是根据指定的条件表达式的多种可能进行相应的赋值。条件信号选择语句有when/else与with/select/when两种形式。

1）when/else条件信号选择语句

格式：

```
信号 <=  表达式1  when  赋值条件1 else
         表达式2  when  赋值条件2 else
         …
         表达式n  when  赋值条件n  else
         表达式n+1;
```

【例 4.1】when/else 条件信号选择语句应用：

```
library ieee;
use ieee.std_logic_1164.all;
entity useselect is
      port(sel:in std_logic_vector(1 downto 0);
      i0,i1,i2,i3:in std_logic;
         q: out std_logic);
end useselect;
architecture behave of useselect is
begin
      q<= i0  when  sel="00"  else --注意else后没有分号
         i1  when  sel="01"  else
         i2  when  sel="10"  else
         i3 ;
end behave;
```

对例 4.1 程序进行功能仿真，功能仿真的波形如图 4.7 所示。

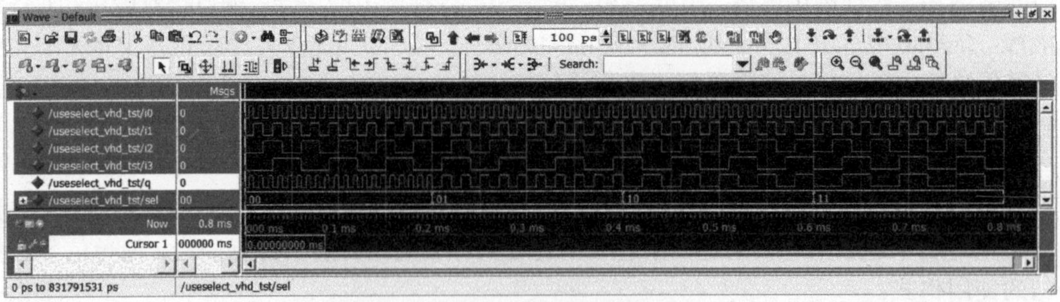

图 4.7　应用 when/else 条件信号选择语句程序的功能仿真波形图

功能仿真波形图说明：例 4.1 程序实现了条件选择的逻辑功能。当 sel=00 时，输出 q 的波形与 i0 一样；当 sel=01 时，输出 q 的波形与 i1 一样；当 sel=10 时，输出 q 的波形与 i2 一样；当 sel=11 时，输出 q 的波形与 i3 一样。

2）with/select/when 条件信号选择语句

with/select/when 条件信号选择语句与 when/else 条件信号选择语句类似，也是根据分支条件选择相应的表达式对目标信号进行赋值。但 with/select/when 条件信号选择语句的分支不能重复，各分支必须是唯一的，也不允许有条件覆盖不全的情况。

选择信号赋值语句的使用格式为：

```
with 表达式 select
信号<= 表达式1    when   条件1,
      表达式2    when   条件2,
      …
      表达式n    when   条件n,
      表达式n+1  when others;
```

【例 4.2】with/select/when 条件信号选择语句应用：

```
library ieee;
   use ieee.std_logic_1164.all;
entity useselect is
```

```
    port(sel:in std_logic_vector(1 downto 0);
        i0,i1,i2,i3:in std_logic;
         q: out std_logic);
end useselect;
architecture behave of useselect is
begin
    with sel select
    q<= i0  when  "00" , --注意此处是逗号不是分号
         i1  when  "01" ,
         i2  when  "10" ,
         i3  when others; --最后是分号
end behave;
```

对例4.2程序进行功能仿真，功能仿真的波形如图4.8所示。

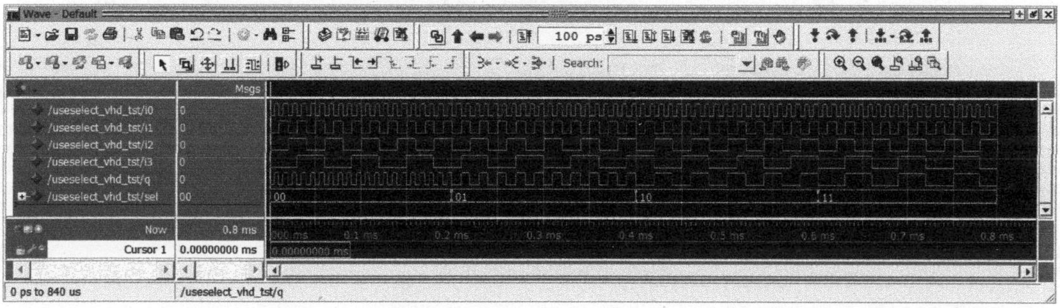

图4.8　应用with/select/when条件信号选择语句程序的功能仿真波形图

功能仿真波形图说明：例4.2程序实现了条件选择的逻辑功能。当sel=00时，输出q的波形与i0一样；当sel=01时，输出q的波形与i1一样；当sel=10时，输出q的波形与i2一样；当sel=11时，输出q的波形与i3一样。

3．多进程语句

进程语句是主要的并行语句，它在VHDL程序中使用频繁，是最能体现硬件描述语言特点的一种语句。在一个结构体中多个process语句是并行执行的，但是每个进程内部的语句是顺序执行的。它的基本格式如下：

```
[进程名：] process[(敏感信号表)]
        进程说明部分;
       begin
       顺序语句1;
       顺序语句2;
       顺序语句3;
       …
    end process [进程名];
```

其中，进程名是进程语句的标识符，它是一个可选项；敏感信号列表至少需要有一个敏感信号。敏感信号的变化决定着进程是否执行，如果进程的敏感信号列表没有信号，该进程将被永远挂起，可以在进程中使用wait语句来代替敏感信号列表的功能。

process语句有如下特点：

（1）可以和其他进程语句同时执行，并可以存取结构体和实体中所定义的信号。
（2）进程内部的所有语句都按照顺序执行。
（3）为启动进程，在进程中必须包含一个敏感信号的列表或 wait 语句。
（4）进程之间可通过信号实现通信。

【例 4.3】 用进程语句描述一个按 BCD 码计数的六十进制计数器：

```
library ieee;
use ieee.std_logic_1164.all;
use ieee.std_logic_unsigned.all;
entity count60 is
   port(clk: in std_logic; --时钟输入
      co: out std_logic; --进位输出
      bcd_1_p: out std_logic_vector(3 downto 0); --个位计数输出
      bcd_10_p: out std_logic_vector(2 downto 0));--十位计数输出
end count60;
architecture behave of count60 is
signal bcd_1_n: std_logic_vector(3 downto 0) :="0000"; --定义个位通信信号
signal bcd_10_n: std_logic_vector(2 downto 0) :="000"; --定义十位通信信号
begin
   bcd_1_p<=bcd_1_n;
   bcd_10_p<=bcd_10_n;
   p1: process(clk) --个位，十进制计数进程
   begin
      if(clk'event and clk='1') then --时钟上升沿有效
         if( bcd_1_n="1001" ) then
             bcd_1_n<="0000";
         else
             bcd_1_n<= bcd_1_n+'1';
         end if;
      end if;
   end process p1;
   p2: process(clk) --十位，六进制计数进程
   begin
      if(clk'event and clk='1') then
         if ( bcd_1_n="1001") then
            if(bcd_10_n="101") then
               bcd_10_n<="000"; --计数器输出为59时，个位输出为0
            else
               bcd_10_n<=bcd_10_n+'1';
            end if;
         end if;
      end if;
   end process p2;
   p3: process(clk,bcd_10_n, bcd_1_n) --进位信号控制进程
   begin
      if (clk'event and clk='1') then
         if  bcd_1_n="1001" and bcd_10_n="101" then
```

```
                co<='1';  --计数器输出为59时，进位输出
            else
                co<='0';
            end if;
        end if;
    end process p3;
end behave;
```

程序说明：BCD 码计数的六十进制计数器 VHDL 程序包含了三个进程 p1、p2、p3，三个进程并行执行。p1 进程为十进制计数器，计数脉冲“clk”上升沿时，计数值发生改变；p2 进程为六进制计数器，每当个位数计数到 9 时，在计数脉冲“clk”下一周期的上升沿，十位数计数器进行计数；p3 进程为产生进位信号的进程，当个位数为 9、十位数为 5 时，在计数脉冲“clk”下一周期的上升沿，产生一个进位信号。

p2 进程需要用到 p1 的个位计数值，p3 进程需要用到 p1 的个位计数值和 p2 的十位计数值。进程间的通信通过信号“bcd_1_n”“bcd_10_n”进行。BCD 码计数的六十进制计数器的 VHDL 程序功能仿真波形，如图 4.9 所示。

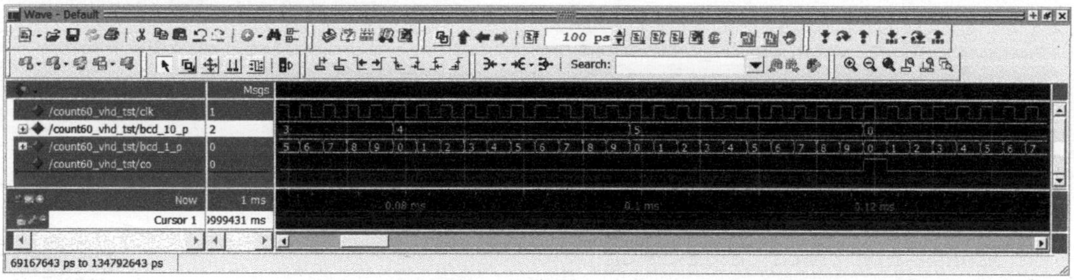

图 4.9　BCD 码计数的六十进制计数器功能仿真波形图

从图 4.9 仿真波形图可知，个位计数输出端“bcd_1_p”在 0～9 间变化；当个位计数器计数到 9，在计数脉冲“clk”下一周期的上升沿，十位数计数器输出端“bcd_10_p”加 1；当十位与个位计数器计数到 59，在计数脉冲“clk”下一周期的上升沿，进位“co”输出 1，重新开始计数，实现了按 BCD 码计数的六十进制计数。

4.4　简易电子琴控制器设计制作实施

根据简易电子琴控制器设计方案，本节介绍基于 FPGA 最小系统板的共阴极数码管显示的 D 大调简易电子琴控制器设计制作实施过程。

1. 简易电子琴程序设计

简易电子琴程序设计包括工程创建、程序设计及程序编译、检查模块间的连接错误和程序语法错误。

1）工程创建

建立工程文件夹（如 E:/XM4/JYDZJ），将本工程的全部设计文件保存在此文件夹。在 Quartus II 集成环境中，选择【File】→【New Project Wizard...】菜单命令，根据新建工程向导创建名为“JYDZJ”的工程，顶层实体名用“jydzj”，

第三方仿真软件选择“ModelSim-Altera”。

2）简易电子琴 VHDL 程序设计并输入

在“JYDZJ”工程创建简易电子琴 VHDL 文本设计文件。在 Quartus II 集成环境中，选择【File】→【New…】菜单命令，弹出【New】对话框；选择【Design File】→【VHDL File】选项，单击【OK】按钮。在 Quartus II 集成环境中，将弹出文本文件编辑窗口界面，并自动产生文本文件“vhdl1.vhd”。

在 Quartus II 集成环境中，选择【File】→【Save As…】菜单命令，弹出【另存为】对话框，命名简易电子琴设计文件为“jydzj.vhd”，保存在“E:/XM4/ JYDZJ”目录。在文本文件编辑窗口输入实现简易电子琴的 VHDL 程序如下：

```
library ieee;
   use ieee.std_logic_1164.all;
   use ieee.std_logic_unsigned.all;
entity jydzj is
   port(clk: in std_logic;    --分频基准时钟输入
   key:in std_logic_vector(8 downto 0);--琴键输入，最高2位用于区分不同八度音
   smg: out std_logic_vector(6 downto 0);--驱动数码管显示简谱值信号输出
   led:out std_logic_vector(2 downto 0);--显示不同八度音的led电平输出
   speaker: out std_logic);   --驱动蜂鸣器信号输出
end jydzj;
architecture behave of jydzj is
signal origin:std_logic_vector(11 downto 0):="000000000000";
signal carrier:std_logic :='0';
signal clk_1:std_logic :='0';
signal key_c:std_logic_vector(8 downto 0) :="000000000";
begin
key_c <= key;
P1:process(key_c)
--根据琴键输入确定分频系数、对应LED电平及数码管驱动信号
begin
case key_c is
   when "000000001" =>origin<="001010110010";led<="001"; smg<="0000110";
   when "000000010" =>origin<="010000100110";led<="001"; smg<="1011011";
   when "000000100" =>origin<="010101110001";led<="001"; smg<="1001111";
   when "000001000" =>origin<="011000001001";led<="001"; smg<="1100110";
   when "000010000" =>origin<="011100011111";led<="001"; smg<="1101101";
   when "000100000" =>origin<="100000010111";led<="001"; smg<="1111101";
   when "001000000" =>origin<="100011110100";led<="001"; smg<="0000111";
   when "010000001" =>origin<="100101011010";led<="011"; smg<="0000110";
   when "010000010" =>origin<="101000010011";led<="011"; smg<="1011011";
   when "010000100" =>origin<="101010111001";led<="011"; smg<="1001111";
   when "010001000" =>origin<="101100000100";led<="011"; smg<="1100110";
   when "010010000" =>origin<="101110010000";led<="011"; smg<="1101101";
   when "010100000" =>origin<="110000001100";led<="011"; smg<="1111101";
   when "011000000" =>origin<="110001111010";led<="011"; smg<="0000111";
   when "100000001" =>origin<="110010101101";led<="111"; smg<="0000110";
```

```
        when "100000010" =>origin<="110100001010";led<="111"; smg<="1011011";
        when "100000100" =>origin<="110101011100";led<="111"; smg<="1001111";
        when "100001000" =>origin<="110110000010";led<="111"; smg<="1100110";
        when "100010000" =>origin<="110111001000";led<="111"; smg<="1101101";
        when "100100000" =>origin<="111000000110";led<="111"; smg<="1111101";
        when "101000000" =>origin<="111000111101";led<="111"; smg<="0000111";
        when others=>origin<="111111111111";led<="000"; smg<="0111111";
    end  case;
    end process;
    P2 : process(clk) --50分频
        variable count: std_logic_vector (5 downto 0):="000000";
    begin
        if clk'event and clk = '1'  then
            if count=49 then
                clk_1 <= '1';
                count:= "000000";
            else
                count:= count+'1';
                clk_1 <= '0';
            end if;
        end if;
    end process;
    p3:process(clk_1,origin)--预置数的分频进程
        variable divider : std_logic_vector(11 downto 0):="111111111111";
    begin
        if(clk_1'event and clk_1='1') then
            if(divider="111111111111") then
                carrier<='1';
                divider:=origin;
            else
                divider:=divider+'1';
                carrier<='0';
            end if;
        end if;
        end process;
    p4:process(carrier)   --2分频进程
        variable count : std_logic:='0';
    begin
        if(carrier'event and carrier='1') then
            count:= not count;
            if count='1' then
                speaker<='1';
            else
                speaker<='0';
            end if;
        end if;
    end process;
    end behave;
```

程序说明：进程 P1 用 case 语句的条件判断，当琴键输入不同组合时，确定对应的分频系数、LED 电平及数码管驱动信号。其中的“origin”值为分频系数，“smg”值为驱动七段数码管的电平，从高位到低位对应七段数码管段码 G～A；进程 P2 将输入时钟信号“clk”50 分频，输出“clk_1”脉冲信号；进程 P3 将 50 分频后的“clk_1”信号，根据不同分频系数，输出为“carrier”脉冲信号；进程 P4 将“carrier”信号 2 分频，输出为“speaker”信号输出，驱动蜂鸣器。

3）编译程序

完成简易电子琴 VHDL 程序设计并输入后，在 Quartus II 集成环境中，选择【Processing】→【Start Compilation】菜单命令，对设计程序进行编译处理。编译处理时，Quartus II 首先检查工程的设计文件有无语法错误或连接错误，错误信息会在【Messages】窗口显示，双击错误信息可定位到错误的程序位置，如果有错误必须进行修改，直到编译通过。

2. 简易电子琴仿真测试文件创建与设置

仿真验证前须先创建并设置仿真测试文件，在仿真测试文件中设置简易电子琴的输入参数。配置仿真测试文件是建立简易电子琴 VHDL 程序与仿真测试文件的关联，供仿真时调用。创建并设置仿真测试文件步骤如下：

1）创建仿真测试模板文件

在 Quartus II 集成环境中，选择【Processing】→【Start】→【Start Test Bench Template Writer】菜单命令。如果没有设置错误，系统将弹出生成测试模板文件成功的对话框。默认生成的仿真测试模板文件名为“jydzj.vht”，保存位置为工程文件夹中的“../simulation/modelsim”文件夹内。

2）编辑仿真测试文件

在 Quartus II 集成环境中，选择【File】→【Open...】菜单命令，弹出【Open File】对话框，双击打开生成的仿真测试文件“E:/XM4/JYDZJ/simulation/ modelsim/ jydzj.vht”，在“init”进程中设置输入时钟“clk”为 50MHz；在“always”进程中设置琴键输入信号。完整的测试文件如下：

```
library ieee;
use ieee.std_logic_1164.all;
entity jydzj_vhd_tst is
end jydzj_vhd_tst;
architecture jydzj_arch of jydzj_vhd_tst is
signal clk : std_logic;
signal key : std_logic_vector(8 downto 0);
signal led : std_logic_vector(2 downto 0);
signal smg : std_logic_vector(6 downto 0);
signal speaker : std_logic;
component jydzj
   port (clk : in std_logic;
   key : in std_logic_vector(8 downto 0);
   led : out std_logic_vector(2 downto 0);
   smg : out std_logic_vector(6 downto 0);
   speaker : out std_logic    );
```

```
    end component;
    begin
       i1 : jydzj
       port map (clk => clk,
       key => key,led => led,
       smg => smg,speaker => speaker);
    init : process
    begin
       clk <='0'; wait for 10ns;
       clk <='1'; wait for 10ns;
    end process init;
    always : process
    begin
       key<="000000000" ; wait for 10ms;
       key<="000000001" ; wait for 100ms;
       key<="000000000" ; wait for 10ms;
       key<="000000010" ; wait for 100ms;
       key<="000000000" ; wait for 10ms;
       key<="000000100" ; wait for 100ms;
       key<="000000000" ; wait for 10ms;
       key<="000001000" ; wait for 100ms;
       key<="000000000" ; wait for 10ms;
       key<="000010000" ; wait for 100ms;
       key<="000000000" ; wait for 10ms;
       key<="000100000" ; wait for 100ms;
       key<="000000000" ; wait for 10ms;
       key<="001000000" ; wait for 100ms;
       key<="000000000" ; wait for 10ms;
       key<="010000001" ; wait for 100ms;
       key<="000000000" ; wait for 10ms;
       key<="010000010" ; wait for 100ms;
       key<="000000000" ; wait for 10ms;
       key<="010000100" ; wait for 100ms;
       key<="000000000" ; wait for 10ms;
       key<="010001000" ; wait for 100ms;
       key<="000000000" ; wait for 10ms;
       key<="010010000" ; wait for 100ms;
       key<="000000000" ; wait for 10ms;
       key<="010100000" ; wait for 100ms;
       key<="000000000" ; wait for 10ms;
       key<="011000000" ; wait for 100ms;
       key<="000000000" ; wait for 10ms;
       key<="100000001" ; wait for 100ms;
       key<="000000000" ; wait for 10ms;
       key<="100000010" ; wait for 100ms;
       key<="000000000" ; wait for 10ms;
       key<="100000100" ; wait for 100ms;
```

```
        key<="000000000" ; wait for 10ms;
        key<="100001000" ; wait for 100ms;
        key<="000000000" ; wait for 10ms;
        key<="100010000" ; wait for 100ms;
        key<="000000000" ; wait for 10ms;
        key<="100100000" ; wait for 100ms;
        key<="000000000" ; wait for 10ms;
        key<="101000000" ; wait for 100ms;
        key<="000000000" ; wait for 10ms;
    end process always;
    end jydzj_arch;
```

程序说明：进程“init”表示输入时钟“clk”的频率为50MHz（周期为20ns）。进程“answer”仿真每隔10ms，先后按下“$\underset{\cdot}{1}$、$\underset{\cdot}{2}$、$\underset{\cdot}{3}$、$\underset{\cdot}{4}$、$\underset{\cdot}{5}$、$\underset{\cdot}{6}$、$\underset{\cdot}{7}$、1、2、3、4、5、6、7、$\dot{1}$、$\dot{2}$、$\dot{3}$、$\dot{4}$、$\dot{5}$、$\dot{6}$、$\dot{7}$”100ms的情况。同理，要仿真不同的情况只要修改“key”值即可。注意测试文件的实体名为“jydzj_vhd_tst”，测试模块元件的例化名为“i1”，在仿真测试文件配置时需要填写。

3）选择并配置仿真测试文件

在Quartus II集成环境中，选择【Assignments】→【Settings…】菜单命令，弹出设置工程“jydzj”的【Settings –jydzj】对话框；在【Category】栏，选择【EDA Tool Settings】→【Simulation】选项，在【Settings –jydzj】对话框内将显示【Simulation】面板；在【NativeLink settings】选项组，选择【Compile test bench】选项；单击【Compile test bench】选项后的【Test Benches】按钮，弹出【Test Benches】对话框；单击【New】按钮，弹出【New Test Bench Settings】对话框；在【Test bench name】栏，输入“jydzj.vht”；在【Top level module in test bench】栏，输入实体名“jydzj_vhd_tst”；选择【Use test bench to perform VHDL timing simulation】选项，并在【Design instance name in test bench】栏，输入元件例化名“i1”；选择【End simulation】时间为3s；单击在【Test bench files】选项组的【File name】后的⋯，选择测试文件“E:/XM4/JYDZJ/simulation/modelsim/jydzj.vht”，单击【Add】按钮，设置结果如图4.10所示。单击各对话框的【OK】按钮，返回主界面。

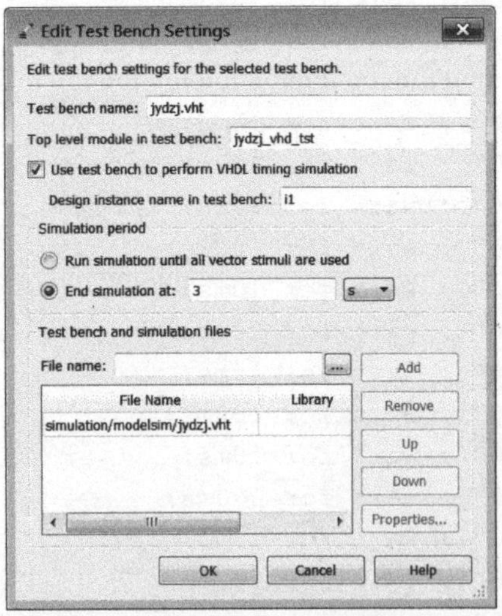

图4.10　选择并配置仿真测试文件

3. 简易电子琴功能仿真

在 Quartus II 集成环境中，选择【Tools】→【Run Simulation Tool】→【RTL Simulation】菜单命令，可以看到 ModelSim 的运行界面，出现的功能仿真波形，如图 4.11 所示。

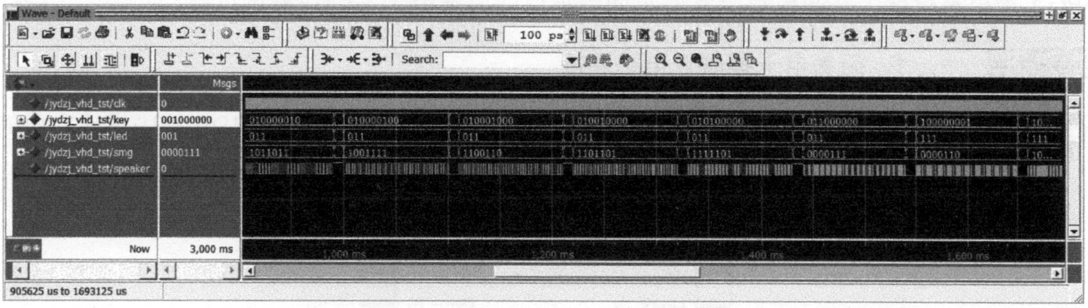

图 4.11　简易电子琴控制器功能仿真波形图

功能仿真波形图分析说明如下：

从图 4.11 的仿真波形图中可知，1000ms 处，输入琴键电平“key”为“010000100”，最高的 2 位用来表示高八度音的状态，“01”表示原音，后七位“0000100”表示第 3 号琴键按下，即表示的是简谱“3”状态；1000ms 处，区分不同八度音的 led 值为“011”，可以使 3 个 LED 中的 2 个发光；驱动七段数码管电平“smg”值为“1001111”，即七段数码管的 G 为高电平、F 为低电平、E 为低电平、D 为高电平、C 为高电平、B 为高电平、A 为高电平，数码管显示数值“3”；驱动蜂鸣器的信号“speaker”为一定频率的波形。

在 1600ms 处，输入琴键电平“key”为“100000001”，最高的 2 位为“10”表示高八度音，后七位“0000001”表示第 1 号琴键按下，即表示的是简谱“1̇”状态；1600ms 处，区分不同八度音的 led 值为“111”，使 3 个 LED 均发光；驱动七段数码管电平“smg”值为“0000110”，即七段数码管的 G 为低电平、F 为低电平、E 为低电平、D 为低电平、C 为高电平、B 为高电平、A 为低电平，数码管显示数值“1”；驱动蜂鸣器的信号“speaker”为一定频率的波形。各音符输出的频率值是否符合要求，在图 4.11 的仿真波形图中不能判断，但可从局部放大的仿真波形图中测得。

在 ModelSim 中，局部放大 1000ms 处仿真波形图，并添加测量游标后，如图 4.12 所示。从图中可知，输入琴键是原音“3”状态（key 为 010000100），输出“speaket”的周期是 2.702ms，即输出的频率为 1000/2.702=370Hz。对照表 4.3 D 大调简谱的音符与频率的关系，可知输出频率符合要求。

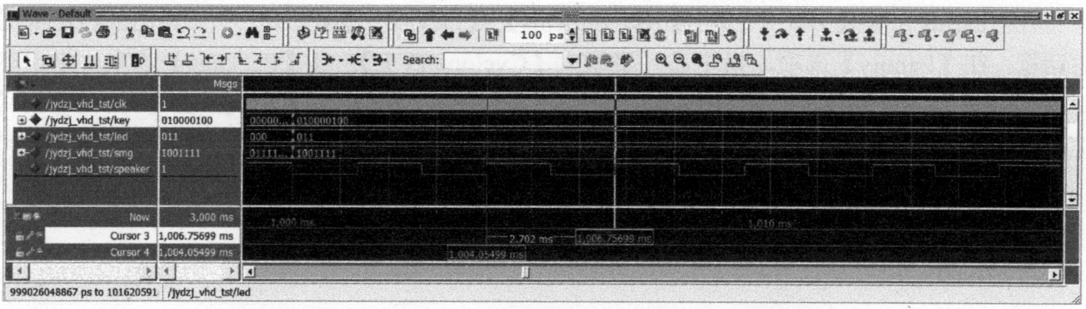

图 4.12　简易电子琴控制器功能仿真波形局部放大图

4.5　简易电子琴控制器编程下载与硬件测试

编程下载设计文件需要输入输出硬件电路及 FPGA 最小系统开发板支持，下面介绍基于 FPGA 最小系统板，共阴极数码管显示简谱数值的简易电子琴硬件测试过程。

1. 简易电子琴硬件电路连接

根据设计的简易电子琴控制器可知，基于 FPGA 利用 VHDL 程序设计完成的简易电子琴控制器输入输出端口如图 4.13 所示。

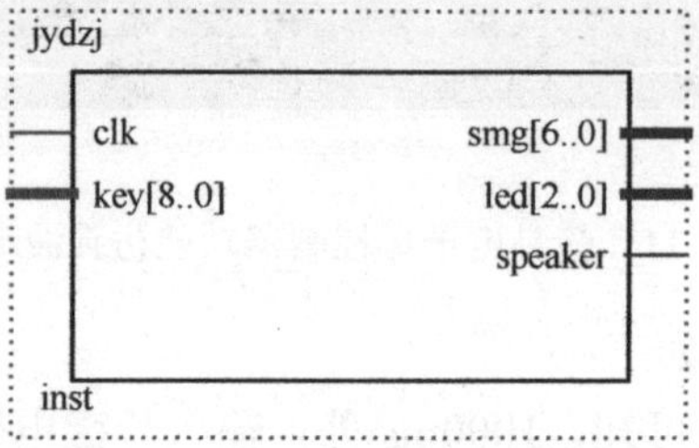

图 4.13　简易电子琴模块输入输出端口

输入输出各端口的连接说明如下。

（1）clk 为系统时钟信号输入端，接入 FPGA 最小系统板所提供的 50MHz 时钟信号。

（2）key[8..0]为琴键信号输入端。

（3）smg[6..0]为简谱显示信号输出端。

（4）led[2..0]为高低音指示信号输出端。

（5）speaker 为音频信号输出端。

琴键按钮、数码管、发光二极管、蜂鸣器与 FPGA 最小系统板的 20×2 双排直插针连接原理图如图 4.14 所示。与 FPGA 最小系统板相连的引脚可以根据各自的输入输出设计及使用的 FPGA 最小系统板的不同而改变。

2. 简易电子琴程序下载

设计完成的简易电子琴 VHDL 程序载入 FPGA 芯片，需要根据所用的 FPGA 芯片指定芯片类型，确定输入输出引脚及下载配置。

1）指定目标器件

根据所用 FPGA 最小系统板，指定目标器件。操作方法如下：

在 Quartus II 集成环境中，选择【Assignments】→【Device…】菜单命令，在弹出的【Device】对话框；在【Family】选项，指定芯片类型为【Cyclone IV E】；在【Package】选项，指定芯片封装方式为【TQFP】；在【Pin count】选项，指定芯片引脚数为【144】；在【Speed grade】选项，指定芯片速度等级为【8】；在【Available devices】列表，选择有效芯片为【EP4CE6E22C8】芯片，完成目标芯片指定后的【Device】对话框如图 4.15 所示。

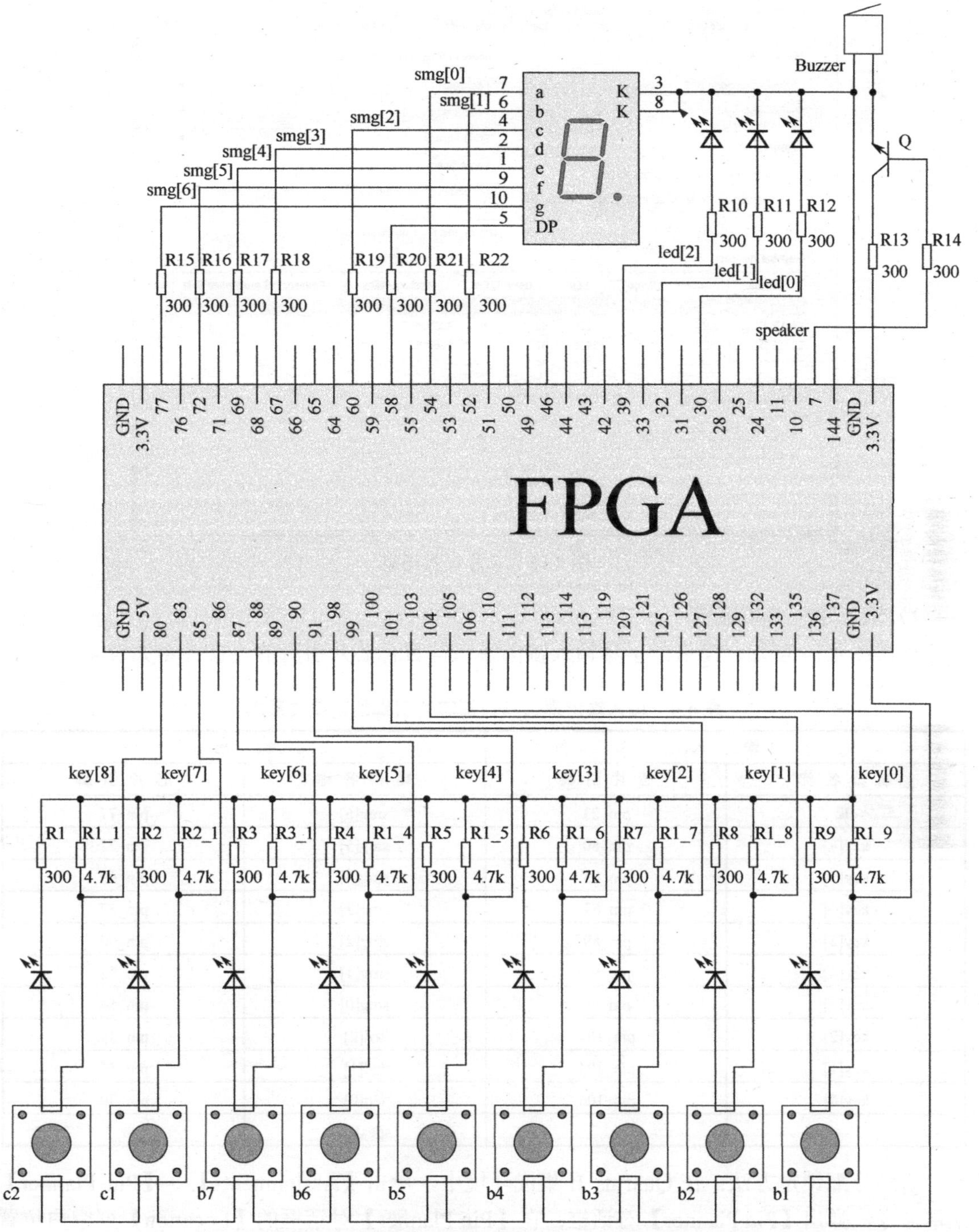

图 4.14　简易电子琴输入、输出电路连接原理图

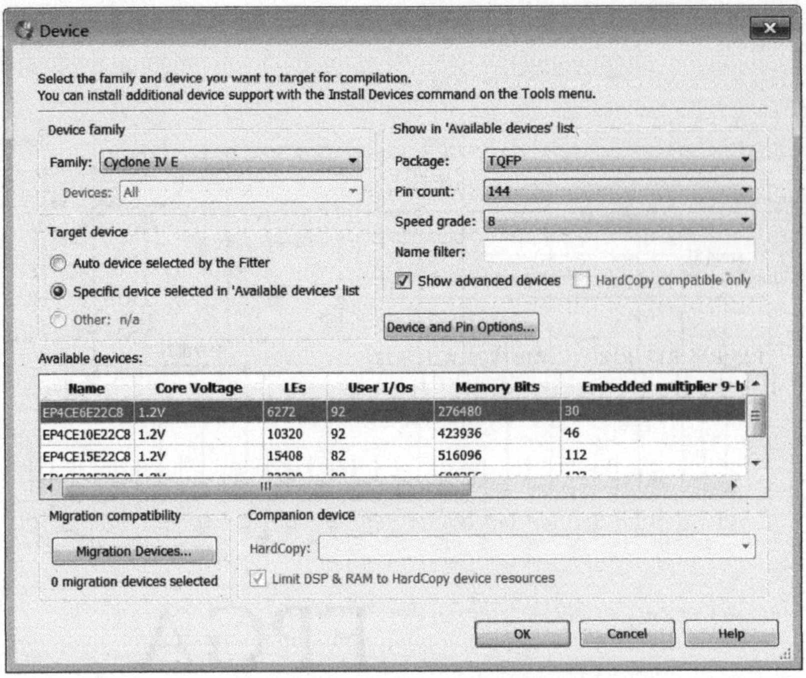

图 4.15　芯片设置结果

2）输入输出引脚锁定

根据图 4.14 可知，简易电子琴输入输出端口与目标芯片引脚的连接关系如表 4.4 所示。

表 4.4　输入输出端口与目标芯片引脚的连接关系表

输　入		输　出	
端口名称	芯片引脚	端口名称	芯片引脚
clk	pin_23	smg[6]	pin_77
key[8]	pin_80	smg[5]	pin_72
key[7]	pin_85	smg[4]	pin_69
key[6]	pin_87	smg[3]	pin_67
key[5]	pin_89	smg[2]	pin_60
key[4]	pin_91	smg[1]	pin_52
key[3]	pin_99	smg[0]	pin_54
key[2]	pin_101	led[2]	pin_39
key[1]	pin_104	led[1]	pin_32
key[0]	pin_106	led[0]	pin_30
		speaker	pin_7

引脚分配锁定方法：在 Quartus II 集成环境中，单击【Assignments】→【Pin Planner】菜单命令，弹出【Pin Planner】对话框；在【Pin Planner】对话框的【Location】列空白位置双击，根据表 4.4 输入相对应的引脚值。完成设置后的【Pin Planner】对话框如图 4.16 所示。分配引脚完成以后，必须再次执行编译命令，才能保存引脚锁定信息。

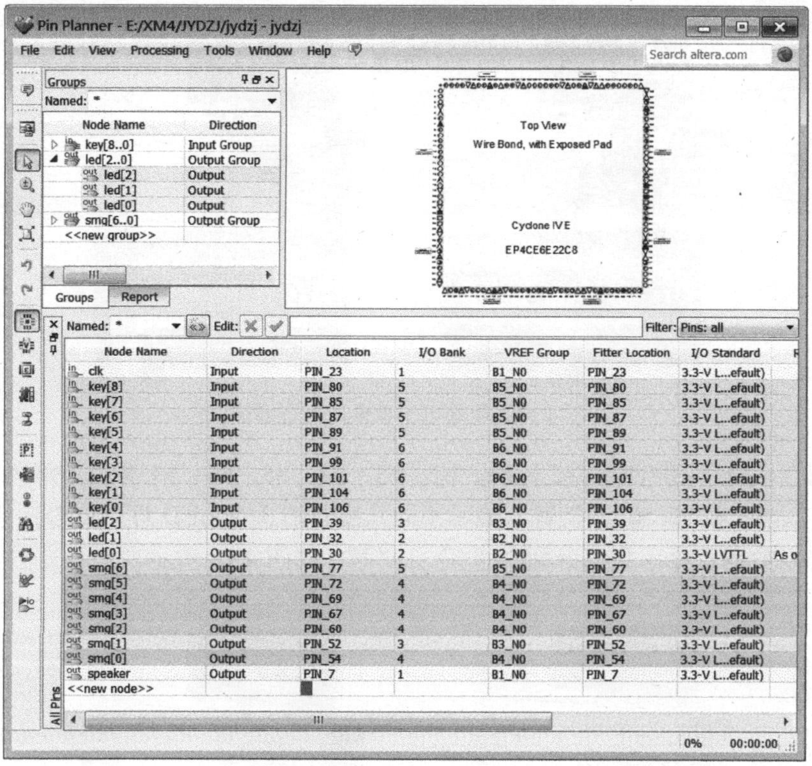

图 4.16　简易电子琴引脚锁定结果

3）下载设计文件

将“USB-Blaster”下载电缆的一端连接到 PC 的 USB 口，另一端接到 FPGA 最小系统板的 JTAG 口，然后，接通 FPGA 最小系统板的电源，进行下载配置。

配置下载电缆：在 Quartus Ⅱ集成环境中，选择【Tool】→【Programmer…】菜单命令或单击工具栏【Programmer】按钮，弹出【Programmer】对话框；单击【Hardware Setup…】按钮 Hardware Setup...，弹出硬件设置对话框，选择使用 USB 下载电缆的【USB-Blaster[USB-0]】选项，完成下载电缆配置。

配置文件下载：在【Programmer】对话框的【Mode】下拉列表框中，选择【JTAG】模式；单击下载文件“jydzj.sof”的【Program/Configure】选项的小框，选中该选项；单击【Start】按钮 Start，编程下载开始，下载进度达 100%说明下载完成。

3．简易电子琴硬件测试

完成简易电子琴的输入输出元件与 FPGA 最小系统的 FPGA 芯片的连接，将简易电子琴 VHDL 程序载入 FPGA 芯片后，可现场在线测试简易电子琴硬件电路功能。

按键开关 c1、c2 为不同八度音控制按键：当 c1、c2 均不闭合时，分别按下 b1、b2、b3、b4、b5、b6、b7 琴键，蜂鸣器发出 D 大调低八度的“1̣、2̣、3̣、4̣、5̣、6̣、7̣”音，显示不同八度音的 3 个 LED 灯，LED1 发光，LED2、LED3 不发光，数码管显示数值分别为“1”～“7”，如图 4.17 所示。

图 4.17　简易电子琴低八度音测试

当 c1 闭合、c2 不闭合时，按下 b1、b2、b3、b4、b5、b6、b7 琴键，蜂鸣器发出 D 大调原音“1、2、3、4、5、6、7”音，显示不同八度音的 3 个 LED 灯，LED1、LED2 发光，LED3 不发光，数码管显示数值分别为“¦”～“˥”，如图 4.18 所示。

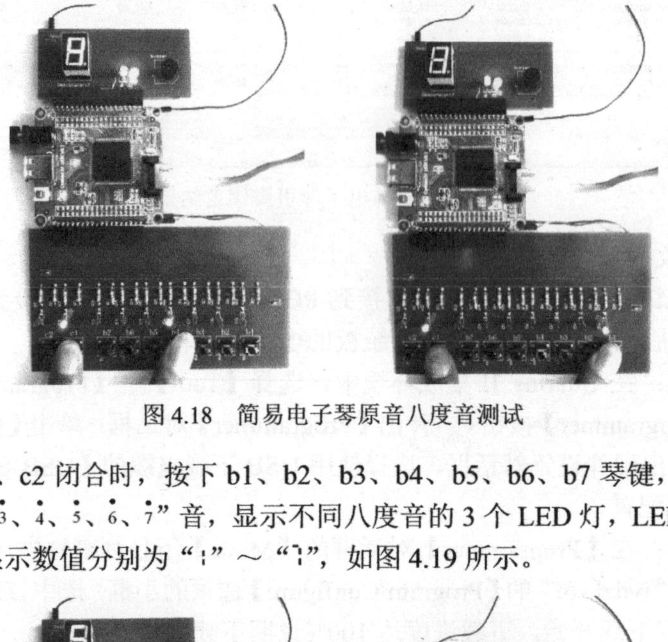

图 4.18　简易电子琴原音八度音测试

当 c1 不闭合、c2 闭合时，按下 b1、b2、b3、b4、b5、b6、b7 琴键，蜂鸣器发出 D 大调高八度“$\dot{1}$、$\dot{2}$、$\dot{3}$、$\dot{4}$、$\dot{5}$、$\dot{6}$、$\dot{7}$”音，显示不同八度音的 3 个 LED 灯，LED1、LED2、LED3 均发光，数码管显示数值分别为“¦”～“˥”，如图 4.19 所示。

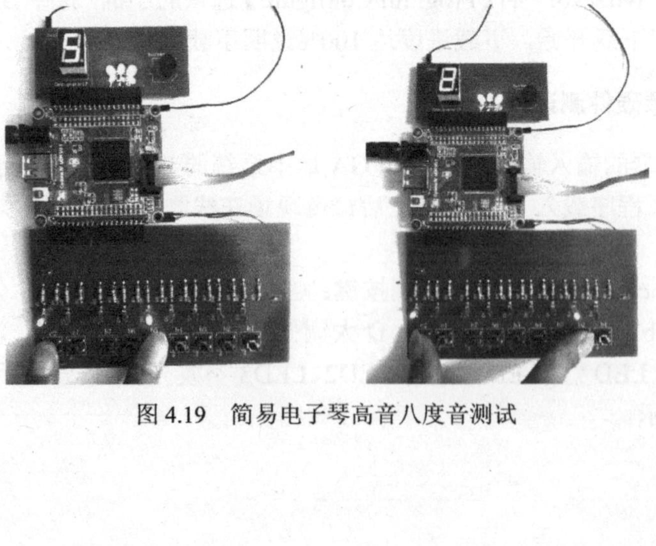

图 4.19　简易电子琴高音八度音测试

做一做，试一试

（1）设计基于 FPGA 最小系统板的 G 调的简易电子琴。
（2）设计基于 FPGA 最小系统板具有 4 个八度音的 D 调简易电子琴。
（3）设计基于 FPGA 最小系统板具有 4 个八度音的 F 调的简易电子琴。

项目小结

本项目通过基于 VHDL 程序的简易电子琴设计制作，训练学生将实际的数字系统需求转化为数字电子系统硬件语言描述的能力，使学生熟悉 VHDL 程序并行执行语句，掌握多进程语句间信号的传递。

项目 5　乐曲自动演奏电路设计制作

乐曲自动演奏电路广泛用于自动答录装置、手机铃声及智能仪器仪表设备。本项目以乐曲自动演奏电路设计为载体，以 FGPA 为核心芯片，通过乐曲自动演奏电路设计，说明用 VHDL 程序描述电路的方法，介绍 VHDL 程序顺序执行语句的使用方法。

5.1　乐曲自动演奏电路设计任务描述

基于 FPGA 设计乐曲演奏电路，要求能够自动播放编写好的音乐，同时，根据乐曲的节拍用数码管显示乐曲的简谱及不同音高。

1. 学习目标

能 力 目 标	知 识 目 标
（1）能采用文本输入法，用 VHDL 程序设计一般复杂程度的数字系统。 （2）能将系统板的晶振频率分为不同的频率。 （3）能将实际的数字系统需求转化为数字电子系统硬件语言描述。 （4）能基于 FPGA 在线调试 VHDL 程序。 （5）能用蜂鸣器、数码管、LED 灯等设计数字系统的输入与输出	（1）熟悉 VHDL 程序顺序语句的特点。 （2）掌握顺序赋值语句用法 （3）熟悉 if 顺序描述语句的格式与用法。 （4）熟悉 case 顺序描述语句的格式与用法

2. 任务描述

在 Quartus II 软件平台上，用文本输入方法设计乐曲自动演奏电路，音乐的简谱如图 5.1 所示。演奏的同时用数码管显示简谱，音的高低用 LED 灯指示；用 ModelSim 仿真软件仿真检查设计结果；选用 FPGA 最小系统板、LED 灯、数码管、蜂鸣器等硬件资源进行硬件测试。

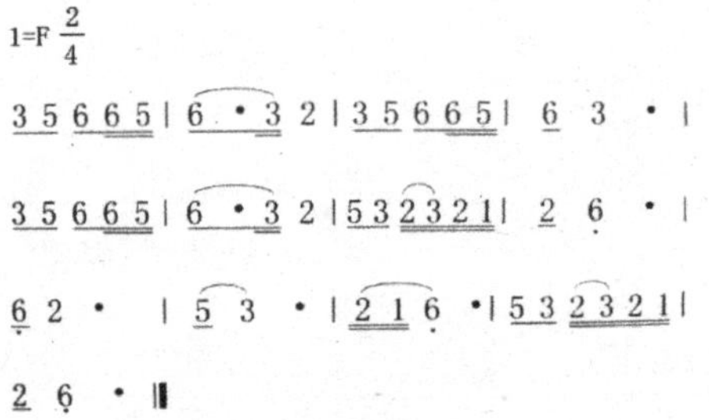

图 5.1　待演奏音乐的简谱

3. 教学工具

（1）计算机。

（2）Quartus II 软件。

（3）ModelSim 仿真软件。

（4）FPGA 最小系统板、万能板、发光二极管、数码管、蜂鸣器、连接导线。

5.2　乐曲自动演奏电路设计方案

演奏乐曲就是将一连串的音符按一定的节拍进行播放，每个音符对应一定频率。乐曲自动演奏电路的工作原理就是按照乐谱依次输出对应时间长短的这些音符的频率信号。利用 VHDL 程序设计乐曲自动演奏电路，即设计二路控制电路：一路准确地控制输出的频率，控制音的高低；另一路准确地控制音符输出的节拍，控制音符输出时间的长短。

1．音符频率的产生

从简谱可知，该乐曲采用 F 调演奏，F 调简谱的音符与频率的关系如表 5.1 所示。

表.1　F 调简谱的音符与频率的关系

音符（简谱）	频率（Hz）	音符（简谱）	频率（Hz）	音符（简谱）	频率（Hz）
$\underset{\cdot}{1}$	349.2	1	698.5	$\dot{1}$	1396.9
$\underset{\cdot}{2}$	392.0	2	784.0	$\dot{2}$	1568.0
$\underset{\cdot}{3}$	440.0	3	880.0	$\dot{3}$	1760.0
$\underset{\cdot}{4}$	466.2	4	932.3	$\dot{4}$	1864.7
$\underset{\cdot}{5}$	523.3	5	1046.5	$\dot{5}$	2093.0
$\underset{\cdot}{6}$	587.3	6	1174.7	$\dot{6}$	2349.3
$\underset{\cdot}{7}$	659.3	7	1318.5	$\dot{7}$	2637.0

在数字系统设计中，对某个基准频率进行分频可以产生不同的频率，因而，不同音符的频率可通过对某个基准频率分频产生。由于数字系统分频系数只能是整数，考虑减少产生频率的相对误差，基准频率不能过低，若基准频率过低，则分频系数过小，取整后的误差较大。若基准频率过高，则分频结构将变大。综合考虑这两个方面的因素，本设计的基准时钟频率选取 5MHz。通过带预置数的 13 位二进制计数器对基准信号进行分频，产生频率随预置数变化的脉冲信号，由于该脉冲信号非等占空比，不具有驱动蜂鸣器的能力，故对此脉冲信号须再次进行 2 分频以推动蜂鸣器发声，所以，可控分频器的分频系数 $Tone=2^{13}-5000000/2f$（f 值为歌曲音符的频率）。根据各音符的频率及计算公式可计算出 F 调各音符，基准频率为 5MHz 时的分频系数如表 5.2 所示。

表 5.2　音符对应的分频系数、音符显示数据和高低音指示电平

序号	简谱	频率（Hz）	分频系数	分频系数（二进制）	数码管显示值	表示音高低的 3 个 LED 灯的输入
1	$\underset{\cdot}{1}$	349.2	1033	0010000001001	0001	001
2	$\underset{\cdot}{2}$	392.0	1814	0011100010110	0010	001
3	$\underset{\cdot}{3}$	440.0	2510	0100111001110	0011	001

续表

序号	简谱	频率（Hz）	分频系数	分频系数（二进制）	数码管显示值	表示音高低的 3 个 LED 灯的输入
4	4̣	466.2	2829	0101100001101	0100	001
5	5̣	523.3	3415	0110101010111	0101	001
6	6̣	587.3	3935	0111101011111	0110	001
7	7̣	659.3	4400	1000100110000	0111	001
8	1	698.5	4613	1001000000101	0001	011
9	2	784.0	5003	1001110001011	0010	011
10	3	880.0	5351	1010011100111	0011	011
11	4	932.3	5510	1010110000110	0100	011
12	5	1046.5	5803	1011010101011	0101	011
13	6	1174.7	6064	1011110110000	0110	011
14	7	1318.5	6296	1100010011000	0111	011
15	1̇	1396.9	6402	1100100000010	0001	111

2．乐曲节拍的控制

一般乐曲的节拍是 1/4 拍的整数倍，若将 1 拍的时间定为 0.8 秒，则 1/4 拍的时长为 0.2 秒。若是占用时间较长的节拍（1/4 拍的整数倍），则将该音符连续输出相应的次数即可。由此可知，计数时钟信号可作为输出音符长短的控制信号，时钟信号持续时间短，输出节拍速度就快，演奏的速度也就快，时钟信号持续时间长，输出节拍的速度就慢，演奏的速度自然降低。本设计采用 5Hz 的时钟信号（周期为 0.2 秒）来控制乐曲节拍。

3．歌曲乐谱的设置

歌曲乐谱中各音符所需的节拍有长有短，若发出某个音符要求占用 3 个时钟节拍，连续 3 次输出相同的分频系数即可。因而，设置演奏歌曲的乐谱，就是根据歌曲乐谱的节拍存储每个音符的分频编码个数。演奏歌曲的乐谱可以存储在 FPGA 的 LPM-ROM 中，也可以直接用单元电路存储，本设计采用单元电路存储。

综上所述，设计基于 FPGA 的乐曲自动演奏电路，可用 VHDL 程序的一个进程，以 5Hz 的频率根据乐曲节拍控制每个音符的分频系数顺序输出；另一个进程根据分频系数，将 5MHz 的基准频率分频为每个音符的频率输出。由于 VHDL 程序各进程间是并发执行的，因而，可以认为两进程是同时执行的。虽然各进程是并发执行的，但 VHDL 程序在各进程内是顺序执行的。

4．乐曲自动演奏电路设计制作流程

根据乐曲自动演奏电路的功能要求确定设计方案；根据设计方案，在 EDA 工具软件平台上设计数字逻辑电路并仿真；将数字逻辑控制电路载入 FPGA 芯片；将输入输出电路与 FPGA 芯片相应的引脚相连并进行功能验证。基于 FPGA 最小系统板的乐曲自动演奏电路设计制作具体流程如图 5.2 所示。

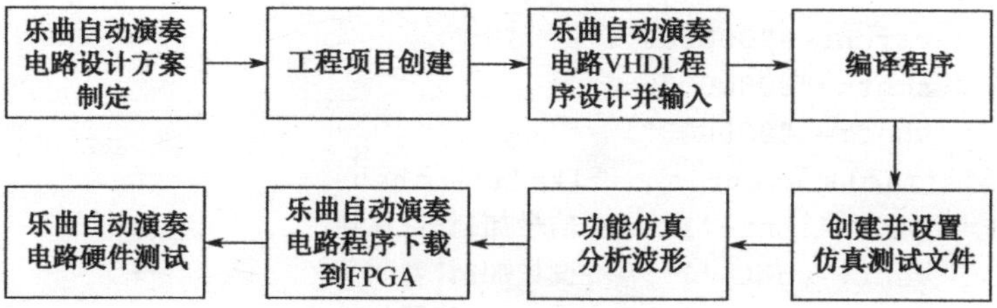

图 5.2　乐曲自动演奏电路设计制作流程

5.3　知识链接——VHDL 的顺序语句

VHDL 的顺序语句只能出现在进程（Process）、过程（Procedure）和函数（Function）中，其特点与传统的计算机编程语句类似，即按程序书写的顺序自上而下、一条一条地执行。利用顺序语句可以描述数字逻辑系统中的组合逻辑电路和时序逻辑电路。VHDL 程序中常见的顺序语句有：顺序赋值语句、流程控制语句、wait 语句、子程序调用语句、空操作语句、断言语句、report 语句等。

1. 顺序赋值语句

顺序赋值语句是出现在进程、过程和函数中的赋值语句。由于进程、过程和函数中可以出现对变量的处理，所以在顺序赋值语句中不仅有信号赋值语句，还有变量赋值语句。它们的格式如下：

```
变量名:=表达式;
信号名<=表达式;
```

变量赋值与信号赋值的过程有不同之处。变量具有局部特征，它的赋值是立即发生的。信号具有全局特征，它不但可以作为一个设计实体内部各单元之间数据传送的载体，也可通过信号进行实体间通信。信号在顺序语句中的赋值不是立即发生的，它发生在一个进程结束或子程序调用完成以后，所以，信号赋值过程有一定的延时。

【例 5.1】变量赋值和信号赋值的应用

```
library ieee;
use ieee.std_logic_1164.all;
use ieee.std_logic_unsigned.all;
entity assign is
   port(clk: in std_logic;
      rst: in std_logic;
      sigcnt: out std_logic_vector(5 downto 0);
      varcnt: out std_logic_vector(5 downto 0));
end assign;
architecture behave of assign is
   signal scnt: std_logic_vector(5 downto 0):="000000"; --声明信号
begin
   p1: process(clk,rst)
      variable vcnt: std_logic_vector(5 downto 0):="000000";--声明变量
   begin
      if rst ='1' then
         sigcnt<="000000";
```

```
            varcnt<="000000";
            scnt<="000000";
            vcnt:= "000000";
        elsif(clk'event and clk='1') then
            scnt<=scnt+'1'; --信号加1计数赋值
            vcnt:=vcnt+'1'; --变量加1计数赋值
            sigcnt<=scnt;  --信号scnt值赋值输出
            varcnt<=vcnt;  --变量vcnt值赋值输出
        end if;
    end process p1;
end behave;
```

例 5.1 的 VHDL 程序功能仿真结果如图 5.3 所示，仿真时为了说明信号赋值过程的延迟性，显示了参与运算的信号量“scnt”的变化过程。

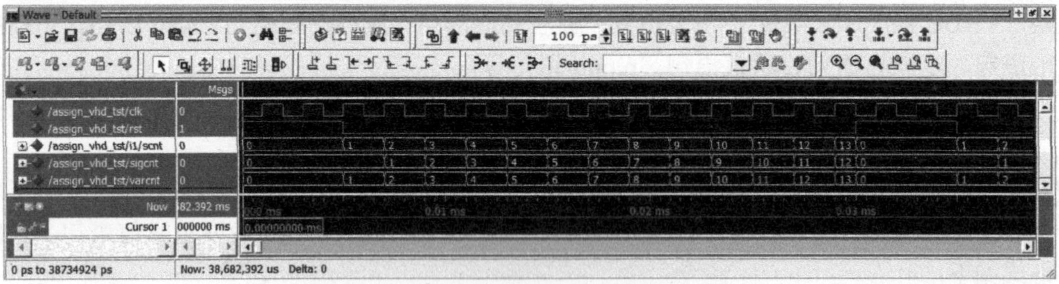

图 5.3　变量赋值和信号赋值功能仿真

由例 5.1 可知，信号“scnt”与变量“vcnt”都从 0 开始进行加 1 计数，但是信号计数输出“sigcnt”值比变量计数输出“varcnt”值延迟一个时钟周期。可以看成信号赋值通过寄存器赋值，而变量赋值是直接赋值。

2. 流程控制语句

在 VHDL 程序顺序执行语句中，流程控制语句占了很大的比重。流程控制语句通过对条件的判断来决定执行哪一条或几条语句，或者重复执行一条或几条语句，或者跳过一条或几条语句。常用的流程控制语句有 if 语句、case 语句、loop 语句等。

1）if 语句

if 语句是 VHDL 程序中流程控制的常用语句之一，其功能是通过对分支条件的判断决定执行哪个分支的顺序语句。if 语句的常用格式有以下三种。

（1）单分支 if 语句。单分支 if 语句格式如下：

```
if 条件判断表达式 then
    顺序执行语句;
end if;
```

当程序执行到单分支 if 语句时，判断 if 语句所指定的条件是否成立。如果 if 的判断条件为真，则 if 语句所包含的顺序执行语句将被执行；否则跳过此部分语句，执行后续语句。

【例 5.2】单分支 if 语句的应用

```
library ieee;
use ieee.std_logic_1164.all;
```

```
entity sinif  is
   port(clk,enable: in std_logic;
      in_a,in_b: in std_logic;
      out_a,out_b: out std_logic);
end sinif;
architecture behave of sinif is
begin
   p1: process(enable,in_a)
   begin
      if enable  ='1' then --在组合电路中使用单分支if语句
         out_a<=in_a;
      end if;
   end process p1;
   p2: process(clk)
   begin
      if clk'event and clk='1' then --在时序电路中使用单分支if语句
         if enable  ='1' then
            out_b<=in_b;
         end if;
      end if;
   end process p2;
end behave;
```

将上述程序编译综合后，在 Quartus II 集成环境中，选择【Tools】→【Netlist Viewers】→【RTL Viewer】菜单命令，得到如图 5.4 所示的寄存器传输级综合效果图。

从图 5.4 中可知，在组合电路中使用单分支 if 语句，从“in_a”到“out_a”产生的是锁存器；在时序电路中使用单分支 if 语句，从“in_b”到“out_b”产生的是寄存器。

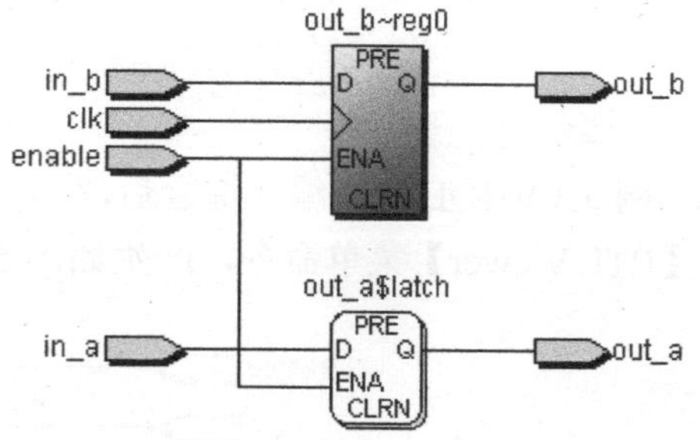

图 5.4　单分支 if 语句寄存器传输级综合效果图

（2）两分支 if 语句。两分支 if 语句格式如下：

```
if 条件判断表达式 then
   顺序执行语句1;
else
   顺序执行语句2;
end if;
```

两分支 if 语句起到选择控制的作用。当 if 条件成立时，程序执行 then 和 else 之间的顺序执行语句；当 if 语句的条件不成立时，程序执行 else 和 end if 之间的顺序执行语句，即根据所指定的条件是否满足，程序可以选择两条不同的执行路径。可以将两分支 if 语句看成一个二选一选择器。

【例 5.3】两分支 if 语句的应用

```
library ieee;
use ieee.std_logic_1164.all;
```

```
entity douif  is
    port(clk,enable: in std_logic;
        in_a,in_b: in std_logic;
        out_a,out_b: out std_logic);
end douif;
architecture behave of douif is
begin
    p1: process(enable)
    begin
        if enable  ='1' then --在组合电路中使用两分支if语句
            out_a<=in_a;
        else
            out_a<=in_b;
        end if;
    end process p1;
    p2: process(clk)
    begin
        if clk'event and clk='1' then --在时序电路中使用两分支if语句
            if enable  ='1' then
                out_b<=in_a;
            else
                out_b<=in_b;
            end if;
        end if;
    end process p2;
end behave;
```

例 5.3 VHDL 程序编译综合后，在 Quartus II 集成环境中，选择【Tools】→【Netlist Viewers】→【RTL Viewer】菜单命令，产生如图 5.5 所示的寄存器传输级综合效果图。

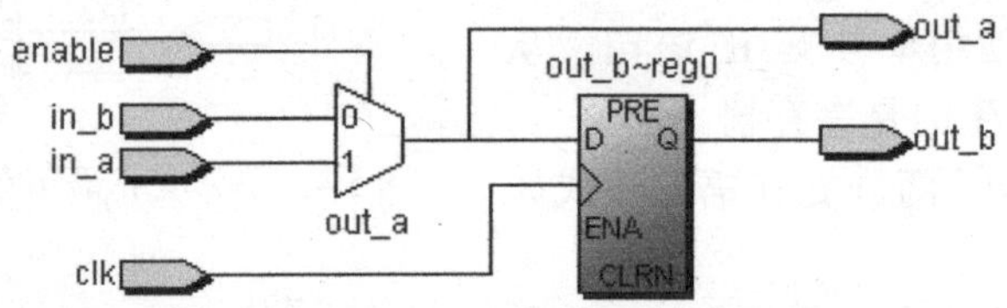

图 5.5　两分支 if 语句寄存器传输级综合效果图

从图 5.5 中可知，两分支 if 语句可以看成是一个二选一选择器。在组合电路中使用两分支 if 语句，从输入“in_a”到输出“out_a”没有产生锁存器；在时序电路中使用双分支 if 语句，从输入“in_b”到输出“out_b”产生一个寄存器。

（3）多分支 if 语句。多分支 if 语句的格式如下：

```
if  条件判断表达式1  then
        顺序语句1;
    elsif  条件判断表达式2  then
        顺序语句2;
    …
    elsif  条件判断表达式n  then
```

```
            顺序语句n;
        else
            顺序语句n+1;
        end if;
```

若没有 else 分支，则格式如下：

```
    if  条件判断表达式1  then
            顺序语句1;
        elsif  条件判断表达式2  then
            顺序语句2;
        …
        elsif  条件判断表达式n  then
            顺序语句n;
        end if;
```

多分支 if 语句执行多选择控制功能。在这种语句中，可允许在一个语句中出现多重条件，即条件嵌套。它设置了多个条件，当满足所设置的多个条件之一时，就执行该条件后的顺序执行语句。当所有设置的条件都不满足时，程序执行 else 和 end if 之间的执行语句。其中，else 后面的语句可以不设，当条件都不满足时，直接执行后续语句。

【例 5.4】 多分支 if 语句的应用

```
    library ieee;
    use ieee.std_logic_1164.all;
    entity manyif  is
        port(enable: in std_logic_vector(1 downto 0);
            in_d0,in_d1,in_d2,in_d3: in std_logic;
            out_a,out_b: out std_logic);
    end manyif;
    architecture behave of manyif is
    begin
        p1: process(enable)
        begin
            if enable  ="00" then --有else分支的格式
                out_a<=in_d0;
            elsif enable  ="01" then
                out_a<=in_d1;
            elsif enable  ="10" then
                out_a<=in_d2;
            else
               out_a<=in_d3;
            end if;
        end process p1;
        p2: process(enable)
        begin
            if enable  ="00" then --没有else分支的格式
                out_b<=in_d0;
            elsif enable  ="01" then
                out_b<=in_d1;
            elsif enable  ="10" then
```

```
            out_b<=in_d2;
          elsif enable  ="10" then
            out_b<=in_d3;
          end if;
      end process p2;
  end behave;
```

例 5.4 VHDL 程序编译综合后，在 Quartus II 集成环境中，选择【Tools】→【Netlist Viewers】→【RTL Viewer】菜单命令，得到如图 5.6 所示的寄存器传输级综合效果图。

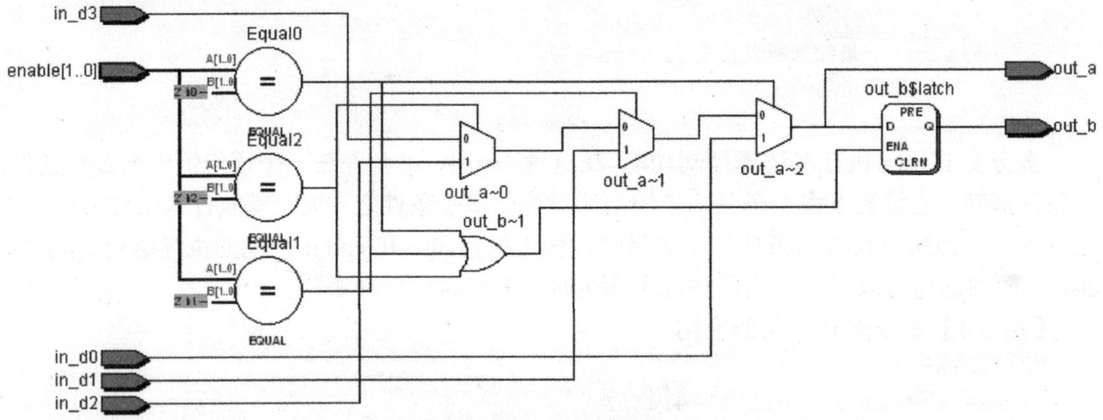

图 5.6　多分支 if 语句寄存器传输级综合效果图

从图 5.6 中可知，输出“out_a”的多分支 if 语句最后加了 else 分支，没有产生锁存器；输出“out_b”的多分支 if 语句最后没有加 else 分支，产生了锁存器，而且前面还产生了三输入“或门”等资源消耗。从图 5.6 中还可以看出，优先级高的第 1 分支处在最靠近输出信号的位置，即其门级延迟最小，因此，在设计多分支 if 语句时，要把优先级最高或关键路径的信号放在第 1 分支中。

2）case 语句

case 语句的格式如下：

```
  case 判断表达式 is
      when 选择项值1 =>顺序语句1;
      when 选择项值2 =>顺序语句2;
      …
      when 选择项值n =>顺序语句n;
      when others =>顺序语句n+1;
  end case;
```

case 语句的功能是通过对分支条件的判断来决定执行哪个分支语句。case 语句经常用来描述总线、编码和译码等行为。当执行 case 语句时，首先计算判断表达式的值，然后找到条件句中与选择项值之相同的那一组，并执行对应的顺序语句，之后跳出整个 case 语句。选择项值可以是一个值，也可以是多个用“值|值|值”表示的值，还可用“值 to 值”约束一个范围，但选择项值不能重复。

使用 case 语句须注意以下几点：

（1）条件句中的“=>“是操作符，它相当于 if 语句中的“then”。

（2）条件句中的选择项值，必须在“判断表达式”的取值范围之内。

（3）case 语句中每一条语句的选择项值只能出现一次，即不能有相同选择项值的条件句出现。

（4）除非所有条件句中的选择项值能完全覆盖 case 语句表达式的取值，否则最末一个条件句中的选择项值必须用“others”表示，它代表已给的所有条件句中未能列出的其他可能的取值。关键词“others”只能出现一次，且只能作为最后的条件取值。

（5）与 if 语句相比，case 语句的程序可读性比较好。if 语句是有序的，先处理最起始、最优先的条件，后处理次优先的条件。case 语句是无序的，所有表达式的值都并行处理。

【例 5.5】 case 语句与多分支 if 语句的差别

```
library ieee;
use ieee.std_logic_1164.all;
entity usecase is
   port(enable: in std_logic_vector(1 downto 0);
      in_d0,in_d1,in_d2,in_d3: in std_logic;
      out_a,out_b: out std_logic);
end usecase;
architecture behave of usecase is
begin
   P1: process(enable) --case语句的应用
   begin
      case enable is
         when "00"=>out_a<= in_d0;
         when "01"=>out_a<= in_d1;
         when "10"=>out_a<= in_d2;
         when others =>out_a<= in_d3;
      end case;
   end process P1;
   p2: process(enable) --多分支if语句的应用
   begin
      if enable  ="00" then
         out_b<=in_d0;
      elsif enable  ="01" then
         out_b<=in_d1;
      elsif enable  ="10" then
         out_b<=in_d2;
      else
        out_b<=in_d3;
      end if;
   end process p2;
end behave;
```

例 5.5 VHDL 程序编译综合后，在 Quartus II 集成环境中，选择【Tools】→【Netlist Viewers】→【RTL Viewer】菜单命令，得到寄存器传输级综合效果图，如图 5.7 所示。

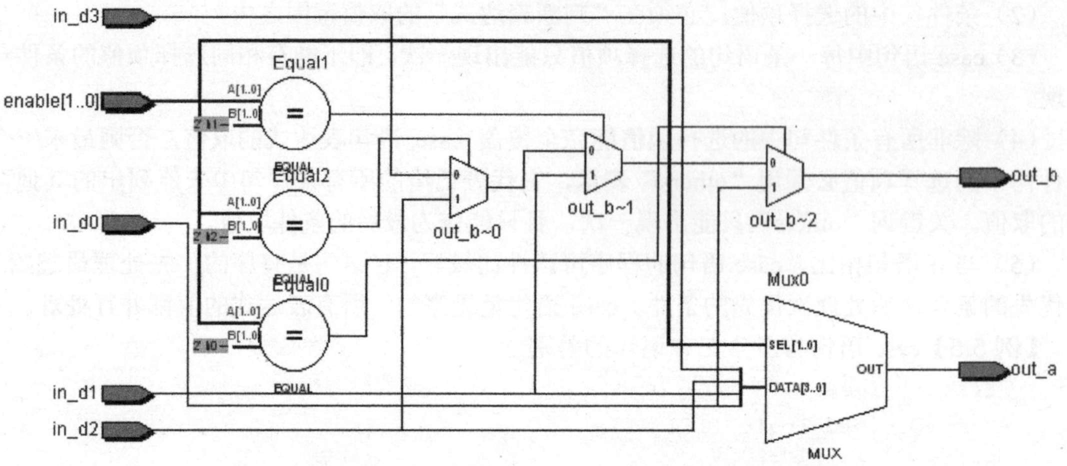

图 5.7 case 语句与多分支 if 语句寄存器传输级综合效果图

从图 5.7 中可知，使用 case 语句从输入到输出“out_a”是一个数据选择器，而多分支 if 语句从输入到输出“out_b”由多级级联的二选一数据选择器组成。等级最低的 if 分支从输入到输出要经过多级二选一数据选择器的延时；由 case 语句生成的数据选择器，从输入到输出只有一个数据选择器的延时。如果没有优先级的要求，建议使用 case 语句。

3）loop 语句

loop 语句的功能是循环执行一条或多条顺序语句，主要有 for 循环、while 循环和条件跳出等三种形式。

（1）for/loop 语句。for/loop 语句格式如下：

```
[标号]：for 循环变量 in  循环变量的范围  loop
    顺序语句;
end loop [标号];
```

for/loop 语句中的循环变量是一个临时变量，是 loop 语句的局部变量，不必事先定义，由 loop 语句自动定义，它只能作为赋值源，不能被赋值。在同一 loop 语句中不能再使用与此变量同名的标识符。循环变量的循环范围从循环变量的初值开始，每执行一次，就改变一次，直到循环变量范围的终值。

【例 5.6】 for/loop 语句的应用

```
library ieee;
use ieee.std_logic_1164.all;
entity usefor is
    port(data: in std_logic_vector(15 downto 0);
        xoro: out std_logic);
end usefor;
architecture behave of usefor is
begin
P1: process(data)
variable xortemp:std_logic:='0';
begin
    xortemp:='0';
    for i in 0 to 15 loop
```

```
        xortemp:=data(i) xor xortemp;
        end loop;
        xoro<=xortemp;
    end process P1;
    end behave;
```

程序说明：例 5.6 VHDL 程序是 16 位偶校验电路，即取偶校验位“0”，让原始数列的最后 1 位与偶校验位进行异或操作生成新的校验位，后面依次循环进行异或操作，如果最后一位（左起）与最后生成的校验位的异或结果为 0，即与取的偶校验位相同，说明原始数列有偶数个 1。在例 5.6 程序中，设置不同的输入值，仿真结果如图 5.8 所示。

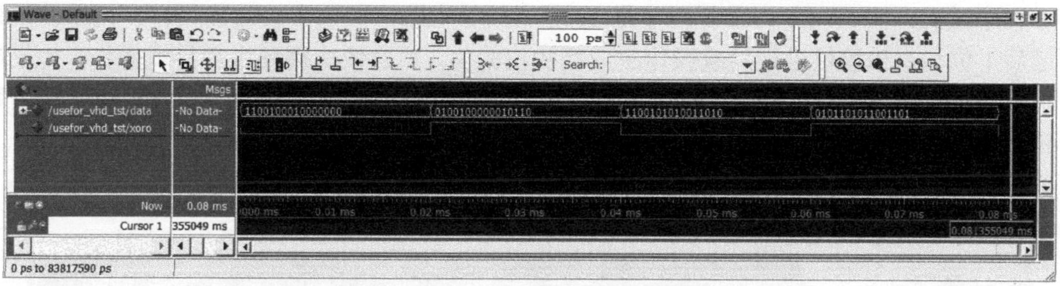

图 5.8　for/loop 语句应用程序仿真结果

从仿真结果可知，输入第 1 个“data”值为“1100100010000000”（有 4 个 1），校验结果“xoro”为“0”，与偶校验位相同，表示输入的“data”值中有偶数个“1”；输入第 2 个“data”值为“0100100000010110”（有 5 个 1），校验结果“xoro”为“1”，与偶校验位不相同，表示输入的“data”值中有奇数个“1”；同理，可分析图 5.8 中其他输入数值的偶校验。

（2）while/loop 语句。while/loop 语句格式如下：

```
  [标号]：while 条件 loop
        顺序处理语句；
  end loop [标号];
```

在 while/loop 语句中，没有给出循环次数的范围，而给出了循环执行顺序语句的条件，没有自动递增循环变量的功能。如果循环控制条件为真，则进行循环，否则结束循环。因而需要在顺序处理语句中设置修改循环条件的语句，使循环在一定条件下被打破，从而结束循环。

【例 5.7】 while/loop 语句的应用

```
library ieee;
use ieee.std_logic_1164.all;
use ieee.std_logic_unsigned.all;
entity usewhile is
   port(data: in std_logic_vector(15 downto 0);
      xoro: out std_logic);
end usewhile;
architecture behave of usewhile is
begin
P1: process(data)
   variable xortemp:std_logic:='0';
   variable i:integer range 0 to 16:=0;
```

```
    begin
        xortemp:='1';
        i := 0;
        USE_WHILE: while (i <= 15) loop
            xortemp:=data(i) xor xortemp;
            i:=i+1;
        end loop USE_WHILE;
        xoro<=xortemp;
    end process P1;
    end behave;
```

程序说明：例 5.7 的 VHDL 程序是 16 位奇校验电路，即取奇校验位“1”，让原始数列的最后 1 位与奇校验位进行异或操作生成新的校验位，后面依次循环进行异或操作，如果最后一位（左起）与最后生成的校验位的异或结果为 1，即与取的奇校验位相同，说明原始数列有偶数个 1。在例 5.7 的 VHDL 程序中设置不同的输入值，仿真结果如图 5.9 所示。

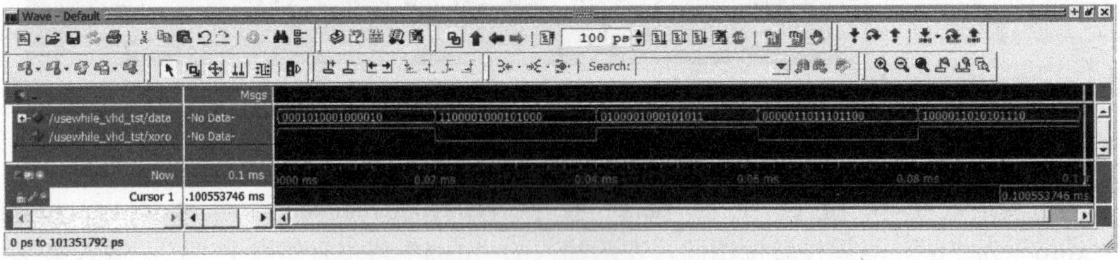

图 5.9　while/loop 语句应用程序仿真结果

从仿真结果可知，输入第 1 个“data”值为“0001010001000010”（有 4 个 1），校验结果“xoro”为“1”，与奇校验位相同，说明输入的“data”值中有偶数个“1”；输入第 2 个“data”值为“1100001000101000”（有 5 个 1），校验结果“xoro”为“0”，与奇校验位不相同，说明输入的“data”值中有奇数个“1”；同理，可分析图 5.9 中其他输入数值的奇校验。

（3）条件跳出循环。在循环语句中还会用到 next 与 exit 语句，用来结束循环或跳出循环。

① next 语句。next 语句用于控制内循环的结束，其格式为：

```
    next  [标号]  [when 条件];
```

其中，“标号”与“when 条件”可以省略。当“标号”与“when 条件”都省略时，程序执行到该处，将无条件跳出本次循环；当有“标号”无“when 条件”时，程序执行到该处，将无条件跳转到标号处；当有“when 条件”无“标号”时，程序执行到该处将判断条件，如果条件成立，程序将跳出本次循环；当既有“标号”又有“when 条件”时，程序执行到该处将判断条件，如果条件成立，语句将跳转到标号处。

② exit 语句。exit 语句用于结束 loop 循环状态，其格式为：

```
    exit  [标号]  [when 条件];
```

其中，“标号”与“when 条件”可以省略。当“标号”与“when 条件”都省略时，程序执行到该处，将无条件跳出整个循环；当有“标号”无“when 条件”时，程序执行到该处，将无条件跳出整个循环，并从标号处往下执行；当有“when 条件”无“标号”时，程序执行到该处将判断条件，如果条件成立，语句将跳出整个循环；当既有“标号”又有“when

条件”时，程序执行到该处将判断条件，如果条件成立，语句将跳出整个循环，并从标号处往下执行。

exit 语句与 next 语句具有十分相似的语句格式和跳转功能，它们都是 loop 语句的内部循环控制语句。两者的区别是 next 语句跳转的方向是 loop 标号指定的 loop 语句处。当没有 loop 标号时，转跳到当前 loop 语句的循环起始点；而 exit 语句的跳转方向是 loop 标号指定的 loop 循环语句的结束处，即完全跳出指定的循环并开始执行循环外的语句。即 next 语句跳向 loop 语句的起始点，而 exit 语句跳向 loop 语句的终点。

3．wait 语句

wait 语句的功能是把一个进程挂起，直到启动的条件成立才重新开始执行该进程，含 wait 语句的进程，process 后不能加敏感信号，否则是非法的。wait 语句使用形式通常有 wait on（敏感信号列表）、wait until（判断条件表达式）和 wait for（时间）三种形式。

1）wait on 语句

wait on 语句的使用格式为：

```
process
begin
  顺序语句1;
  顺序语句2;
  …
顺序语句n;
wait on 信号[,信号];
end process;
```

wait on 语句后的信号也可以称为敏感信号，当语句执行到该处时，等待信号发生变化，如果信号发生变化，则执行，否则进程处于挂起状态。wait on 语句只对信号敏感，所以 wait on 后面的条件必须要有一个是信号，否则进程将永远被挂起。有些综合工具不支持 wait on 语句。

2）wait until 语句

wait until 语句的使用格式为：

```
process
begin
  顺序语句1;
  顺序语句2;
  …
  顺序语句n;
wait until 条件判断表达式;
end process;
```

当进程执行到 wait until 语句时进程被挂起，若条件判断表达式为真，则进程将被启动。wait until 语句中，条件判断表达式隐含地建立了一个敏感信号列表，当条件判断表达式中的任何一个信号量发生变化时，就立即对表达式进行一次评测。如果表达式返回一个“真”值，则进程将被启动。

【例 5.8】 wait until 语句的应用

```
library ieee;
```

```
use ieee.std_logic_1164.all;
use ieee.std_logic_unsigned.all;
entity usewait is
   port(clk,en: in std_logic;
      out_wait_until,out_ord: out std_logic_vector(7 downto 0));
end usewait;
architecture behave of usewait is
signal cnt1,cnt2: std_logic_vector(7 downto 0):="00000000";
begin
P1: process--无敏感信号列表，使用wait until语句
   begin
   if en='0' then
      cnt1<="00000000";
   else
      cnt1<=cnt1+'1';
   end if;
   out_wait_until<=cnt1;
   wait until (clk'event and clk='1');
end process P1;
P2: process(clk) --使用敏感信号列表
   begin
   if clk'event and clk='1' then
      if en='0' then
         cnt2<="00000000";
      else
         cnt2<=cnt2+'1';
      end if;
      out_ord<=cnt2;
   end if;
end process P2;
end behave;
```

程序说明：例 5.8 进程 P1 的 process 后无敏感信号列表，使用了 wait until 语句；进程 P2 的 process 后使用了敏感信号列表，没用 wait 语句。VHDL 程序的仿真结果如图 5.10 所示，可见，采用不同格式的进程 P1 与进程 P2 功能相同。

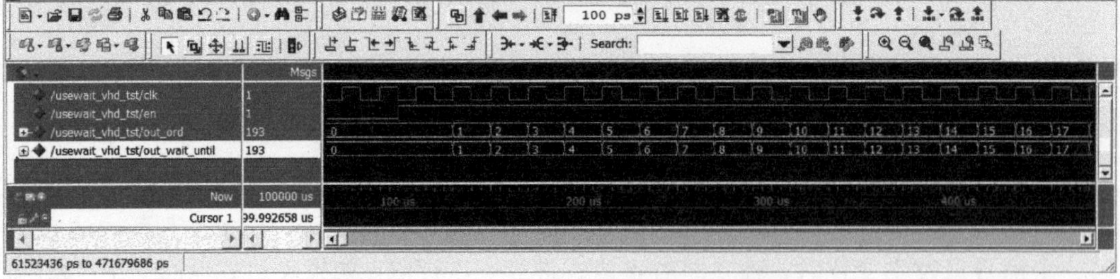

图 5.10　wait　until 语句的应用程序仿真结果

3）wait for 语句

wait for 语句的格式为：

```
process
begin
  顺序语句1;
  顺序语句2;
  …
  顺序语句n;
wait for 时间t(一定要以时间为单位);
end process;
```

“wait for 时间 t”语句的功能是把进程挂起时间 t 后再启动进程，wait for 语句一般用于 VHDL 程序的测试文件中，综合工具一般不支持。

4. 其他顺序语句

在设计与仿真的 VHDL 程序中，经常使用 null（空操作）、assert（断言）、report 等语句。

1）null 语句

空操作语句格式如下：

```
null;
```

null 语句的语法意义是不做任何操作，也没对应的综合结果。null 语句常用在 case 语句中。在 case 语句中，所有条件句中的选择项值必须完全覆盖 case 语句表达式的取值，所以，经常在最末一个条件句中用“others”表示没有列出的表达式的取值。如果不想改变任何电路结构，此时，可以用 null 语句。

2）assert/report 语句

assert/report 语句格式如下：

```
assert 条件 [report 输出信息] [severity 级别];
```

assert/report 语句主要用于程序仿真、调试的人机对话，它可以给出文字信息串作为警告或错误信息。如果条件为真，向下执行另一个语句；如果条件为假，则输出错误信息和错误严重程度的级别。在 report 语句中的出错级别有：note（注意）、warning（警告）、error（错误）和 failure（失败）。

5.4 乐曲自动演奏电路设计制作实施

根据乐曲自动演奏电路系统设计方案，输入为 50MHz 基准时钟信号，输出为显示音符高中低音的 3 个 LED 灯电平、显示简谱值的数码管信号及驱动蜂鸣器频率信号。设计乐曲自动演奏电路实施具体步骤按照先后顺序可分为：创建工程、VHDL 程序输入、编译程序、创建仿真测试文件、功能仿真、编程下载、硬件测试。

1. VHDL 程序设计

乐曲自动演奏电路 VHDL 程序设计包括工程创建、乐曲自动演奏电路 VHDL 程序设计并输入、检查程序模块间是否有连接错误及语法错误的程序编译。

1）工程创建

建立工程文件夹（如 E:/XM5/SING），将本工程的全部设计文件保存在此文件夹中。运行 Quartus II 软件平台；选择【File】→【New Project Wizard...】菜单命令，根据新建工程向导创建名为“SONG”的工程，顶层实体名为“SONG”，第三方仿真软件选择“ModelSim-Altera”，仿真语言设置为VHDL。

2）设计并输入乐曲自动演奏VHDL程序

在Quartus II集成环境中，选择【File】→【New...】菜单命令，弹出【New】对话框；选择【Design File】→【VHDL File】选项，单击【OK】按钮，在Quartus II集成环境中，将弹出文本文件编辑窗口界面，并自动产生文本文件“vhdl1.vhd”。

在Quartus II集成环境中，选择【File】→【Save As...】菜单命令，弹出【另存为】对话框，将乐曲自动演奏电路设计文件命名为“SONG.vhd”，保存在“E:/XM5/SING”目录。在文本文件编辑窗口输入实现硬件乐曲自动演奏电路的VHDL程序，具体如下：

```
library ieee;
   use ieee.std_logic_1164.all;
   use ieee.std_logic_unsigned.all;
entity song is
   port(clk: in std_logic;--系统输入时钟50MHz
       smg: out std_logic_vector(6 downto 0); --数码管显示简谱值输出
       led:out std_logic_vector(2 downto 0);--显示音高低的LED电平输出
       speaker: out std_logic);--驱动扬声器输出
end song;
architecture song_arch of song is
   signal divider:std_logic_vector(12 downto 0):="0000000000000";
   signal origin:std_logic_vector(12 downto 0):="0000000000000";
   signal counter:integer range 0 to 110 :=0;
   signal digit:integer range 0 to 15 :=0; --传递音符编号信号
   signal carrier:std_logic :='0';
   signal clk_5MHz,clk_5Hz:std_logic :='0';
begin
P0:process(clk)--50MHz分频为5MHz进程
   variable cntt:integer range 0 to 16 :=0;
   begin
    if clk'event and clk='1' then
      if cntt=10-1 then
          cntt:=0;
          clk_5MHz<='1';
        else
          cntt:=cntt+1;
          clk_5MHz<='0';
      end if;
    end if;
end process;
P1:process(clk)--50MHz分频为5Hz进程
   variable cntt:integer range 0 to 10000000 :=0;
   begin
    if clk'event and clk='1' then
      if cntt=10000000-1 then
          cntt:=0;
```

```
          clk_5Hz<='1';
         else
            cntt:=cntt+1;
            clk_5Hz<='0';
      end if;
    end if;
end process;
p2:process(clk_5MHz)--根据各音符预置数分频进程
   begin
      if(clk_5MHz'event and clk_5MHz='1') then
         if(divider="1111111111111") then
            carrier<='1';
            divider<=origin;
         else
            divider<=divider+'1';
            carrier<='0';
         end if;
      end if;
   end process;
p3:process(carrier) --各音符频率再次2分频进程
      variable count : std_logic:='0';
   begin
      if(carrier'event and carrier='1') then
         count:= not count;
         if count='1' then
            speaker<='1';
         else
            speaker<='0';
         end if;
      end if;
   end process;
p4:process(clk_5Hz)--控制歌曲节拍进程
   begin
      if(clk_5Hz'event and clk_5Hz='1') then
         if(counter=104) then
            counter<=0;
         else
            counter<=counter+1;
         end if;
      end if;
      case counter is--根据简谱节拍确定各音符参数
         when 00=>digit<=10;when 01=>digit<=10;
         when 02=>digit<=12;when 03=>digit<=12;
         when 04=>digit<=13;when 05=>digit<=13;
         when 06=>digit<=13;when 07=>digit<=12;
         when 08=>digit<=13;when 09=>digit<=13;
         when 10=>digit<=13; when 11=>digit<=10;
```

```
when 12=>digit<=9; when 13=>digit<=9;
when 14=>digit<=9; when 15=>digit<=9;
when 16=>digit<=10;when 17=>digit<=10;
when 18=>digit<=12;when 19=>digit<=12;
when 20=>digit<=13;when 21=>digit<=13;
when 22=>digit<=13;when 23=>digit<=12;
when 24=>digit<=13;when 25=>digit<=13;
when 26=>digit<=10;when 27=>digit<=10;
when 28=>digit<=10;when 29=>digit<=10;
when 30=>digit<=10;when 31=>digit<=0;
when 32=>digit<=10;when 33=>digit<=10;
when 34=>digit<=12;when 35=>digit<=12;
when 36=>digit<=13;when 37=>digit<=13;
when 38=>digit<=13;when 39=>digit<=12;
when 40=>digit<=13;when 41=>digit<=13;
when 42=>digit<=10;when 43=>digit<=10;
when 44=>digit<=9;when 45=>digit<=9;
when 46=>digit<=9;when 47=>digit<=9;
when 48=>digit<=12;when 49=>digit<=12;
when 50=>digit<=10;when 51=>digit<=10;
when 52=>digit<=9;when 53=>digit<=10;
when 54=>digit<=9;when 55=>digit<=8;
when 56=>digit<=9;when 57=>digit<=9;
when 58=>digit<=6;when 59=>digit<=6;
when 60=>digit<=6;when 61=>digit<=6;
when 62=>digit<=6;when 63=>digit<=0;
when 64=>digit<=6;when 65=>digit<=6;
when 66=>digit<=9;when 67=>digit<=9;
when 68=>digit<=9;when 69=>digit<=9;
when 70=>digit<=9;when 71=>digit<=0;
when 72=>digit<=12;when 73=>digit<=12;
when 74=>digit<=10;when 75=>digit<=10;
when 76=>digit<=10;when 77=>digit<=10;
when 78=>digit<=10;when 79=>digit<=10;
when 80=>digit<=9;when 81=>digit<=8;
when 82=>digit<=6;when 83=>digit<=6;
when 84=>digit<=6;when 85=>digit<=26;
when 86=>digit<=6;when 87=>digit<=6;
when 88=>digit<=12;when 89=>digit<=12;
when 90=>digit<=10;when 91=>digit<=10;
when 92=>digit<=9;when 93=>digit<=10;
when 94=>digit<=9;when 95=>digit<=8;
when 96=>digit<=9;when 97=>digit<=9;
when 98=>digit<=6;when 99=>digit<=6;
when 101=>digit<=6;when 102=>digit<=6;
when 103=>digit<=6;when 104=>digit<=6;
when others=>digit<=0;
```

```
            end case;
            case digit is
               when 6 =>origin<="0111101011111";led<="001";smg<="1111101";
               when 8 =>origin<="1001000000101";led<="011"; smg<="0000110";
               when 9 =>origin<="1001110001011";led<="011"; smg<="1011011";
               when 10 =>origin<="1010011100111";led<="011"; smg<="1001111";
               when 12 =>origin<="1011010101011";led<="011"; smg<="1101101";
               when 13 =>origin<="1011110110000";led<="011"; smg<="1111101";
               when others=>origin<="1111111111111";led<="000"; smg<="0111111";
            end  case;
        end process;
    end song_arch;
```

程序说明：进程 P0 将输入的 50MHz“clk”信号 10 分频，产生 5MHz 的时钟信号，作为各音符分频的基准时钟信号。进程 P1 将输入的 50MHz“clk”信号 10000000 分频，产生 5Hz 的时钟信号，用于控制歌曲节拍。进程 P2 功能是根据预置的“origin”值（“origin”的值根据进程 P4 的译码电路而变化），将 5MHz 的“clk_5MHz”基准频率信号，分频为不同音符的“carrier”信号；进程 P3 功能是把进程 P2 输出的“carrier”信号，再次进行 2 分频，输出至“speaker”信号驱动蜂鸣器；进程 P4 功能是以“clk_5Hz”的频率，输出歌曲各音符的分频系数“origin”、显示音高低的 3 个 LED 的电平“led”及数码管显示简谱值的七段数码管编码“smg”。

3）编译程序

完成 VHDL 程序设计并输入后，在 Quartus II 集成环境中，选择【Processing】→【Start Compilation】菜单命令，对设计程序进行编译处理。编译处理时，Quartus II 首先检查工程的设计文件有无语法错误或连接错误，错误信息在【Messages】窗口显示，双击错误信息可定位到错误的程序位置，如果有错误必须进行修改，直到编译通过。

2. 创建与设置仿真测试文件

编译通过的 VHDL 程序仅表示设计文件无语法或连接错误，能否实现设计功能，还要通过功能仿真来验证。要进行功能仿真须先创建并设置仿真测试文件，在仿真测试文件中设置乐曲自动演奏电路的输入参数。配置仿真测试文件后应建立乐曲自动演奏电路 VHDL 程序与仿真测试文件的关联，供仿真时调用。

1）创建仿真测试模板文件

在 Quartus II 集成环境中，选择【Processing】→【Start】→【Start Test Bench Template Writer】菜单命令。如果没有设置错误，系统将弹出提示生成测试模板文件成功的对话框。默认生成的仿真测试模板文件名为“SONG.vht”，保存位置为“E:/XM5/SING /simulation/modelsim”。

2）编辑仿真测试文件

在 Quartus II 集成环境中，选择【File】→【Open...】菜单命令，弹出【Open File】对话框，双击打开仿真测试模板文件“E:/XM5/SING/simulation/modelsim/SONG.vht”文件，在 SONG.vht”文件的“init”进程中设置输入频率“clk”值为 50MHz。完成编辑后，完整的仿真测试文件如下：

```
library ieee;
use ieee.std_logic_1164.all;
entity song_vhd_tst is
end song_vhd_tst;
architecture song_arch of song_vhd_tst is
signal clk : std_logic:='0';
signal led : std_logic_vector(2 downto 0):="000";
signal smg : std_logic_vector(6 downto 0):="0000000";
signal speaker : std_logic:='0';
component song
   port (clk : in std_logic;
         led : out std_logic_vector(2 downto 0);
         smg : out std_logic_vector(6 downto 0);
         speaker : out std_logic    );
end component;
begin
   i1 : song
   port map (clk => clk,
             led => led,
             smg => smg,
             speaker => speaker    );
init : process
begin
   clk<='0'; wait for 10ns;
   clk<='1'; wait for 10ns;
end process init;
end song_arch;
```

注意：仿真测试文件的实体名为“song_vhd_tst”，测试模块元件的例化名为“i1”，在配置仿真测试文件时要注意前后一致。

3）选择并配置仿真测试文件

在 Quartus II 集成环境中，选择【Assignments】→【Settings…】菜单命令，弹出设置工程“SONG”的【Settings–SONG】对话框；在【Category】栏，选择【EDA Tool Settings】的【Simulation】选项，在【Settings–SONG】对话框内将显示【Simulation】面板；在【Simulation】面板的【Native Link settings】选项组，选择【Compile test bench】选项；单击【Compile test bench】选项后的【Test Benches】，弹出【Test Benches】对话框；单击【New】按钮，弹出【New Test Bench Setting】对话框；在【Test bench name】栏，输入测试文件名“SONG.vht”；在【Top level module in test bench】栏，输入测试文件的实体名“song_vhd_tst”；选择【Use test bench to perform VHDL timing simulation】选项，并在【Design instance name in test bench】栏输入测试模块的元件例化名“i1”；设置【End simulation】时间为 4s；单击【Test bench files】选项组【File name】后的…，选择测试文件“E:/XM5/SING/simulation/modelsim /SONG.vht”，单击【Add】按钮，设置结果如图 5.11 所示。设置完成后，单击【OK】按钮，关闭各面板，返回主界面。

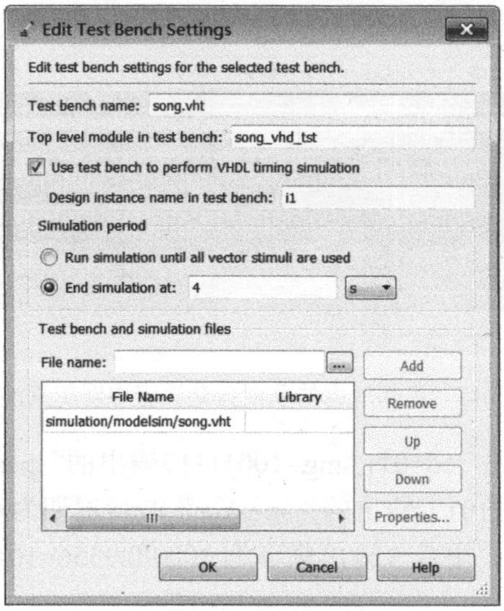

图 5.11　选择并配置仿真测试文件

3. 功能仿真

在 Quartus II 集成环境中，选择【Tools】→【Run Simulation Tool】→【RTL Simulation】菜单命令，可以看到 ModelSim 运行界面出现的功能仿真波形，如图 5.12 所示。

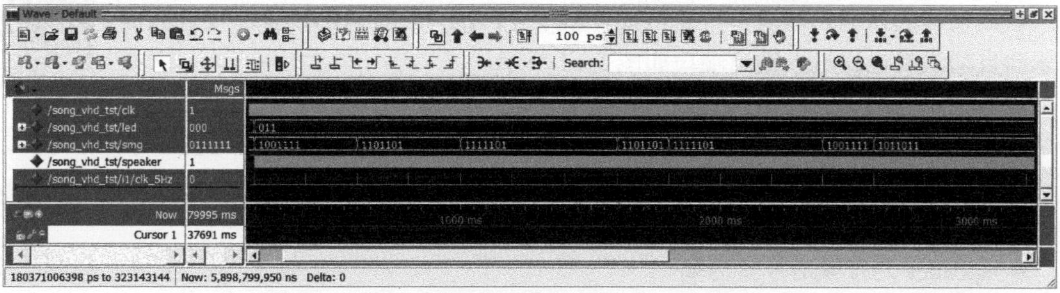

图 5.12　歌曲自动演奏电路仿真波形图

从图 5.12 中可知，前 3 秒输出的均为中音符（led 值为 011），输出顺序为中音 3（smg 编码为 1001111，显示“3”），2 拍（clk_5Hz 为 2 个周期，即 400ms）、中音 5（smg 编码为 1101101，显示“5”），2 拍（clk_5Hz 为 2 个周期，即 400ms）、中音 6（sm 编码为 1111101，显示“6”），3 拍（clk_5Hz 为 3 个周期，即 600ms）、中音 5（smg 编码为 1101101，显示“5”），1 拍（clk_5Hz 为 1 个周期，即 200ms）、中音 6（smg 编码为 1111101，显示“6”），3 拍（clk_5Hz 为 3 个周期，即 600ms）、中音 3（smg smg 编码为 1001111，显示“3”），1 拍（clk_5Hz 为 1 个周期，即 200ms）……其节拍与简谱起始部分相符。

各音符输出的频率是否符合要求，在图 5.12 的功能仿真波形图中无法观察，但可从局部放大的仿真波形图中测得。在 ModelSim 中放大局部仿真波形图，并添加测量游标，如图 5.13 所示。

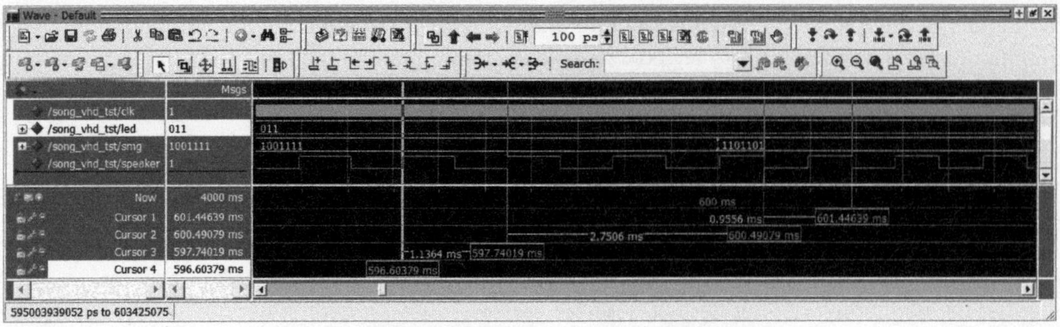

图 5.13　局部放大的歌曲自动演奏电路仿真波形

从图 5.13 中可知，中音 3（led=011,smg=1001111）输出的“speaker”波形周期为 1.1364ms，而中音 5（led=011,smg=1101101）输出的“speaker”波形周期为 0.9556ms；即中音 3 输出频率为 1000/1.1364=880（Hz），中音 5 输出频率为 1000/0.9556=1046.5（Hz）。对照表 5.1 可知输出频率符合要求。

4．编程下载与硬件测试

乐曲自动演奏电路硬件采用 FPGA 最小系统板，共阴极数码管显示简谱数值。测试操作过程包括硬件电路连接、指定目标器件、引脚锁定、下载设计文件和硬件测试。

1）硬件连接

根据设计的乐曲自动演奏电路可知，基于 FPGA 利用 VHDL 程序设计完成的乐曲自动演奏电路输入输出端口如图 5.14 所示。

输入输出各端口的连接说明如下。

- clk 为系统时钟信号输入端，接入 FPGA 最小系统板所提供的 50MHz 时钟信号。
- smg[6..0]为简谱显示信号输出端。
- led[2..0]为高低音指示信号输出端。
- speaker 为音频信号输出端。

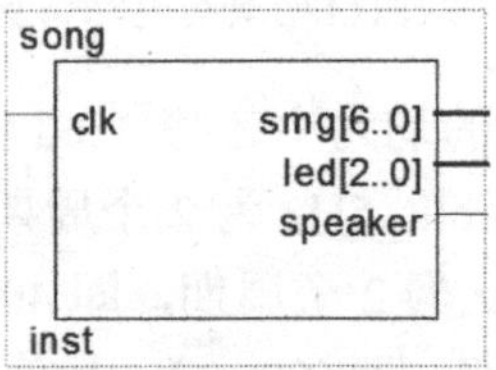

图 5.14　乐曲自动演奏电路输入输出端口

输入输出元器件数码管、发光二极管、蜂鸣器与 FPGA 最小系统板的 20×2 双排直插针连接原理图如图 5.15 所示。连接 FPGA 最小系统板的引脚可以根据各自的输入输出设计及使用的 FPGA 最小系统板的不同而改变。

2）指定目标器件

在 Quartus II 集成环境中，选择【Assignments】→【Device...】菜单命令，在弹出的【Device】对话框中指定 FPGA 开发板芯片为 Cyclon IV E 系列的 EP4CE6E22C8 芯片，如图 5.16 所示。

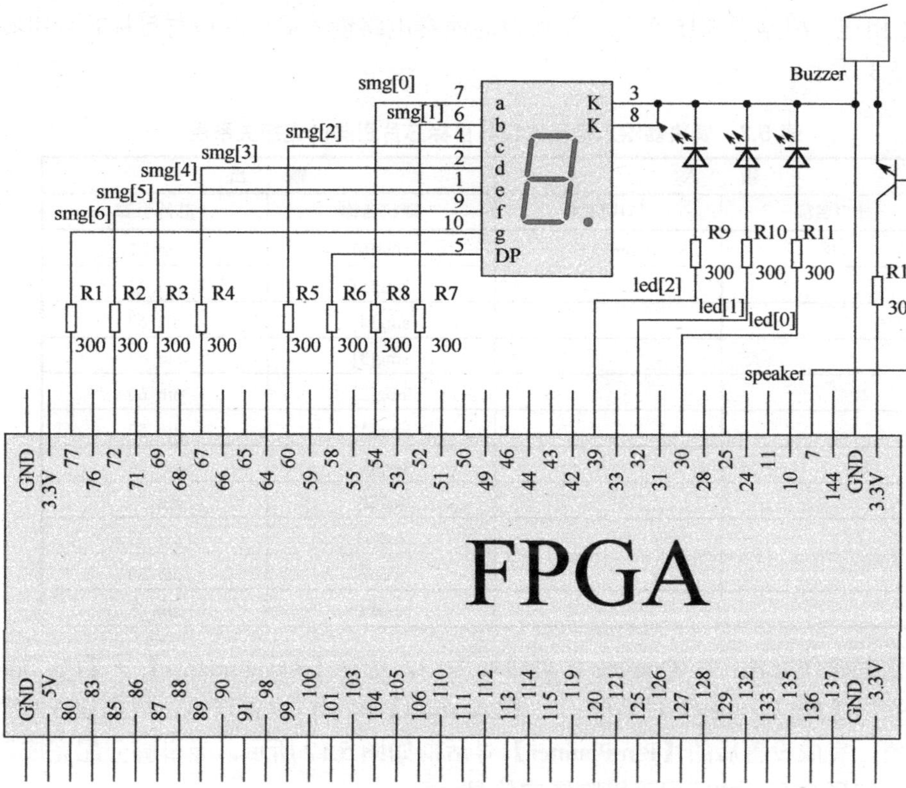

图 5.15　乐曲自动演奏电路输出端口电路连接原理图

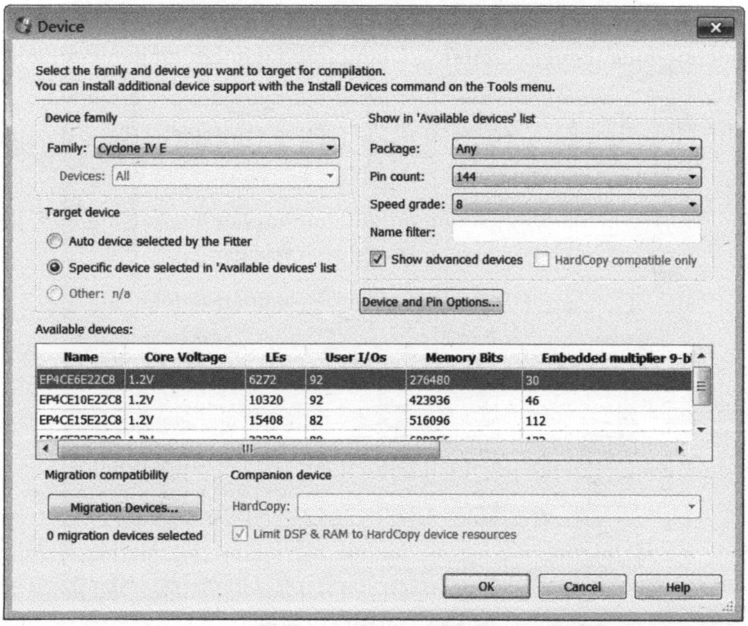

图 5.16　芯片设置结果

3）引脚锁定

测试采用 FPGA 最小系统板，板载 50MHz 有源晶体，提供系统工作时钟信号，与 FPGA

芯片 PIN_23 相连。根据图 5.15 可知，乐曲自动演奏电路输入输出端口与目标芯片引脚的连接关系如表 5.3 所示。

表 5.3　表决器输入输出端口与目标芯片引脚的连接关系表

输　入		输　出	
端口名称	芯片引脚	端口名称	芯片引脚
clk	pin_23	smg[6]	pin_77
		smg[5]	pin_72
		smg[4]	pin_69
		smg[3]	pin_67
		smg[2]	pin_60
		smg[1]	pin_52
		smg[0]	pin_54
		led[2]	pin_39
		led[1]	pin_32
		led[0]	pin_30
		speaker	pin_7

引脚锁定的操作方法：在 Quartus II 集成环境中，选择【Assignments】→【Pin Planner】菜单命令，弹出【Pin Planner】对话框；在【Location】列空白位置双击，根据表 5.3 输入相对应的引脚值。完成设置后的【Pin Planner】对话框如图 5.17 所示。当引脚分配完成以后，必须再次执行编译命令，才能保存引脚锁定信息。

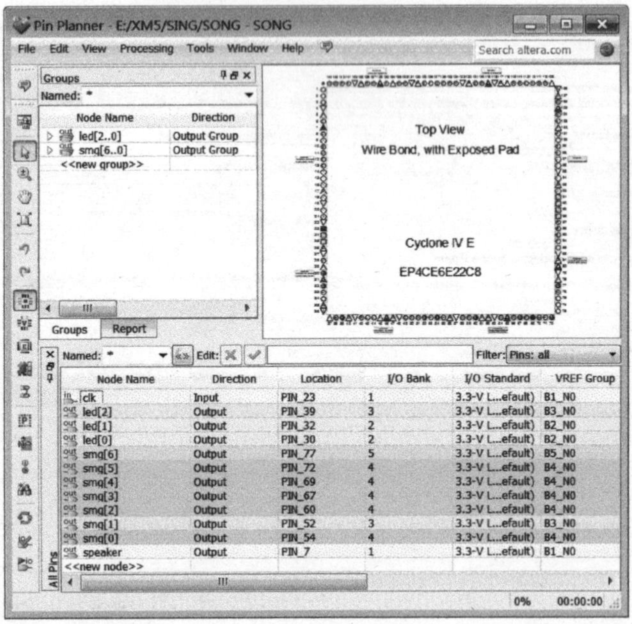

图 5.17　引脚锁定结果

4）下载设计文件

将“USB-Blaster”下载电缆的一端连接到 PC 的 USB 口，另一端接到 FPGA 目标板的 JTAG 口，接通目标板的电源。完成硬件连接后，配置下载电缆和下载文件，配置方法如下。

（1）在 Quartus II 集成环境中，选择【Tool】→【Programmer…】菜单命令或单击工具栏【Programmer】按钮，弹出【Programmer】对话框；单击【Hardware Setup…】按钮，弹出硬件设置对话框；单击【Hardware Settings】标签，在【Currently selected hardware】下拉列表框中选择【USB-Blaster[USB-0]】，单击【Close】按钮，关闭硬件设置对话框。则在【Programmer】对话框【Hardware Setup…】后已填入了“USB-Blaster[USB-0]”。

（2）在【Programmer】对话框的【Mode】下拉列表框，选择【JTAG】模式；单击下载文件“SONG.sof”的【Program/Configure】选项；单击【Start】按钮，编程下载开始，下载进度达 100%说明下载完成。

5）硬件测试

编程下载完成后，蜂鸣器会流畅地播放预置的歌曲，同时数码管会随着乐曲音符的改变显示相应的乐谱简谱码，3 只 LED 会随着乐曲音符高中低相应地闪烁。当乐曲演奏完成后，系统能自动从头开始循环演奏。演奏过程中截图如图 5.18 所示。

图 5.18　演奏过程中截图

做一做，试一试

（1）设计 F 调的其他乐曲自动演奏电路。

（2）设计 G 调的乐曲自动演奏电路。

（3）设计 F 调的本项目所用乐曲的自动演奏电路，设计的程序能区分不同拍前后同音。

项目小结

本项目通过基于 VHDL 程序的乐曲自动演奏电路的设计制作，训练学生用 VHDL 描述分频数字逻辑电路的能力，使学生熟悉 VHDL 程序顺序执行语句的特点，熟练使用 VHDL 的顺序语句。

项目 6 字符型 LCD1602 控制器设计制作

字符型 LCD 在人机交互时，常用于手持设备，如数字摄像机、仪器仪表、移动通信工具等的输出显示。本项目以 FPGA 为核心，采用状态机描述字符型 LCD1602 的显示控制电路，说明 VHDL 程序的状态机描述方法。

6.1 字符型 LCD1602 控制器设计任务描述

字符型 LCD1602 模块（以下简称 LCD1602）是双行 16 字符点阵液晶显示元件，它由 32 个 5×7 或 5×11 的点阵组成，通过点阵亮灭的不同组合来表示不同的字符，用 LCD1602 显示字符，须采用控制器控制时序。

1. 学习目标

能 力 目 标	知 识 目 标
（1）能将驱动实际电子元器件工作的逻辑时序转化为 VHDL 硬件描述语言。 （2）能采用结构化描述方法，设计中等复杂程度的数字系统。 （3）能用 FPGA 实现对 LCD1602 的显示时序控制。 （4）能用状态机描述时序控制逻辑电路	（1）了解点阵液晶屏显示原理。 （2）了解状态机的概念。 （3）掌握 Mealy 状态机的 VHDL 描述方法。 （4）掌握 Moore 状态机的 VHDL 描述方法。 （5）知道 LCD1602 控制指令及显示控制过程

2. 任务描述

基于 FPGA 最小系统板，采用文本输入法，使用 VHDL 程序设计控制器，实现对 LCD1602 的显示控制。在 LCD1602 元件的第 1 行显示“FPGA Control LCD”字符，第 2 行显示“Display Number 0”字符，显示效果如图 6.1 所示，其中，第 2 行最后的数字随时间变化循环显示 0～9。

图 6.1 LCD1602 显示字符效果

要求在 Quartus II 软件平台上用 VHDL 程序设计 LCD1602 控制器；用 ModelSim 仿真软件对设计结果进行仿真检查；选用 FPGA 最小系统板、LCD1602 等硬件资源进行硬件验证。

3. 教学工具

（1）计算机。

（2）Quartus II 软件。

（3）ModelSim 仿真软件。

（4）FPGA 最小系统板、LCD1602、连接线。

6.2　LCD1602 显示控制电路设计方案

液晶显示的原理是利用液晶的物理特性，通过电压对其显示区域进行控制，来显示图形、字符、文字。

1. 点阵液晶屏显示原理

字符型点阵液晶屏是一种专门用于显示字母、数字、符号、汉字的点阵式 LCD。

1）点阵液晶屏的图形显示

点阵液晶屏由 $M \times N$ 个亮暗可控的显示单元组成。假设点阵液晶屏有 64 行，每行有 128 列，由于在数字系统中通常采用 8 位二进制数为 1 字节来存储，所以，每行需 128/8=16 字节，即可认为每行由 16 个显示单元组成。64×128 的点阵对应 64×16=1024 个显示单元，与显示 RAM 区 1024 字节相对应，每字节的内容和显示屏上相应位置的亮暗对应。例如：点阵液晶屏的第一行的亮暗由 RAM 区的 000H～00FH（16 字节）的内容决定，当（000H）=11111111 时，则屏幕的左上角显示一条短亮线，长度为 8 个点；当（3FFH）=11111111 时，则屏幕的右下角显示一条短亮线，长度为 8 个点，这就是 LCD 显示的基本原理。

2）点阵液晶屏的英文字符显示

用字符型 LCD 显示英文字符时，一个字符通常占用 8×8 或 8×16 点阵，编程时既要找到和显示屏幕上某位置对应的显示 RAM 区的 8 或 16 个字节，又要使每字节的位为特定的“1”和“0”，以组成某个字符。如图 6.2 所示为 8×16 点阵英文字符“B”的位代码及字模信息。为了让用户使用方便，字符型 LCD 内部通常集成了一些常用字符点阵亮灭组合，需要显示某一字符时，输入字符的编码即可。

3）点阵液晶屏的汉字的显示

汉字的显示原理与英文字符相同，但是，汉字结构比较复杂，每行用 2 个字节来表示，通常用 16×16 点阵表示汉字。如图 6.3 所示为 16×16 汉字“你”的位代码和字模信息。为了让用户使用方便，中文字符型 LCD（如 LCD12864）内部通常也集成了汉字字符点阵亮灭组合，需要显示某一汉字时，输入汉字的编码即可。

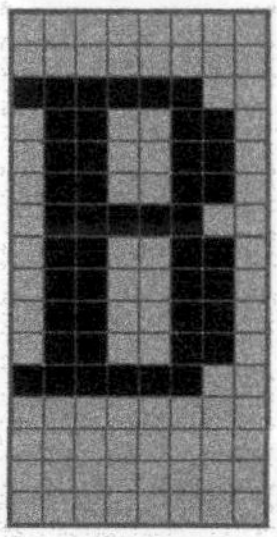

位代码	字模信息
00000000	0x00
00000000	0x00
11111100	0xFC
01100110	0x66
01100110	0x66
01100110	0x66
01111100	0x7C
01100110	0x66
01100110	0x66
01100110	0x66
01100110	0x66
11111100	0xFC
00000000	ox00
00000000	0x00
00000000	0x00
00000000	0x00

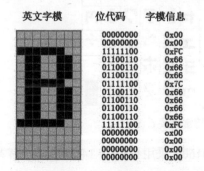

图 6.2　字符“B”的位代码和字模信息

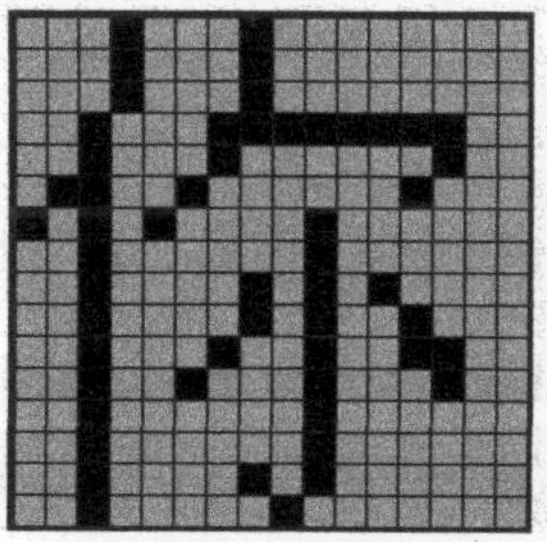

位代码	字模信息
0001000100000000	0x11, 0x00
0001000100000000	0x11, 0x00
0001000100000000	0x11, 0x00
0010001111111100	0x23, 0xFC
0010001000000100	0x22, 0x04
0110010000001000	0x64, 0x08
1010100001000000	0xA8, 0x40
0010000001000000	0x20, 0x40
0010000101010000	0x21, 0x50
0010000101001000	0x21, 0x48
0010001001001100	0x22, 0x4C
0010010001000100	0x24, 0x44
0010000001000000	ox20, 0x40
0010000001000000	0x20, 0x40
0010000101000000	0x21, 0x40
0010000010000000	0x20, 0x80

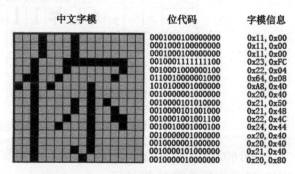

图 6.3　汉字“你”的位代码和字模信息

2. LCD1602 简介

图 6.4　LCD1602 实物图

LCD1602 是双行 16 字符点阵液晶显示模块，如图 6.4 所示。它用 32 个 5×7 或 5×10 的点阵组合来表示不同的字符。

LCD1602 的驱动电路基于 HD44780 芯片，HD44780 内置了 DDRAM、CGROM 和 CGRAM 三个存储器。DDRAM 是与屏幕显示区域有对应关系的可读可写的存储器；CGRAM 是存储用户自定义字模编码的可读可写的存储器；CGROM 是存储标准字符字模编码的只读存储器。

LCD1602 的 CGROM 存储的字符字模编码有：阿拉伯数字、大小写英文字母、常用的符号和日文假名等，如图 6.5 所示。每一个字符都有一个固定的代码，例如：大写的英文字母“A”的代码是 01000001B（41H），显示时把地址 41H 写入 DDRAM 中特定的地址单元，就可在液晶屏相应的位置显示“A”。

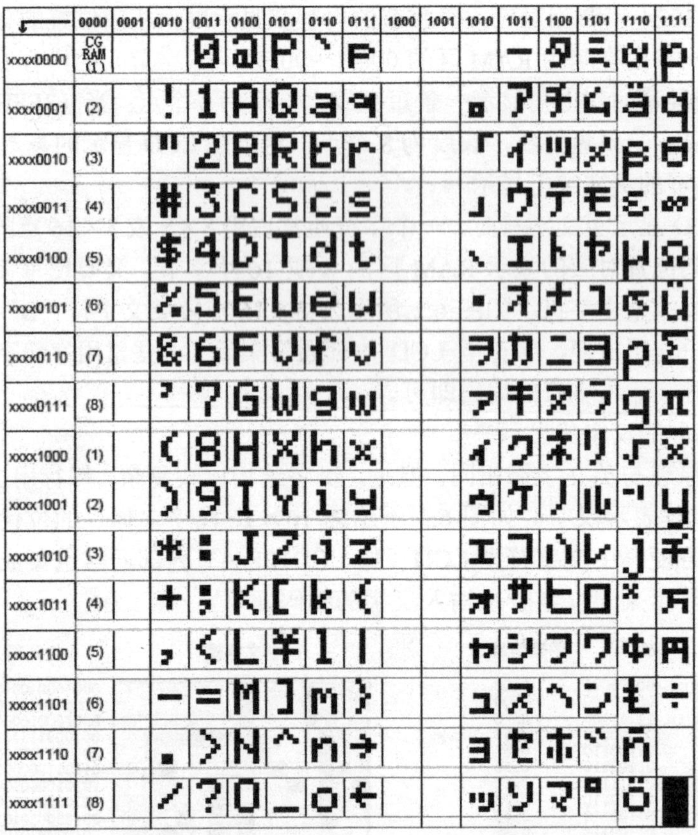

图 6.5　CGROM 中字符编码与字符字模关系图

LCD1602 分为有背光和无背光两种，无背光 LCD1602 采用标准的 14 脚接口，有背光 LCD1602 采用标准的 16 脚接口，各引脚定义如表 6.1 所示。

表 6.1　LCD1602 引脚定义

引　脚　号	符　　号	状　　态	引 脚 说 明
1	V_{SS}		电源地
2	V_{dd}		电源正极（+5）
3	VL		液晶显示偏压（接电源正极时对比度最低，接地时对比度最高）
4	RS	输入	寄存器选择（高电平时选择数据寄存器，低电平时选择指令寄存器）
5	R/W	输入	读/写操作选择（高电平时进行读操作，低电平时进行写操作）
6	E	输入	使能信号（当 E 端由高电平跳变成低电平时，液晶模块执行命令）
7	DB0	三态	数据总线（双向数据线）（LSB）
8	DB1	三态	数据总线（双向数据线）
9	DB2	三态	数据总线（双向数据线）
10	DB3	三态	数据总线（双向数据线）
11	DB4	三态	数据总线（双向数据线）
12	DB5	三态	数据总线（双向数据线）
13	DB6	三态	数据总线（双向数据线）
14	DB7	三态	数据总线（双向数据线）（MSB）
15	LEDA	输入	背光源正极（+5V）
16	LEDK	输入	背光源负极

3. LCD1602 的控制指令

LCD1602 的读写、屏幕控制和光标的操作都是通过编程来实现的，LCD1602 支持的指令如表 6.2 所示。

表 6.2　LCD1602 支持的指令

清屏指令（执行时间：1.64ms）									
RS	R/W	DB7	DB6	DB5	DB4	DB3	DB2	DB1	DB0
0	0	0	0	0	0	0	0	0	1
指令功能： （1）清屏，即将 DDRAM 的内容全部填入“空白”的 ASCII 码 20H。 （2）光标复位，即将光标撤回液晶显示屏的左上方。 （3）将地址计数器（AC）的值设为 0									
光标归位指令（执行时间：1.64ms）									
RS	R/W	DB7	DB6	DB5	DB4	DB3	DB2	DB1	DB0
0	0	0	0	0	0	0	0	1	*
指令功能： （1）把光标撤回到显示器的左上方。 （2）把地址计数器（AC）的值设置为 0。 （3）保持 DDRAM 的内容不变									
输入模式设置指令（执行时间：40μs）									
RS	R/W	DB7	DB6	DB5	DB4	DB3	DB2	DB1	DB0
0	0	0	0	0	0	0	1	I/D	S
指令功能：设置光标的移位方向、画面的移动方式。 其中：I/D=0 光标左移，AC 自动减 1；I/D=1 光标右移，AC 自动加 1。 S=0 显示屏上所有文字不移动；S=1 屏幕上所有文字平移									

续表

<table>
<tr><th colspan="10">显示开关控制指令（执行时间：40μs）</th></tr>
<tr><td>RS</td><td>R/W</td><td>DB7</td><td>DB6</td><td>DB5</td><td>DB4</td><td>DB3</td><td>DB2</td><td>DB1</td><td>DB0</td></tr>
<tr><td>0</td><td>0</td><td>0</td><td>0</td><td>0</td><td>0</td><td>1</td><td>D</td><td>C</td><td>B</td></tr>
<tr><td colspan="10">指令功能：控制显示器开/关、光标显示/关闭及光标是否闪烁。
其中：D 设置整体的显示开关，D=0 显示功能关，D=1 显示功能开；
C 设置光标开关，C=0 无光标，C=1 有光标；
B 设置光标闪烁开关，B=0 光标不闪烁，B=1 光标闪烁</td></tr>
<tr><th colspan="10">设置显示屏或光标移动方向指令（执行时间：40μs）</th></tr>
<tr><td>RS</td><td>R/W</td><td>DB7</td><td>DB6</td><td>DB5</td><td>DB4</td><td>DB3</td><td>DB2</td><td>DB1</td><td>DB0</td></tr>
<tr><td>0</td><td>0</td><td>0</td><td>0</td><td>0</td><td>1</td><td>S/C</td><td>R/L</td><td>*</td><td>*</td></tr>
<tr><td colspan="10">指令功能：使光标移位或使整个屏幕显示内容移位，不影响 DDRAM 的值。
其中：S/C=0，R/L=0，则光标左移 1 格，且 AC 值减 1；
S/C=0，R/L=1，则光标右移 1 格，且 AC 值加 1；
S/C=1，R/L=0，则显示屏上字符全部左移一格，但光标不动；
S/C=1，R/L=1，则显示屏上字符全部右移一格，但光标不动</td></tr>
<tr><th colspan="10">功能设置指令（执行时间：40μs）</th></tr>
<tr><td>RS</td><td>R/W</td><td>DB7</td><td>DB6</td><td>DB5</td><td>DB4</td><td>DB3</td><td>DB2</td><td>DB1</td><td>DB0</td></tr>
<tr><td>0</td><td>0</td><td>0</td><td>0</td><td>1</td><td>DL</td><td>N</td><td>F</td><td>*</td><td>*</td></tr>
<tr><td colspan="10">指令功能：工作方式设置（初始化指令），设置数据总线位数、显示的行数及字型。
其中：DL=0，数据总线为 4 位，DL=1，数据总线为 8 位；
N=0，显示 1 行，N=1，显示 2 行；
F=0，5×7 点阵字符，F =1，5×10 点阵字符</td></tr>
<tr><th colspan="10">设置 CGRAM 地址指令（执行时间：40μs）</th></tr>
<tr><td>RS</td><td>R/W</td><td>DB7</td><td>DB6</td><td>DB5</td><td>DB4</td><td>DB3</td><td>DB2</td><td>DB1</td><td>DB0</td></tr>
<tr><td>0</td><td>0</td><td>0</td><td>1</td><td>A5</td><td>A4</td><td>A3</td><td>A2</td><td>A1</td><td>A0</td></tr>
<tr><td colspan="10">指令功能：设置下一个要存入数据的 CGRAM 的地址。地址值 A5～A0(6 位)范围为 00H～3FH</td></tr>
<tr><th colspan="10">设置 DDRAM 地址指令（执行时间：40μs）</th></tr>
<tr><td>RS</td><td>R/W</td><td>DB7</td><td>DB6</td><td>DB5</td><td>DB4</td><td>DB3</td><td>DB2</td><td>DB1</td><td>DB0</td></tr>
<tr><td>0</td><td>0</td><td>1</td><td>A6</td><td>A5</td><td>A4</td><td>A3</td><td>A2</td><td>A1</td><td>A0</td></tr>
<tr><td colspan="10">指令功能：设置下一个要存入数据的 DDRAM 地址。
地址值 A6～A0（7 位）：当一行显示时，地址范围为 00H～4FH；当两行显示时，首行地址范围为 00H～2FH，次行地址范围为 40H～67H</td></tr>
<tr><th colspan="10">读取忙信号或 AC 地址指令（执行时间：40μs）</th></tr>
<tr><td>RS</td><td>R/W</td><td>DB7</td><td>DB6</td><td>DB5</td><td>DB4</td><td>DB3</td><td>DB2</td><td>DB1</td><td>DB0</td></tr>
<tr><td>0</td><td>1</td><td>BF</td><td>AC6</td><td>AC5</td><td>AC4</td><td>AC3</td><td>AC2</td><td>AC1</td><td>AC0</td></tr>
<tr><td colspan="10">指令功能：读取忙信号 BF 的值和地址计数器 AC 值。
其中：BF=1 表示液晶显示器忙，暂时无法接收数据或指令；当 BF=0 时，液晶显示器可以接收数据或指令，此时 AC 值为最近一次地址设置（CGRAM 或 DDRAM）值</td></tr>
<tr><th colspan="10">写数据指令码（执行时间：40μs）</th></tr>
<tr><td>RS</td><td>R/W</td><td>DB7</td><td>DB6</td><td>DB5</td><td>DB4</td><td>DB3</td><td>DB2</td><td>DB1</td><td>DB0</td></tr>
<tr><td>1</td><td>0</td><td colspan="8">要写入的数据 D7～D0</td></tr>
<tr><td colspan="10">指令功能：根据最近设置的地址性质，将字符码写入 DDRAM，使液晶显示屏显示对应的字符，或将自定义的图形字符码存入 CGRAM</td></tr>
<tr><th colspan="10">读出 CGRAM 或 DDRAM 数据指令（执行时间：40μs）</th></tr>
<tr><td>RS</td><td>R/W</td><td>DB7</td><td>DB6</td><td>DB5</td><td>DB4</td><td>DB3</td><td>DB2</td><td>DB1</td><td>DB0</td></tr>
<tr><td>1</td><td>1</td><td colspan="8">要读出的数据 D7～D0</td></tr>
<tr><td colspan="10">指令功能：根据最近设置的地址性质，读取 DDRAM 或 CGRAM 中的内容</td></tr>
</table>

4．LCD1602 显示控制

LCD1602 可以显示两行，每行 16 个字符，由 LCD1602 的 DDRAM 控制。DDRAM 中的数据就是 LCD1602 显示的数据，DDRAM 中的数据有两部分，第一部分的地址为 00H～27H，为第一行显示的数据；第二部分的地址为 40H～67H，为第二行显示的数据，如表 6.3 所示。

表 6.3　DDRAM 中的数据列表

显示位置	1	2	3	4	5	6	……	40
第一行（地址）	00H	01H	02H	03H	04H	05H	……	27H
第二行（地址）	40H	41H	42H	43H	44H	45H	……	67H

如表 6.3 所列，每行有 40 个字节的空间，而 LCD1602 每行只能显示 16 个字符，要显示 DDRAM 中所有的字符则可以通过 LCD1602 的指令来实现读/写及移位。

LCD1602 的基本操作时序是根据引脚 RS、R/W 及 E 的值确定的，其真值表如表 6.4 所示。

表 6.4　控制信号真值表

RS	R/W	E	功　能
0	0	下降沿	写指令代码
0	1	高电平	读忙标志和 AC（地址计数器）值
1	0	下降沿	写数据
1	1	高电平	读数据

在显示之前须对 LCD1602 进行初始化操作，包括设置字符的格式（是一行显示还是两行显示）；显示开关的控制；输入方式的控制；清除屏幕等操作。具体显示控制流程如图 6.6 所示。

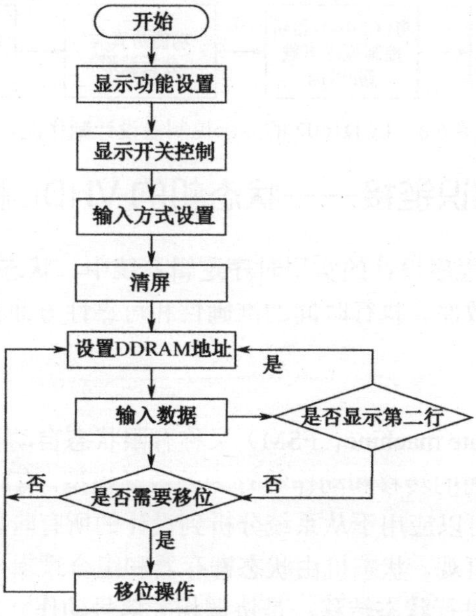

图 6.6　LCD1602 显示控制流程图

综上所述，使用 FPGA 实现 LCD1602 的字符显示控制，就是设计 VHDL 程序控制 LCD1602 控制信号 RS、R/W、E 的时序，根据控制信号的时序向双向数据端 DB0～DB7 赋值。

LCD1602 显示字符的时序控制可通过 VHDL 程序的状态机来实现，而显示数据的编码值存储可利用 FPGA 片上的 ROM 或 RAM 实现。因而，LCD1602 显示控制器可由两部分组成：一部分是用于存放待显字符的 RAM 模块，另一部分是驱动 LCD1602 的时序状态机，如图 6.7 所示。

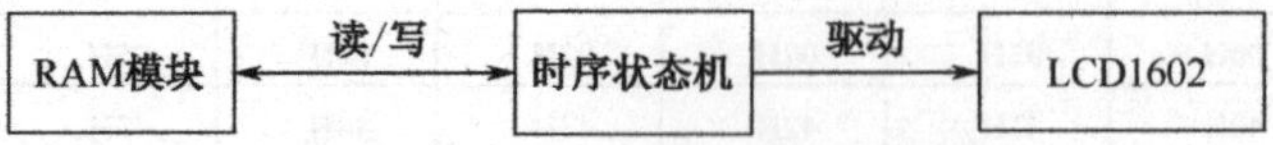

图 6.7　LCD1602 显示控制器组成

RAM 模块用来存放待显字符的编码值，由于设计任务要求的 LCD1602 显示内容是随时改变的，因此，RAM 模块需要有读/写功能。通过对 RAM 模块的写操作来改变待显字符的编码值；通过对 RAM 模块的读操作把 RAM 模块中的字符编码送 LCD1602 显示。

5. LCD1602 控制器设计制作流程

LCD1602 控制器具体设计制作过程可分为：根据功能要求确定设计方案；根据设计方案，在 EDA 工具软件平台上设计数字逻辑电路并仿真；将数字逻辑电路载入 FPGA 芯片；将 LCD1602 与 FPGA 芯片相应的引脚相连并进行功能验证。基于 FPGA 最小系统板的 LCD1602 控制器设计制作具体流程如图 6.8 所示。

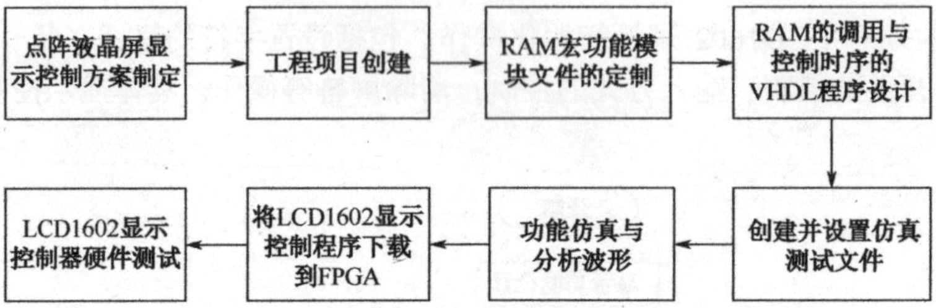

图 6.8　LCD1602 的显示控制器设计制作流程

6.3　知识链接——状态机的 VHDL 程序描述

在 VHDL 程序设计的实用时序逻辑系统中，状态机是应用广泛的电路模块，其在运行的高效性、执行时间的准确性和可靠性方面都显现出强大的优势。

1. 状态机简介

有限状态机（Finite-state machine，FSM）又称有限状态自动机，简称状态机，是表示有限个状态及在这些状态之间的转移和动作等行为的数学模型，有时也用此词表示以描述控制特性为主的建模方法，它可以应用于从系统分析到设计的所有阶段。状态机的优点在于简单易用，状态间的关系清晰直观。状态机由状态寄存器和组合逻辑电路构成，能够根据控制信号，按照预先设定的状态进行状态转移，是协调相关信号动作、完成特定操作的控制中心。状态机的基本操作有以下两种。

1）状态机内部状态转换

状态机内部状态转换操作使状态机经历一系列状态，下一状态由状态译码器根据现态和输入条件决定。

2）产生输出信号序列

产生输出信号序列操作是根据现态和输入条件确定输出信号，并由输出译码器输出。

典型的状态机有两种：Mealy 状态机和 Moore 状态机。Moore 状态机的输出只是现态的函数，而 Mealy 状态机的输出一般是现态和输入信号的函数。对于这两类状态机，控制取决于现态和输入信号。大多数实用的状态机是同步的时序电路，由时钟信号触发进行状态的转换。时钟信号同所有的边沿触发的状态寄存器和输出寄存器相连，使状态的改变发生在时钟的上升或下降沿。

2. 一般状态机的 VHDL 程序描述

用 VHDL 程序描述有限状态机的方法有多种，但常用的状态机描述通常包括说明部分、主控时序进程、主控组合进程和辅助进程等。

1）说明部分

说明部分使用 type 语句定义新的数据类型，此数据类型为枚举型，其元素通常都用状态机的状态名来定义。状态变量一般定义为信号，便于信息在不同进程间传递，将状态变量的数据类型定义为含有既定状态元素的新定义的数据类型。说明部分一般放在结构体的 architecture 和 begin 之间。

2）主控时序进程

主控时序进程是实现状态转换的进程。状态机在外部时钟信号驱动下，以同步时序方式工作。当外部时钟信号上升沿或下降沿到来时，主控时序进程将代表次态的“next_state”中的内容送入现态“current_state”中，实现状态的转换。主控时序进程一般不负责次态的具体取值，主控时序进程的敏感信号列表中至少包含一个工作时钟信号。

3）主控组合进程

主控组合进程的任务是根据外部输入的控制信号（包括状态机外部信号和状态机内部其他非主控的组合或时序进程的信号）或/和现态的状态值，确定次态（next_state）的取值内容，以及确定对外输出、对内部其他组合或时序进程输出控制信号的内容。主控组合进程的功能是状态译码，即根据现态“current_state”中的状态值，进入相应的状态，在此状态中向外部发出控制信号，确定次态“next_state”的走向。

4）辅助进程

辅助进程用于配合状态机工作的组合、时序进程或配合状态机工作的其他时序进程。

一般状态机的结构如图 6.9 所示。为了能获得可综合的、高效的 VHDL 状态机，一般使用枚举类型来定义状态机的状态，使用多进程方式来描述状态机的内部逻辑。使用两个进程来描述时，一个进程描述时序逻辑，包括状态寄存器的工作和寄存器状态的输出，另一个进程描述组合逻辑，包括进程间状态值的传递逻辑及状态转换值的输出。必要时引入第三个进程完成其他的逻辑功能。

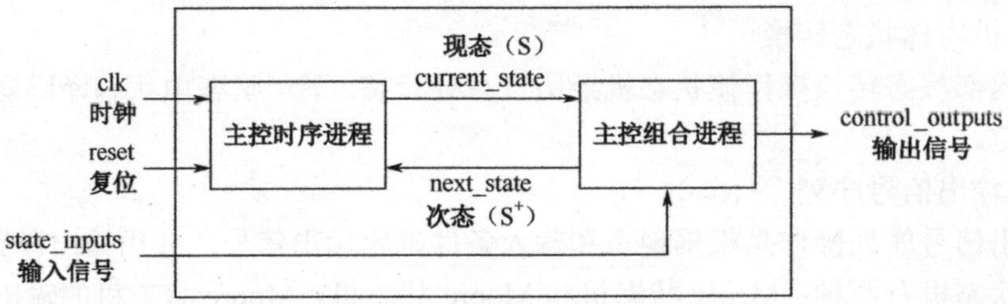

图 6.9　一般状态机的结构

【例 6.1】双进程描述的状态机

```
library ieee;
use ieee.std_logic_1164.all;
use ieee.std_logic_unsigned.all;
use ieee.std_logic_arith.all;
entity s_machine is
   port(clk,reset: in std_logic;
         state_inputs:in std_logic_vector(0 to 1);
         control_outputs: out std_logic_vector(0 to 1));
end entity s_machine;
architecture behave of s_machine is
   type states is (S0,S1,S2,S3);    --定义states为枚举数据类型
   signal current_state,next_state: states;
begin
P1: process(reset,clk)   --主控时序进程
begin
   if reset='1' then
      current_state<=S0;
   elsif clk='1' and clk'event then  --上升沿触发
      current_state<=next_state;     --现态转换为次态
   end if;
end process P1;
P2:process(current_state,state_inputs)--主控组合进程
begin
   case current_state is
   when S0=>control_outputs<="00";  --输出现态的控制值
      if state_inputs="00" then     --根据外部输入的值确定次态的走向
         next_state<=S0;
      else
         next_state<=S1;
      end if;
   when S1=>control_outputs<="01";
      if state_inputs="00" then
         next_state<=S1;
      else
         next_state<=S2;
      end if;
   when S2=>control_outputs<="10";
```

```
            if state_inputs="11" then
               next_state<=S2;
            else
               next_state<=S3;
            end if;
         when S3=>control_outputs<="11";
            if state_inputs="11" then
               next_state<=S3;
            else
               next_state<=S0;
            end if;
         end case;
      end process;
      end architecture behave;
```

程序说明：本程序为双进程描述的状态机，进程 P1 为主控时序进程，进程 P2 为主控组合进程；进程间通过“current_state”“next_state”信号传递信息，两个信号起到了互反馈的作用，“current_state”将信息由进程 P1 传递到进程 P2，“next_state”将信息从进程 P2 传递到进程 P1。

进程 P1 由输入的时钟信号“clk”的上升沿触发，在“clk”上升沿到来时，状态机的状态由现态“current_state”向次态“next_state”转变。至于次态“next_state”是否与现态“current_state”相同，则在进程 P2 中，根据现态“current_state”与输入信号“state_inputs”确定。例如：现态“current_state”为 S0 时，若输入信号“state_inputs”为“00”，则次态“next_state”为 S0，状态机由 S0 转为 S0，即状态机的状态不变；若输入信号“state_inputs”非“00”，则次态“next_state”为 S1，状态机由 S0 转为 S1。

程序编译后，在 Quartus II 集成环境中，选择【Tool】→【Netlist Viewers】→【RTL Viewer】菜单命令，将出现如例 6.1 描述的状态机的寄存器传输级综合效果图，如图 6.10 所示。

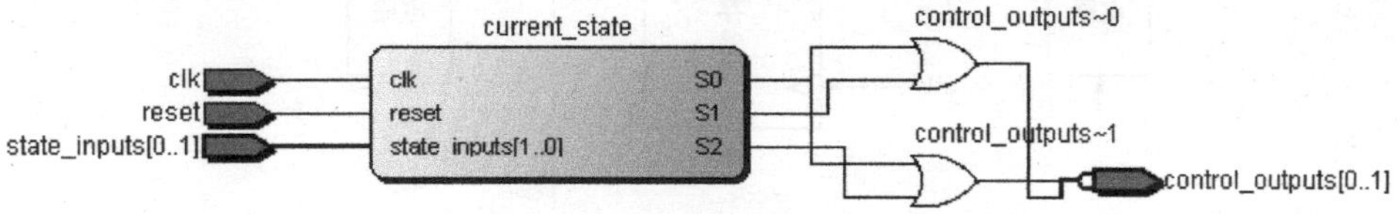

图 6.10　寄存器传输级综合效果图

程序编译后，在 Quartus II 集成环境中，选择【Tool】→【Netlist Viewers】→【State Machine Viewer】菜单命令，将出现如例 6.1 描述的状态机的状态转换图，如图 6.11 所示。

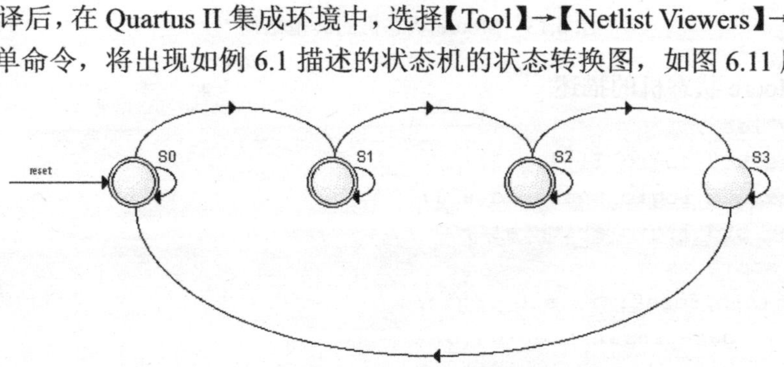

图 6.11　状态机状态转换图

例 6.1 程序的功能仿真结果如图 6.12 所示。从图中可知，状态的转变与输出值的改变，与输入时钟的上升沿同步，与输入信号“state_inputs”不同步。在 55ms 处，输入信号“state_inputs”由“01”变为“11”，但输出信号与系统状态并没有发生改变（control_outputs=10），在 70ms 处（“clk”上升沿），输出信号还是“10”，没有发生改变。原因：根据程序可知现态是 S2，输入信号“state_inputs”值为“11”时，状态转换是由 S2 转向 S2，因而，状态没有发生改变。

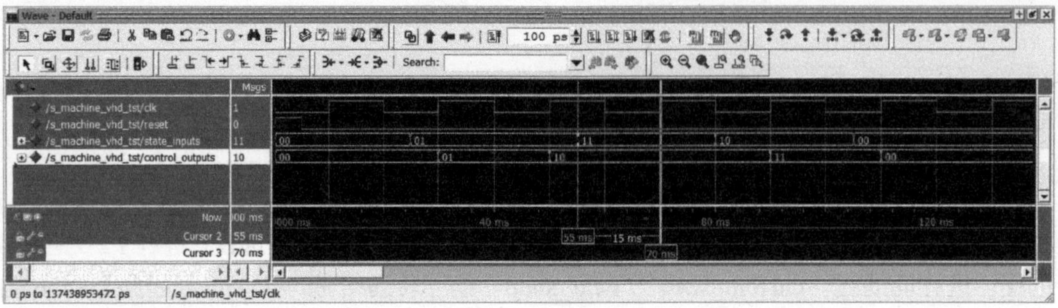

图 6.12　功能仿真结果

3．Moore 状态机的 VHDL 程序描述

Moore 状态机输出只与现态有关，与输入信号的当前值无关，是严格的现态函数。在时钟脉冲的有效边沿作用后的有限时间内，输出达到稳定状态。即使在时钟周期内输入信号发生变化，输出也会保持稳定不变。从时序上看，Moore 状态机属于同步输出状态机。Moore 状态机最重要的特点就是将输入与输出信号隔离开来，如图 6.13 所示。

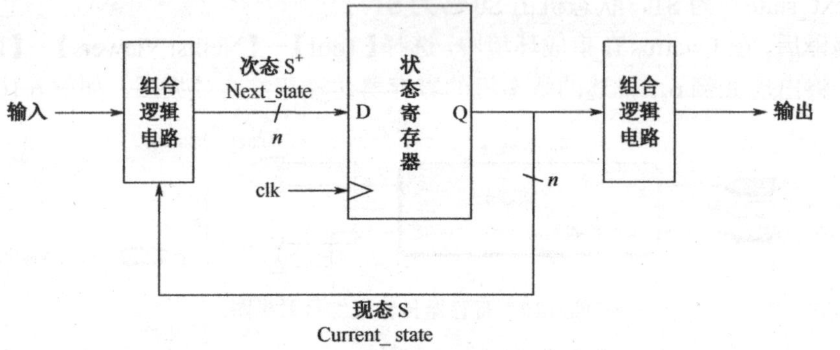

图 6.13　Moore 状态机的典型结构

【例 6.2】Moore 状态机的描述

```
library ieee;
use ieee.std_logic_1164.all;
use ieee.std_logic_unsigned.all;
use ieee.std_logic_arith.all;
entity moore is
   port(clk,reset: in std_logic;
           data_in:in std_logic;
           data_out: out std_logic_vector(3 downto 0));
end entity moore;
```

```
architecture behave of moore is
   type states_type is (S0,S1,S2,S3);    --定义states_type为枚举数据类型
   signal state: states_type;   --声明信号state为states_type数据类型
begin
P1: process(reset,clk)   --主控时序进程
begin
   if reset='0' then
      state<=S0;
   elsif clk='1' and clk'event then  --上升沿触发
      case state is
         when S0=>
               if data_in='1' then
                  state<=S1;
               end if;
         when S1=>
               if data_in='0' then
                  state<=S2;
               end if;
         when S2=>
               if data_in='1' then
                  state<=S3;
               end if;
         when S3=>
               if data_in='0' then
                  state<=S0;
               end if;
      end case;
   end if;
end process P1;
P2:process(state)    --主控组合进程
begin
   case state is
   when S0=>data_out<="0001";  --输出现态的值
   when S1=>data_out<="0010";
   when S2=>data_out<="0100";
   when S3=>data_out<="1000";
   end case;
end process;
end architecture behave;
```

程序说明：例 6.2 描述的 Moore 状态机包含了两个进程：P1 和 P2，分别为主控时序进程和主控组合逻辑进程。例 6.2 描述的状态机的状态转换图如图 6.14 所示。

程序的功能仿真结果如图 6.15 所示。由图可知，状态机在异步复位后进入 S0 态（state=S0），在 30ns 处（clk 上升沿），state=S0，data_in=0（≠1），状态不变，保持为 S0，输出 data_out=0001；在 30ns～50ns 的一个时钟周期内，一直保持输出信号不变，虽然在 40ns 处，data_in 变为 1，但状态并不改变，而是要到 50ns 时，clk 上升沿处才发生状态转变（S0 转变为 S1）。说明了即使在时钟周期内输入信号发生变化，Moore 状态机的输出也会保持稳

定不变，这是同步输出状态机的特点。

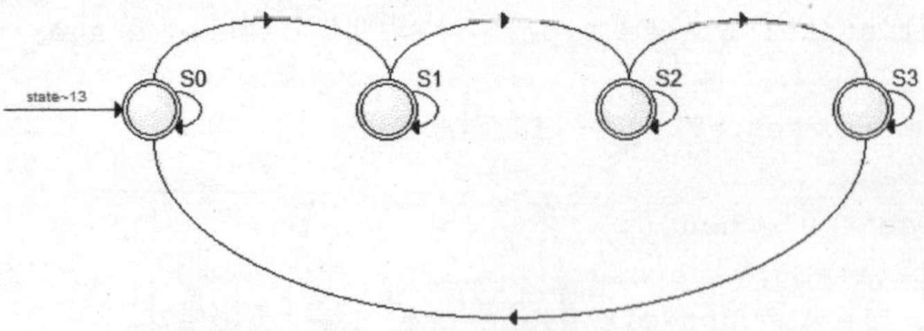

图 6.14　状态转换图

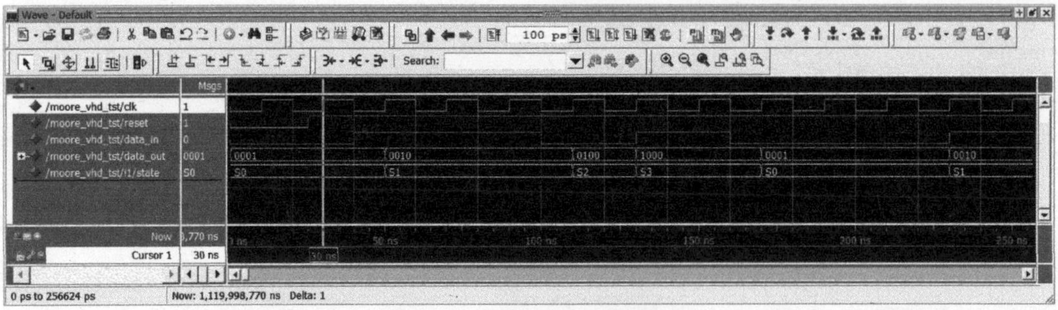

图 6.15　功能仿真结果

4．Mealy 状态机的 VHDL 程序描述

Mealy 状态机的输出是现态和所有输入的函数，随输入变化而随时发生变化，Mealy 状态机的典型结构如图 6.16 所示。从时序上看，Mealy 状态机属于异步输出状态机，它不依赖于时钟信号，状态机的输出在输入发生变化后立即发生变化。

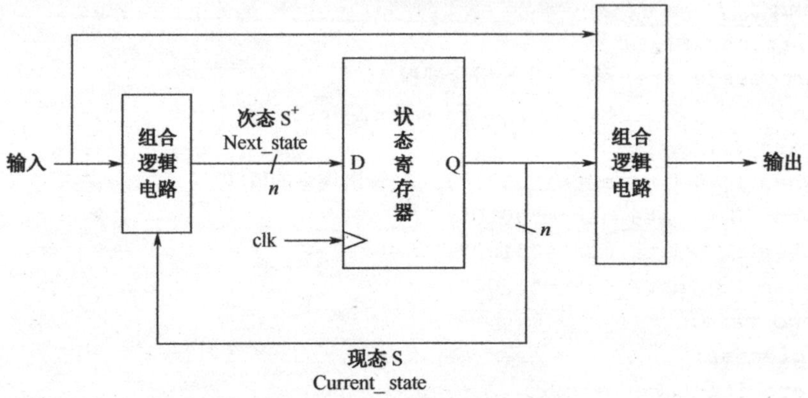

图 6.16　Mealy 状态机的典型结构

【例 6.3】Mealy 状态机的描述

```
library ieee;
use ieee.std_logic_1164.all;
use ieee.std_logic_unsigned.all;
use ieee.std_logic_arith.all;
entity mealy is
```

```
    port(clk,reset: in std_logic;
            data_in:in std_logic;
            data_out: out std_logic_vector(3 downto 0));
end entity mealy;
architecture behave of mealy is
    type states_type is (S0,S1,S2,S3);    --定义states_type为枚举数据类型
    signal state: states_type;
begin
P1: process(reset,clk)   --主控时序进程
begin
    if reset='0' then
        state<=S0;
    elsif clk='1' and clk'event then  --上升沿触发
        case state is
            when S0=>
                if data_in='1' then      --根据外部输入的值确定次态的走向
                    state<=S1;
                end if;
            when S1=>
                if data_in='0' then
                    state<=S2;
                end if;
            when S2=>
                if data_in='1' then
                    state<=S3;
                end if;
            when S3=>
                if data_in='0' then
                    state<=S0;
                end if;
        end case;
    end if;
end process P1;
P2:process(state,data_in)--主控组合进程
begin
    case state is
    when S0=>
        if data_in='1' then
            data_out<="0001";
        else
            data_out<="0000";
        end if;
    when S1=>
        if data_in='0' then
            data_out<="0010";
        else
            data_out<="0001";
```

```
            end if;
        when S2=>
            if data_in='1' then
                data_out<="0100";
            else
                data_out<="0001";
            end if;
        when S3=>
            if data_in='0' then
                data_out<="1000";
            else
                data_out<="0001";
            end if;
        end case;
    end process;
    end architecture behave;
```

程序说明：例 6.3 描述的 Mealy 状态机包含了两个进程：P1 和 P2，分别为主控时序进程和主控组合逻辑进程。

程序的功能仿真结果如图 6.17 所示。由图可知，状态机在 25ns 处异步复位后，进入 S0 态（state=S0），输出 data_out=0000；在 40ns 处，data_in 由 0 变为 1，输出 data_out 值由 0000 立即变为 0001，虽然此时处于时钟信号的下降沿，并非有效的上升沿。以上过程说明了 Mealy 状态机属于不依赖于时钟信号的异步输出状态机。

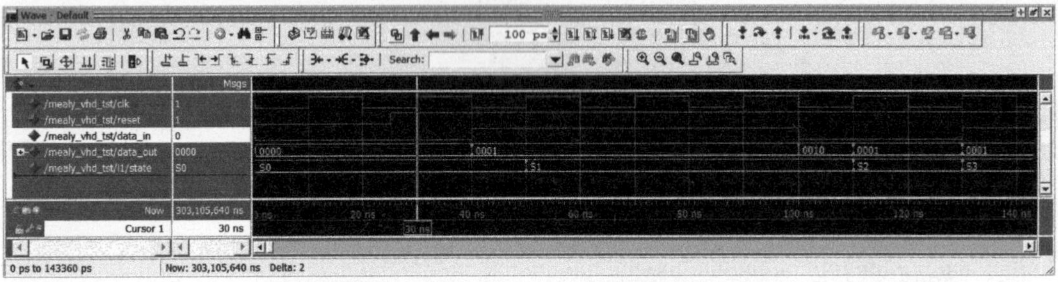

图 6.17　Mealy 状态机的功能仿真结果

6.4　LCD1602 显示控制器设计制作实施

根据 LCD1602 显示原理及控制器设计方案，LCD1602 显示控制器的输入信号有基准时钟与复位信号；输出信号有控制显示时序的 RS、R/W、E 信号及 DB0～DB7 数据信号。

利用 Quartus II 软件平台，设计 LCD1602 显示控制器实施步骤可分为：创建工程、RAM 模块及初始化文件的创建、控制时序 VHDL 程序设计、编译程序、创建仿真测试文件、功能仿真、编程下载、硬件测试等。

1. 工程创建及 RAM 设置

Quartus II 设计工具以工程项目为管理对象，通过工程来管理所有设计文件及编译设计过程产生的中间文件，设计程序之前先要创建工程。FPGA 芯片上提供了 RAM

存储器，可通过设置参数使用 FPGA 芯片上的 RAM 存储器，用来存放待显字符编码值。

1）工程创建

建立工程文件夹（如 E:/XM6/LCD1602），将本工程的全部设计文件保存在此文件夹中。

运行 Quartus II 软件平台，选择【File】→【New Project Wizard…】菜单命令，根据新建工程向导创建名为“LCD1602”的工程，顶层实体名为“lcd1602driver”，第三方仿真软件选择“ModelSim-Altera”，仿真采用 VHDL 程序文件。

2）创建 RAM 模块初始化文件

在设计 RAM 模块前，应为 RAM 模块新建一个初始化“*.mif”文件，用来存储待显示的字符编码。

在 Quartus II 集成环境中，选择【File】→【New…】菜单命令，弹出【New】对话框；选择【Memory File】→【Memory Initialization File】选项，单击【OK】按钮，弹出【Number of Words & Word Size】对话框，设置字节数及位宽：将【Number of words】设置为 64，将【Word size】设为 8，如图 6.18 所示。LCD1602 显示两行，字符每行分配 32 字符空间，显示二行字需要 64 个字符空间；单击【OK】按钮，将弹出 RAM 初始化文件编辑窗口界面，并自动产生文本文件“mif1.mif”。

在 Quartus II 集成环境中，选择【File】→【Save As…】菜单命令，弹出【另存为】对话框，将初始化文件命名为“charram.mif”，保存在“E:/XM6/LCD1602”文件夹。在编辑窗口，根据任务要求及图 6.5，查出待显字符编码，输入要显示的字符编码，如图 6.19 所示。

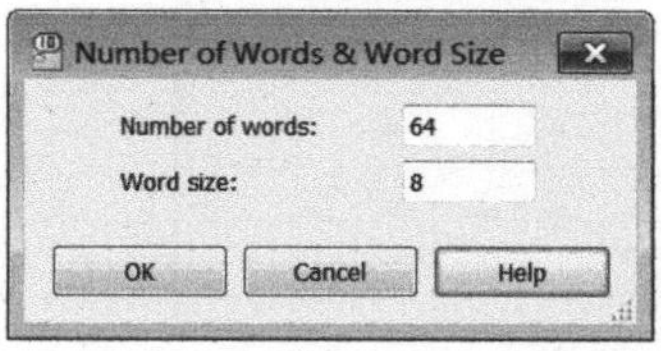

图 6.18　初始化文件大小设置

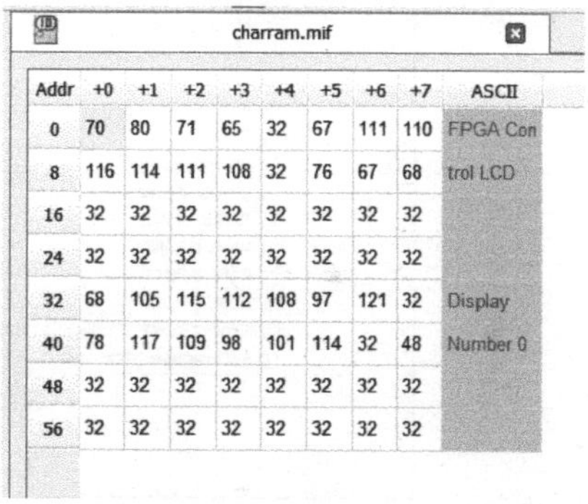

Addr	+0	+1	+2	+3	+4	+5	+6	+7	ASCII
0	70	80	71	65	32	67	111	110	FPGA Con
8	116	114	111	108	32	76	67	68	trol LCD
16	32	32	32	32	32	32	32	32	
24	32	32	32	32	32	32	32	32	
32	68	105	115	112	108	97	121	32	Display
40	78	117	109	98	101	114	32	48	Number 0
48	32	32	32	32	32	32	32	32	
56	32	32	32	32	32	32	32	32	

图 6.19　初始化文件值

3）RAM 模块的文件创建

在 Quartus II 集成环境中，选择【Tools】→【MegaWizard Plug-In Manager】菜单命令，弹出宏功能模块应用向导【MegaWizard Plug-In Manager [page 1]】对话框，选择【Create a new custom megafunction variation】选项，创建新定制的宏功能模块，如图 6.20 所示，根据宏功能模块应用向导创建 RAM 模块文件。

（1）选择并创建双端口可读可写存储器。单击【Next】按钮，弹出【MegaWizard Plug-In Manager [page 2a]】对话框。在【Select a MegaWizard from the list below】栏，选择【Memory Compiler】展卷栏的【RAM：2-PORT】；在【Which device family will you be using?】后选择最小系统板 FPGA 的芯片类型为“Cyclone IV E”；输出文件类型选择【VHDL】；在【What name do you want for the output file?】下输入创建的双端口可读可写存储器的文件名“char_ram”，如图 6.21 所示。

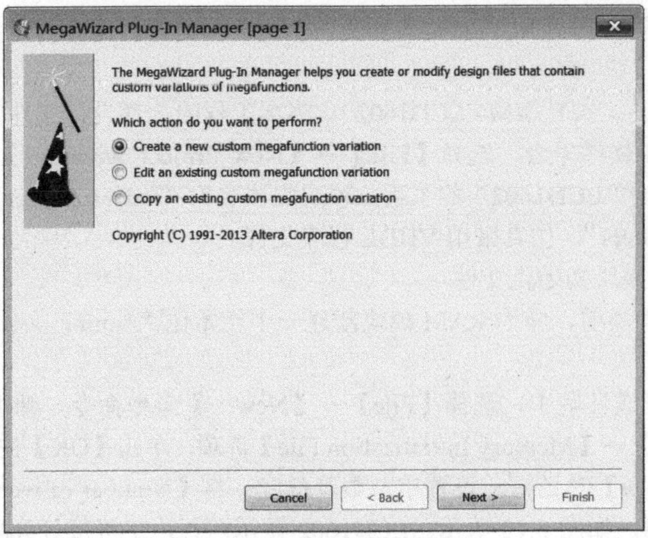

图 6.20　宏功能模块应用向导

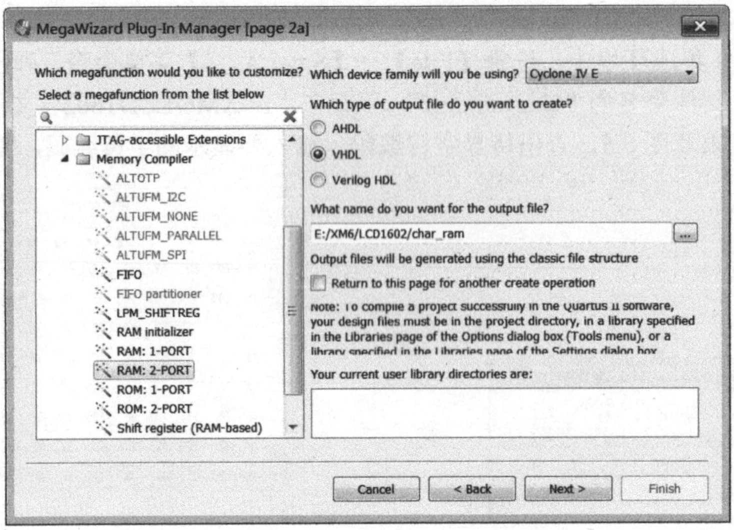

图 6.21　选择并创建双端口可读可写存储器

（2）双端口可读可写存储器基本参数设置。单击【Next】按钮，弹出【MegaWizard Plug-In Manager [page 3 for 12]】对话框。选择【With one read port and one write port】选项，使双端口中的一个端口用于读操作，另一个端口用于写操作；选择【As a number of words】选项，指定以字节为单位，如图 6.22 所示。

（3）设置 RAM 存储空间。单击【Next】按钮，弹出【MegaWizard Plug-In Manager [page 4 for 12]】对话框。根据初始化文件确定的存储容量，在【How many 8-bit words of memory?】后设置数值为 64；将【How wide should the 'data_a' input bus be?】后的值设置为 8，如图 6.23 所示。

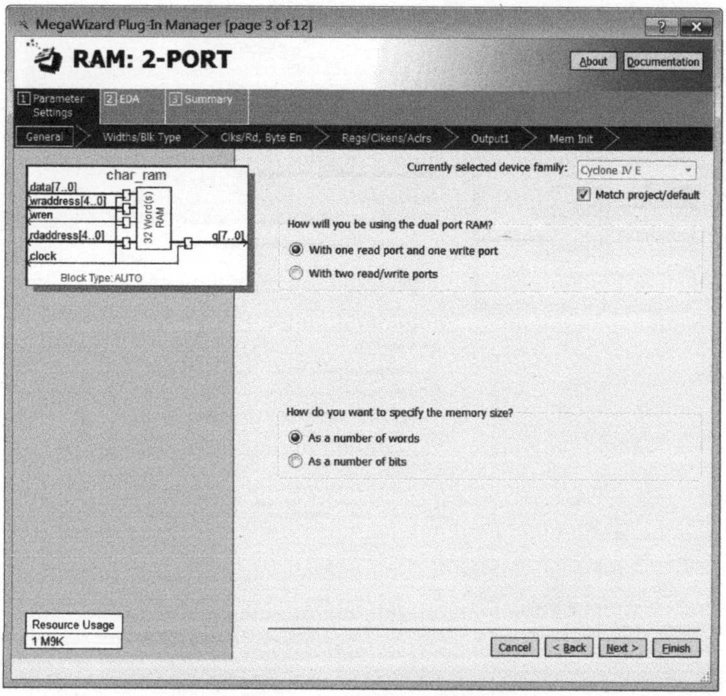

图 6.22　基本参数设置

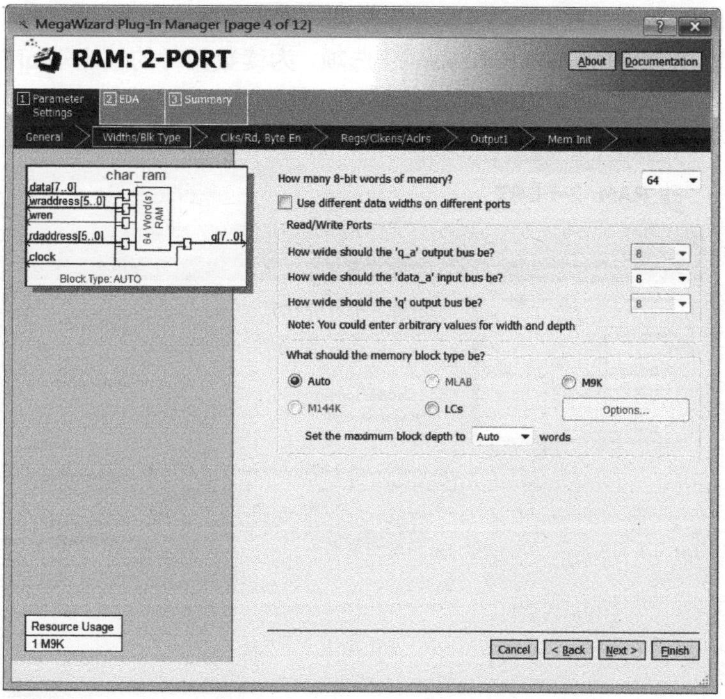

图 6.23　设置 RAM 存储空间

（4）增加读数据使能控制信号。单击【Next】按钮，弹出【MegaWizard Plug-In Manager [page 5 for 12]】对话框。选择【Single clock】选项，让 RAM 采用单时钟信号控制；选择【Create a 'rden' read enable signal】选项，增加读数据使能控制信号，如图 6.24 所示。

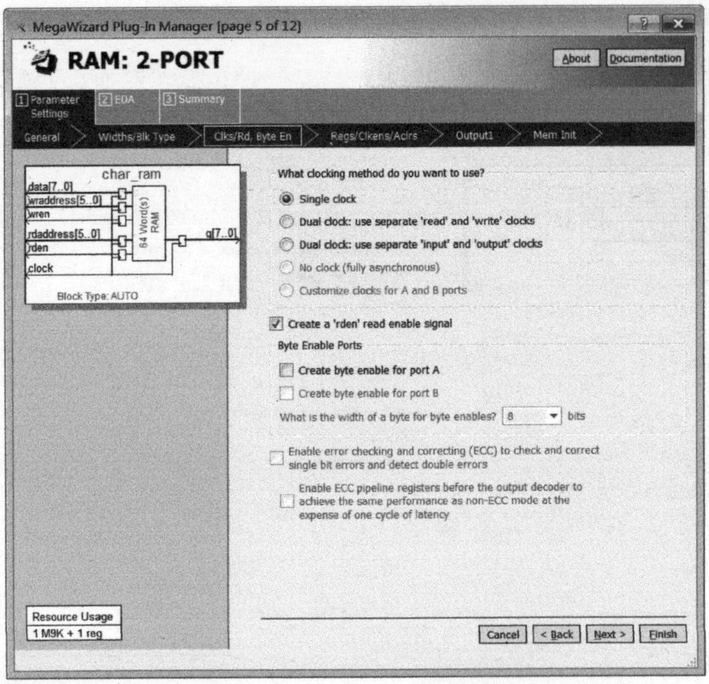

图 6.24　增加读数据使能控制信号

（5）输出端的寄存器设置。单击【Next】按钮，弹出【MegaWizard Plug-In Manager [page 7 for 12]】对话框。选择【Read output port(s)】选项，为读数据时的输出端 q[7..0]增加寄存器，如图 6.25 所示。

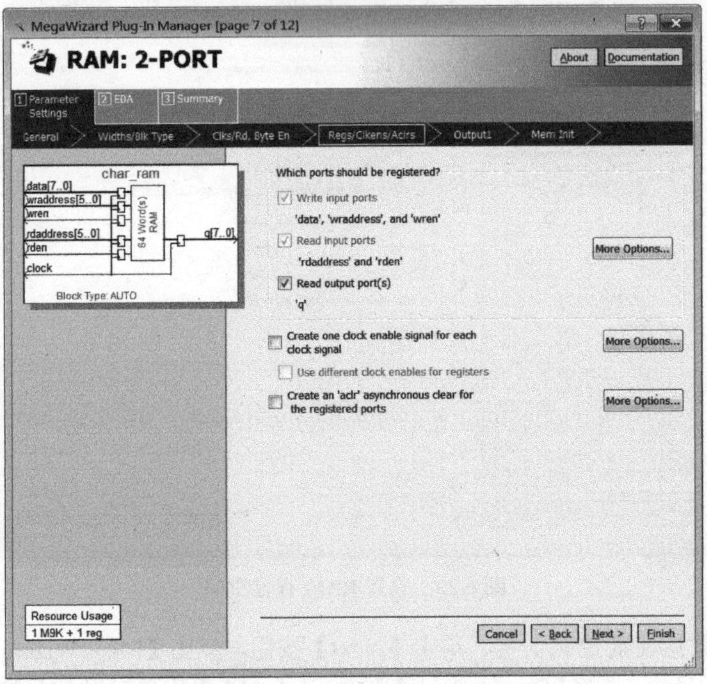

图 6.25　输出端的寄存器设置

(6)选择双端口可读可写存储器数据控制文件。单击【Next】按钮两次，弹出【MegaWizard Plug-In Manager [page 10 for 12]】对话框。选择【Yes,use this file for the memory content data】选项；单击【Browse...】按钮，在弹出的对话框中选择前面步骤创建的初始化文件“charram.mif”（文件位置为 E:/XM6/LCD1602），在【File name:】栏内填入“./charram.mif”，如图 6.26 所示。

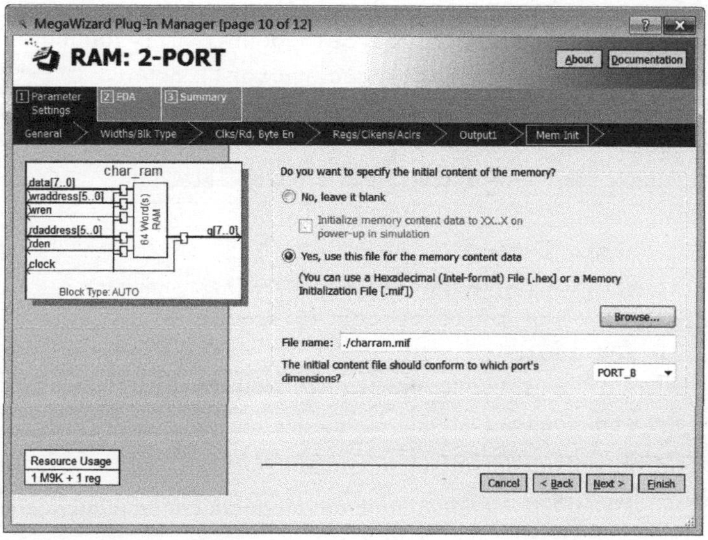

图 6.26　选择双端口可读可写存储器数据控制文件

完成 RAM 模块的设置后单击【Finish】按钮，返回主界面。

2. 控制时序 VHDL 程序设计

在 Quartus II 集成环境中，选择【File】→【New...】菜单命令，弹出【New】对话框；选择【Design File】→【VHDL File】选项，单击【OK】按钮，系统弹出文本文件编辑窗口界面，并自动产生文本文件“vhdl1.vhd”。

在 Quartus II 集成环境中，选择【File】→【Save As...】菜单命令，弹出【另存为】对话框，将 LCD1602 显示控制器设计文件命名为“lcd1602driver.vhd”，保存在“E:/XM6/LCD1602”文件夹。

1）控制时序 VHDL 程序

在文本文件编辑窗口输入实现 LCD1602 显示控制的 VHDL 程序，具体如下：

```
library ieee;
use ieee.std_logic_1164.all;
use ieee.std_logic_arith.all;
use ieee.std_logic_unsigned.all;
entity lcd1602driver is
port(clk: in std_logic;--时钟信号输入
        reset: in std_logic;     --复位信号输入
        lcd_rs: out std_logic;     --LCD寄存器选择信号输出
        lcd_rw: out std_logic;    --LCD读写操作选择信号输出
        lcd_e: out std_logic;     --LCD使能信号输出
```

```
        data : out std_logic_vector(7 downto 0)); --LCD8位数据信号输出
    end lcd1602driver;
    architecture behave of lcd1602driver is
    type s_state is(IDLE, CLEAR, SETMODE, SWITCHMODE, SETFUNCTION, SETDDRAM,
READRAM, BUFONE, BUFTWO);
    signal state: s_state; --声明状态变量
    signal charcnt: integer range 0 to 64:=0;
    signal char_addr: std_logic_vector(5 downto 0):="000000";
    signal chardata, dchar : std_logic_vector(7 downto 0):="00000000";
    signal cnt,cnt_div: std_logic_vector(15 downto 0):="0000000000000000";
    signal clkout: std_logic:='0';
    component char_ram --声明双端口可读可写存储器模块
    port
       (clock: in std_logic;
       data: in std_logic_vector (7 downto 0);
       rdaddress: in std_logic_vector (5 downto 0);
       rden: in std_logic ;
       wraddress: in std_logic_vector (5 downto 0);
       wren: in std_logic ;
       q: out std_logic_vector (7 downto 0));
    end component;
    begin
    u : char_ram              --调用char_ram模块
       port map(              --端口映射
       clock     => clkout,     --提供RAM时钟
       data      => dchar,         --写入RAM的字符编码数据
       rdaddress => char_addr,  --提供读地址
       rden      => '1',           --读允许
       wraddress => "101111 ",  --写地址（charram.mif的第47地址）
       wren      => '1',         --写允许
       q=> chardata             --输出RAM存储的字符编码
       );
    lcd_e <= clkout;          --LCD1602使用的时钟
    char_addr<=conv_std_logic_vector(charcnt,6);
    P1:process(clk)  --分频
    begin
       if clk'event and clk = '1' then
          if cnt_div > 9999 then
             cnt_div <= (others => '0');
             clkout <= '0';
          elsif cnt_div > 4999 then
             clkout <= '1';
             cnt_div <= cnt_div + 1;
          else
             cnt_div <= cnt_div + 1;
          end if;
       end if;
```

```
end process;
P2:process(clkout,reset)  --状态机主控时序进程
begin
    if(reset='0')then
        state<=IDLE;
        charcnt<=0;
    elsif(clkout'event and clkout='1')then
        case state is
        when IDLE =>
            state<=SETFUNCTION;
        when SETFUNCTION =>
            state<=SWITCHMODE;
        when SWITCHMODE =>
            state<=SETMODE;
        when SETMODE =>
            state<=CLEAR;
        when CLEAR =>
            state<=SETDDRAM;
        when SETDDRAM =>
            state<=BUFONE;
        when BUFONE =>
            charcnt<=charcnt+1;
            state<=BUFTWO;
        when BUFTWO =>
            charcnt<=charcnt+1;
            state<=READRAM;
        when READRAM =>
            if(charcnt =31)then
                state<=SETDDRAM;
                charcnt<=charcnt+1;
            elsif(charcnt<63)then
                state<=READRAM;
                charcnt<=charcnt+1;
            else
                state<=SETDDRAM;
                charcnt<=0;
            end if;
        when others  =>state<=IDLE;
        end case;
    end if;
end process;
P3:process(state,chardata)  --状态机主控组合进程
begin
    case state is
    when IDLE =>
        lcd_rs <= '0';
        lcd_rw <= '1';
```

```
        data <= "ZZZZZZZZ";
    when SETFUNCTION =>   --功能设置
        lcd_rs <= '0';
        lcd_rw <= '0';
        data <= "00111100";  --8位数据总线，两行显示，5×7点阵字符
    when SWITCHMODE =>      --显示开关控制设置
        lcd_rs <= '0';
        lcd_rw <= '0';
        data <= "00001100";  --显示开，光标关，闪烁关
    when SETMODE =>       --输入方式设置
        lcd_rs <= '0';
        lcd_rw <= '0';
        data <= "00000110";  --AC自动增一，画面不动
    when CLEAR =>      --清屏
        lcd_rs <= '0';
        lcd_rw <= '0';
        data <= "00000001";
    when SETDDRAM =>  --设置LCD的DDRAM地址
        lcd_rs <= '0';
        lcd_rw <= '0';
        if charcnt < 30 then
            data <= "10000000";  --第一行
        else
            data <= "11000000";  --第二行
        end if;
    when BUFONE =>   --缓冲一保证输出数据与地址一致
        lcd_rs <= '0';
        lcd_rw <= '0';
        if charcnt < 30 then
            data <= "10000000";
        else
            data <= "11000000";
        end if;
    when BUFTWO =>   --缓冲二
        lcd_rs <= '0';
        lcd_rw <= '0';
        if charcnt < 30 then
            data <= "10000000";
        else
            data <= "11000000";
        end if;
    when READRAM => --从RAM读字符编码写入LCD1602的DDRAM
        lcd_rs <= '1';
        lcd_rw <= '0';
        data <= chardata;
    when others =>        --读忙
        lcd_rs <= '0';
```

```
            lcd_rw <= '1';
            data <= "ZZZZZZZZ";  --数据端处于高阻态
        end case;
    end process;
    P4:process(clkout,reset)  --改变写数据端口数值
    begin
        if(Reset='0')then
            cnt <= (others => '0');
            dchar <="00110000";
        elsif(clkout'event and clkout='1')then
            if cnt > 1999 then
                cnt <= (others => '0');
                if dchar >56 then
                    dchar <= "00110000";
                else
                    dchar <= dchar + 1;
                end if;
            else
                cnt <= cnt + 1;
            end if;
        end if;
    end process;
    end behave;
```

2）程序说明

（1）在程序结构体说明部分，“component”关键字声明的“char_ram”对应前面创建的双端口可读可写 RAM 模块，为了在“lcd1602driver”的结构体中调用该元件，必须先对它进行声明；“u : char_ram port map(信号，…)”为元件调用语句，在被调用元件与当前程序语句之间映射信号，用于传递元件参数和连接端口。

（2）进程 P1 为分频进程，如果采用 FPGA 最小系统板时钟频率 50MHz，作为 LCD1602 工作频率，其频率太高，因此，需要分频进程对 50MHz 时钟频率进行分频。本项目中 LCD1602 工作频率设定为 5kHz，须对系统输入频率“clk”进行 10000 分频，输出“clkout”脉冲信号控制 LCD1602 工作。

（3）进程 P2 为状态机主控进程，在时钟信号“clkout”的驱动下控制 LCD1602 的“功能设置”“显示开关控制设置”“输入方式设置”“清屏”“设置 DDRAM 地址”“状态缓冲”及“读字符编码”等状态转换。

（4）进程 P3 为状态机主控组合进程，完成各状态的译码，即输出各状态的控制信号和数据。

（5）进程 P4 用于更新 RAM 初始化文件第 47 个地址单元内的字符编码，编码值在 48～57 之间变化，即字符在 0～9 之间变化。其更新周期为 2000×(1/5000)=0.4（s)，即 400ms，2000 为“cnt”计数器最大值，5000 为 5kHz 的“clkout”频率。

3）编译程序

完成控制时序 VHDL 程序设计并输入后，在 Quartus II 集成环境中，选择【Processing】

→【Start Compilation】菜单命令，对设计程序进行编译。如果有错误必须进行修改，直到编译通过。

程序编译通过后，在 Quartus II 集成环境中，选择【Tool】→【Netlist Viewers】→【State Machine Viewer】菜单命令，将出现状态机的状态转换图，如图 6.27 所示。根据图 6.27 可知，状态机的状态包括：IDLE（开始）、SETFUNCTION（功能设置）、SWITCHMODE（显示开关控制）、SETMODE（输入方式设置）、CLEAR（清屏）、SETDDRAM（设置 LCD 的 DDRAM 地址）、BUFONE（缓冲一）、BUFTWO（缓冲二）、READRAM（从 RAM 循环读字符编码）。各状态之间的转换与图 6.6 相符。

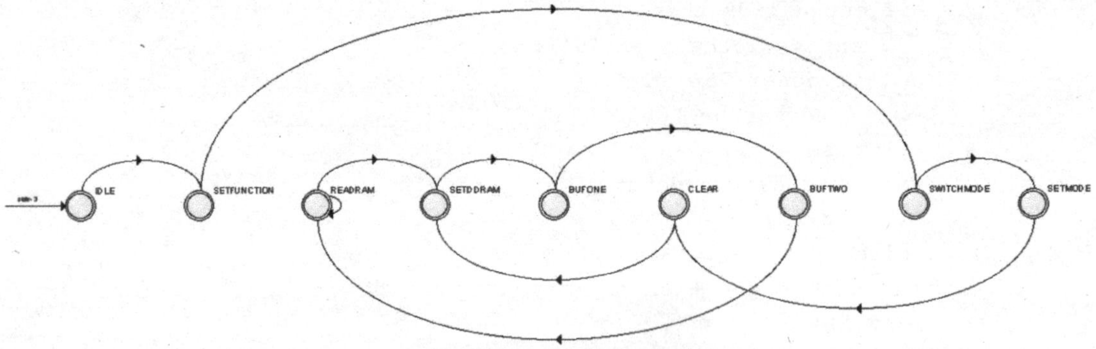

图 6.27　状态转换图

3. LCD1602 显示控制器仿真测试文件创建与设置

编译通过只是说明设计文件无语法或连接错误，是否能实现设计功能，还须通过功能仿真验证。

1）创建仿真测试模板文件

在 Quartus II 集成环境中，选择【Processing】→【Start】→【Start Test Bench Template Writer】菜单命令。如果没有设置错误，系统将弹出提示生成测试模板文件成功的对话框。默认生成的仿真测试模板文件名为“lcd1602driver.vht”，保存位置为“E:/XM6/ LCD1602 /simulation /modelsim”。

2）编辑仿真测试模板文件

在 Quartus II 集成环境中，选择【File】→【Open...】菜单命令，弹出【Open File】对话框，打开生成的仿真测试文件“E:/XM6/LCD1602/simulation/modelsim /lcd1602driver.vht”，在“init”进程中设置输入工作时钟“clk”的参数；在“always”进程中设置复位信号“reset”的时序。仿真测试文件程序如下：

```
library ieee;
use ieee.std_logic_1164.all;
entity lcd1602driver_vhd_tst is
end lcd1602driver_vhd_tst;
architecture lcd1602driver_arch of lcd1602driver_vhd_tst is
signal clk: std_logic;
signal data: std_logic_vector(7 downto 0);
signal lcd_e: std_logic;
```

```
    signal lcd_rs: std_logic;
    signal lcd_rw: std_logic;
    signal reset: std_logic;
    component lcd1602driver
       port (clk : in std_logic;
       data : out std_logic_vector(7 downto 0);
       lcd_e : out std_logic;
       lcd_rs : out std_logic;
       lcd_rw : out std_logic;
       reset : in std_logic
       );
    end component;
    begin
       i1 : lcd1602driver
       port map (clk => clk,data => data,
                lcd_e => lcd_e,lcd_rs => lcd_rs,
                lcd_rw => lcd_rw,reset => reset);
    init : process
    begin
       clk<='0';wait for 10ns;
       clk<='1';wait for 10ns;
    end process init;
    always : process
    begin
       reset<='0'; wait for 1ms;
       reset<='1'; wait for 1000ms;
    end process always;
    end lcd1602driver_arch;
```

程序说明："init"进程设置输入时钟"clk"的周期为20ns，即频率为50MHz；"always"进程设置复位信号"reset"起始值为低电平（1ms），控制器处于复位状态，接着"reset"置高电平1000ms，显示控制器工作，LCD1602显示信息。

注意：测试文件的实体名为"lcd1602driver_vhd_ts"，测试模块的元件例化名为"i1"，在配置仿真测试文件时要注意前后一致。

3）选择并配置仿真测试文件

在Quartus II集成环境中，选择【Assignments】→【Settings...】菜单命令，弹出【Settings–LCD1602driver】对话框；在【Category】栏，选择【EDA Tool Settings】→【Simulation】选项，在【Settings–LCD1602driver】对话框内将显示【Simulation】面板；在【Simulation】面板的【Native Link settings】选项组，选择【Compile test bench】选项；单击其后的【Test Benches】，弹出【Test Benches】对话框；单击【New】按钮，弹出【New Test Bench Setting】对话框；在【Test bench name】栏中输入仿真测试文件名"lcd1602driver.vht"；在【Top level module in test bench】栏输入测试文件实体名"lcd1602driver_vhd_ts"；选择【Use test bench to perform VHDL timing simulation】选项，并在【Design instance name in test bench】栏输入测试模块元件例化名"i1"；设置【End simulation】时间为1s；单击在【Test bench and simulation files】选项组【File name】后的[...]，选择测试文件“E:/XM6/LCD1602/simulation/modelsim / lcd1602driver.vht”，单击【Add】按钮，设置结果如图 6.28 所示。设置完成后，依次单击各面板的【OK】按钮，返回主界面。

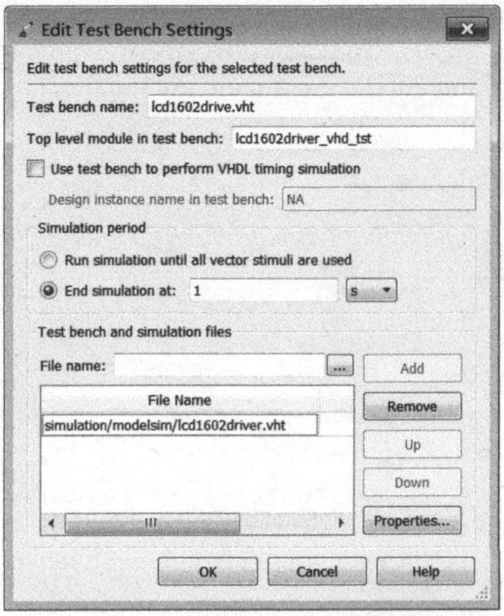

图 6.28　选择并配置仿真测试文件

4．功能仿真

在 Quartus II 集成环境中，选择【Tools】→【Run Simulation Tool】→【RTL Simulation】菜单命令，可以看到 ModelSim 的运行界面出现的功能仿真波形，结束 1 秒功能仿真后，全部波形如图 6.29 所示。

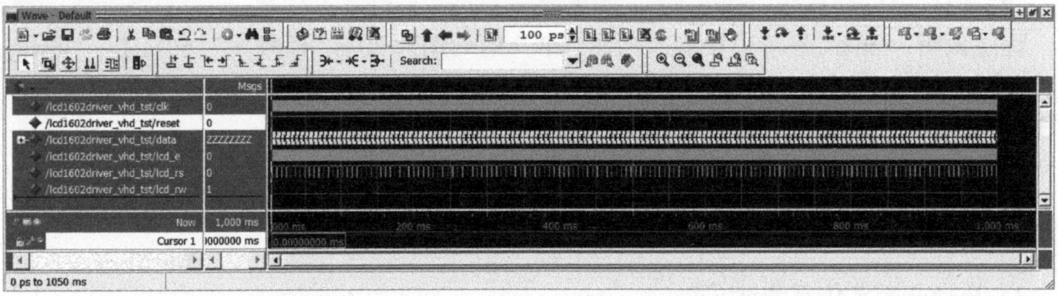

图 6.29　实现 LCD1602 显示控制的仿真波形图

由于时钟频率较高，图 6.29 不能显示具体输出值的变化情况。但可从局部放大的仿真波形图中观察。在 ModelSim 波形图窗口，把输出“data”的显示方式修改为显示 ASCII 码，局部放大 392～396ms、398～402ms、405～409ms 处仿真波形图，如图 6.30、图 6.31、图 6.32 所示。

从图 6.30 中可知，392～396ms 处为显示第 2 行字符“Display Numbet 0”的波形；从图 6.31 中可知，398～402ms 处为显示第 1 行字符“FPGA Control LCD”的波形；从图 6.32 中可知，405～409ms 处为显示第 2 行字符“Display Numbet 1”的波形，即第 2 行最后一个字符由“0”更新为“1”，更新周期（400ms）与设计一致。

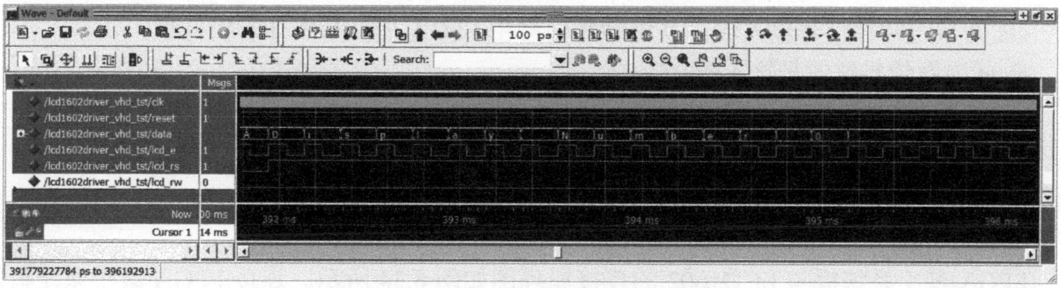

图 6.30　392～396ms 处仿真波形图

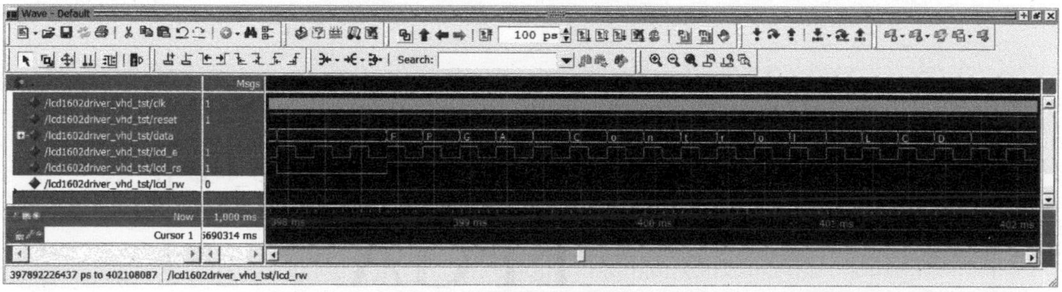

图 6.31　398～402ms 处仿真波形图

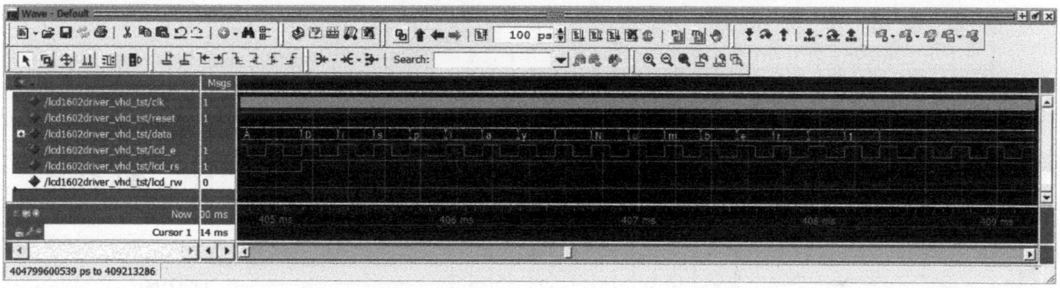

图 6.32　405～409ms 处仿真波形图

5．编程下载与硬件测试

进行 LCD1602 显示控制器的硬件测试前，要将 LCD1602 显示元件与 FPGA 最小系统板相连，然后载入 LCD1602 显示控制程序，现场在线测试 LCD1602 显示信息的正确性。下面介绍基于 FPGA 最小系统板的 LCD1602 显示控制器的硬件测试过程。

1）硬件电路连接

基于 VHDL 程序描述的 LCD1602 显示控制器，输入输出端口如图 6.33 所示，输入输出各端口的连接说明如下。

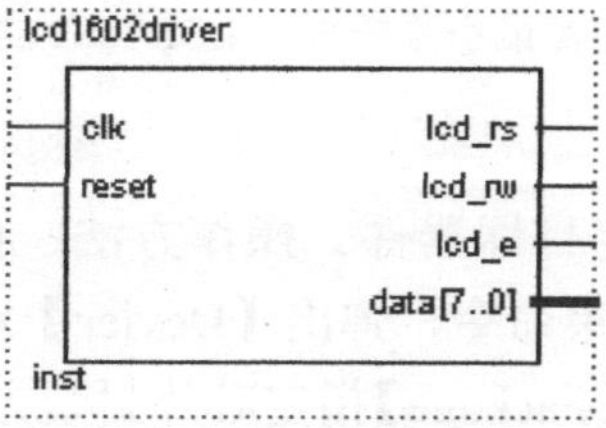

图 6.33　LCD1602 显示控制器模块输入输出端口

clk 为系统时钟信号输入端，系统时钟信号由 FPGA 最小系统开发板提供。

reset 为系统复位信号输入端。

lcd_rs 为 LCD 寄存器选择信号输出端，与 LCD1602 的寄存器选择端“RS”相连。

lcd_rw 为 LCD 读写操作选择信号输出端，与 LCD1602 的读写控制端“R/W”相连。

lcd_e 为 LCD 使能信号输出端，与 LCD1602 的使能端“E”相连。

data[7..0]为 8 位数据信号输出端，分别接 LCD1602 的 DB7～DB0。

FPGA 最小系统板与 LCD1602 的连接原理图如图 6.34 所示。连接 FPGA 最小系统板的引脚时，可以根据各自的 FPGA 最小系统板的不同而改变。

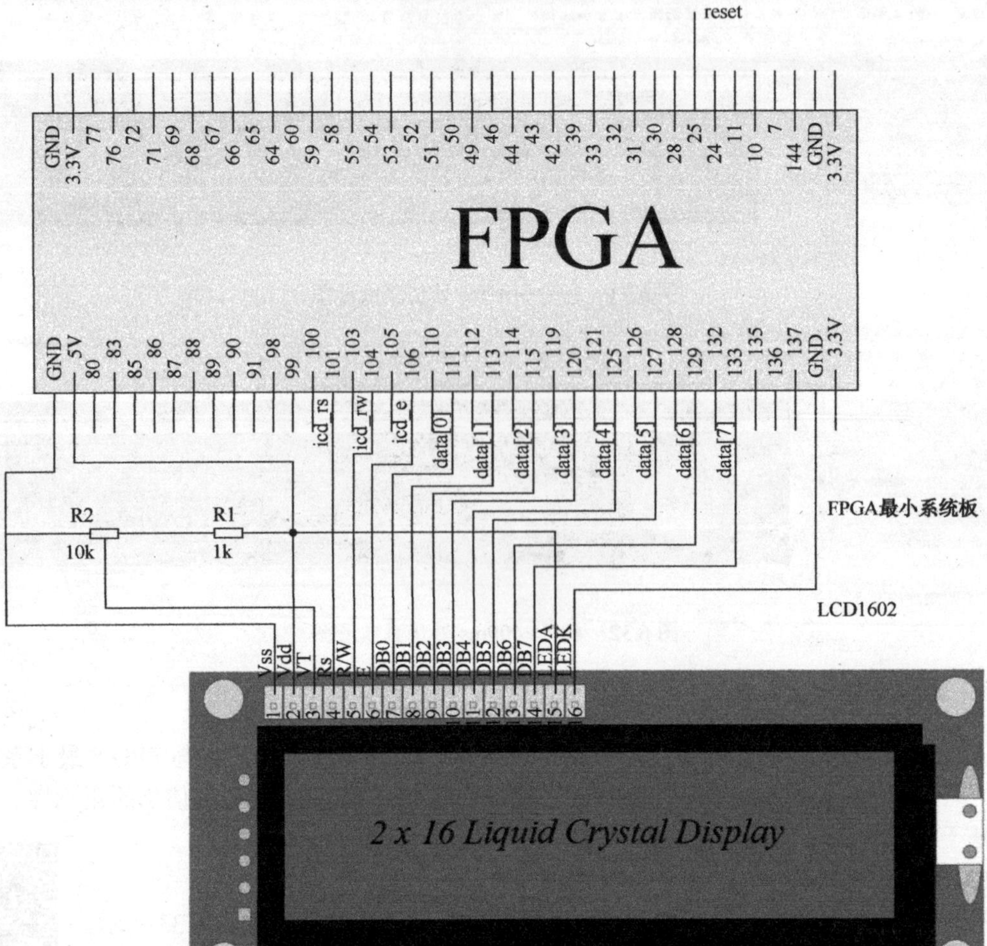

图 6.34　FPGA 最小系统板与 LCD1602 的连接原理图

2）指定目标器件芯片

根据 FPGA 最小系统板指定目标器件。操作方法：在 Quartus II 集成环境中，选择【Assignments】→【Device...】菜单命令，弹出【Device】对话框；在【Family】选项指定芯片类型为【Cyclone IV E】；在选项【Package】指定芯片封装方式为【TQFP】；在选项【Pin count】指定芯片引脚数为【144】；在选项【Speed grade】指定芯片速度等级为【8】；在【Available devices】列表中选择有效芯片为【EP4CE6E22C8】。

3）引脚锁定

根据 FPGA 最小系统板与 LCD1602 的连接原理图可知，LCD1602 显示控制器输入输出端口与目标芯片引脚的连接关系如表 6.5 所示。

表 6.5　显示控制器输入输出端口与目标芯片引脚的连接关系表

输　入		输　出	
端口名称	芯片引脚	端口名称	芯片引脚
clk	pin_23	lcd_rs	pin_101
reset	pin_25	lcd_rw	pin_104
		lcd_e	pin_106
		data[0]	pin_111
		data[1]	pin_113
		data[2]	pin_115
		data[3]	pin_120
		data[4]	pin_125
		data[5]	pin_127
		data[6]	pin_129
		data[7]	pin_133

引脚锁定的操作方法：在 Quartus II 集成环境中，选择【Assignments】→【Pin Planner】菜单命令，在弹出的【Pin Planner】对话框的【Location】列空白位置双击，根据表 6.5 输入相对应的引脚值。完成设置后的【Pin Planner】对话框如图 6.35 所示。当引脚分配完成以后，必须再次执行编译命令，才能保存引脚锁定信息。

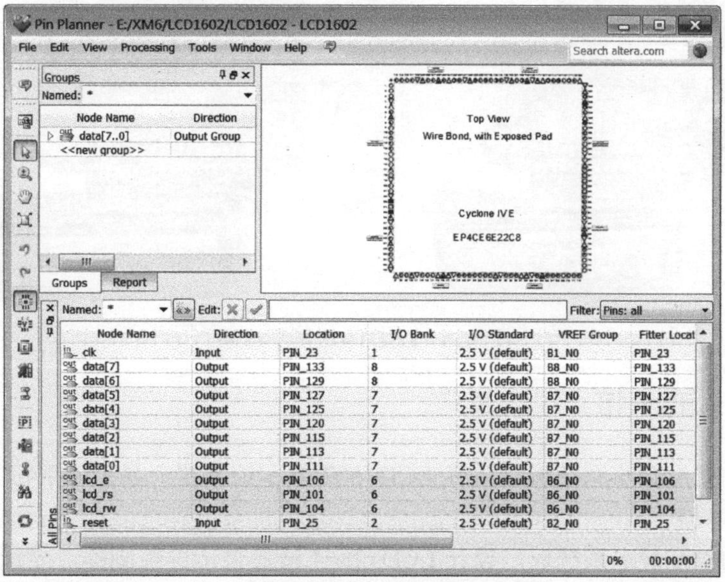

图 6.35　引脚锁定结果

4）下载设计文件

将“USB-Blaster”下载电缆的一端连接到 PC 的 USB 口，另一端接到 FPGA 最小系统板的 JTAG 口，接通 FPGA 最小系统板的电源，进行下载配置，配置方法如下。

在 Quartus Ⅱ 集成环境中，选择【Tool】→【Programmer…】菜单命令或单击工具栏中的【Programmer】按钮，弹出【Programmer】对话框；单击【Hardware Setup…】按钮，弹出硬件设置对话框；单击【Hardware Settings】标签，在【Currently selected hardware】下拉列表框中选择【USB-Blaster[USB-0]】；单击【Close】按钮关闭硬件设置对话框。这时，在【Programmer】对话框的【Hardware Setup…】按钮后的栏内填入了“USB-Blaster[USB-0]”。

在【Programmer】对话框的【Mode】下拉列表框中选择【JTAG】模式；选择下载文件“LCD1602driver.sof”的【Program/Configure】选项；单击【Start】按钮，编程下载开始，下载进度达 100%说明下载完成。

5）硬件测试

将【reset】端设置为高电平；LCD1602 的第 1 引脚“VSS”接电源地；第 2 引脚“Vdd”接电源正极（+5V）；第 3 引脚“VL”接液晶显示偏压（一般接电位器用以调整偏压信号，当接正电源时对比度最弱，接地时对比度最高）；第 15 引脚“LEDA”接电源正极（+5V）；第 16 引脚“LEDK”接电源地。观察 LCD1602 显示结果，如图 6.36 所示。

结果显示为：

```
FPGA Control LCD
Display Number 0
```

其中，数字不断发生改变，由 0 至 9 循环显示。

图 6.36　LCD1602 显示结果

做一做，试一试

（1）基于 FPGA 最小系统板，设计 LCD1602 显示控制器，显示的字符具有自左向右移动显示的效果。

（2）基于 FPGA 最小系统板，设计 LCD12864 液晶显示屏控制器，显示中文字符。

（3）基于 FPGA 最小系统板，设计 LCD12864 液晶显示屏控制器，显示的字符具有上下移动的效果。

项目小结

本项目通过基于 VHDL 程序的 LCD1602 显示控制器设计制作，训练学生将驱动实际电子元器件工作的逻辑时序转化为 VHDL 硬件语言描述的能力；使学生熟悉状态机的类型和特点，熟练使用状态机描述时序逻辑控制电路。

项目 7 LED 点阵显示屏控制器设计制作

LED 点阵显示屏广泛应用于各种公共场合的广告屏及公告牌。本项目以 LED 点阵显示屏控制器设计为载体，通过基于 FPGA 最小系统板的 LED 点阵显示屏控制器的设计制作，说明 VHDL 程序的结构描述方式、元件例化语句的使用、LPM（Library of Parameterized Modules）宏功能模块的使用。

7.1 LED 点阵显示屏控制器设计任务描述

利用 FPGA 最小系统板，采用文本输入法，基于 VHDL 程序设计制作 LED 点阵显示屏控制器，循环显示英文与中文字符。LED 点阵显示屏由 3 片 16×16LED 点阵组成。

1. 学习目的

能 力 目 标	知 识 目 标
（1）能将实际数字系统需求转化为数字电子系统硬件语言描述。 （2）能用层次化、结构化方法描述数字电子系统电路。 （3）能根据设计需要定制 PLL 宏功能模块。 （4）能根据设计需要定制 ROM 宏功能模块。 （5）能用 VHDL 程序控制 LED 点阵的显示	（1）了解 VHDL 程序的行为描述、数据流描述和结构化描述概念。 （2）掌握元件例化语句的使用方法。 （3）了解 LED 点阵显示屏显示原理。 （4）掌握 LPM 宏功能模块的使用方法

2. 任务描述

功能要求：用 3 片 16×16LED 点阵组成点阵显示屏，循环左移显示“FPGA 控制点阵”等信息，其中英文字母为半角形式，即每个字母为 8×16 点阵，一片 LED 点阵显示 2 个英文字母；中文字符为 16×16 点阵，即一片 LED 点阵显示 1 个汉字，显示效果如图 7.1 所示。

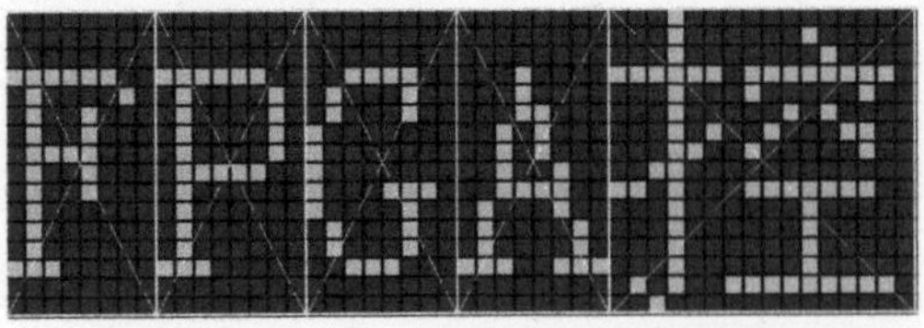

图 7.1 LED 点阵显示屏显示效果图

软件设计要求：在 Quartus II 软件平台上用 VHDL 程序设计 LED 点阵显示屏控制器，并通过编译及 ModelSim 仿真软件对设计结果进行仿真检查。

3. 教学工具

（1）计算机。
（2）Quartus II 软件。
（3）ModelSim 仿真软件。
（4）FPGA 最小系统板，16×16LED 点阵，万能电路板，连接线。

7.2　LED 点阵显示屏控制器设计方案

当用 3 片 16×16LED 点阵显示多于 3 个字符的信息时，显示方式可采用分屏交替显示，也可采用移动循环显示。根据设计任务要求，本设计采用循环左移的方式显示。

1. 显示原理与硬件电路连接

LED 点阵显示屏通常由多片 16×16 或 8×8LED 点阵组成，通过控制每片点阵每个点的亮暗显示信息。

1）单 LED 点阵显示原理与硬件电路连接

16×16LED 点阵由 256 个发光二极管按矩阵形式排列而成，每一行 LED 有一个公共的阳极（或阴极），每一列 LED 有一个公共的阴极（或阳极）。用 16×16LED 点阵显示字符，就是控制组成字符的各个点所在位置的 LED 发光。一般利用人眼的视觉暂留效应，采用动态分时扫描技术使 LED 点阵模块显示字符。动态分时扫描简单地说就是送出第 1 列各行 LED 亮灭的数据，同时选通该列使其点亮一定时间，然后熄灭；再送出第 2 列各行 LED 亮灭的数据，同时选通第 2 列使其点亮相同的时间，然后熄灭；以此类推，完成第 16 列的显示之后，又重新点亮第 1 列，如此反复循环。只要循环速度足够快（24 次/s 以上），由于人眼的视觉暂留效应，能够看到显示屏上显示稳定的字符。

FPGA 引脚资源丰富，且可设置成点亮 LED 所需的电流驱动模式，在 LED 点阵显示要求不高的情况下，为了制作电路简单，可以不加驱动电路，直接用 FPGA 引脚输出驱动 16×16LED 点阵，连接原理图如图 7.2 所示。点阵字符显示可采用列扫描方法，即 FPGA 生成列选通信号 c_0～c_{15}，同时输出对应列各行的数据；也可采用行扫描方法，即 FPGA 生成行选通信号 r_0～r_{15}，同时输出对应行的各列的数据。

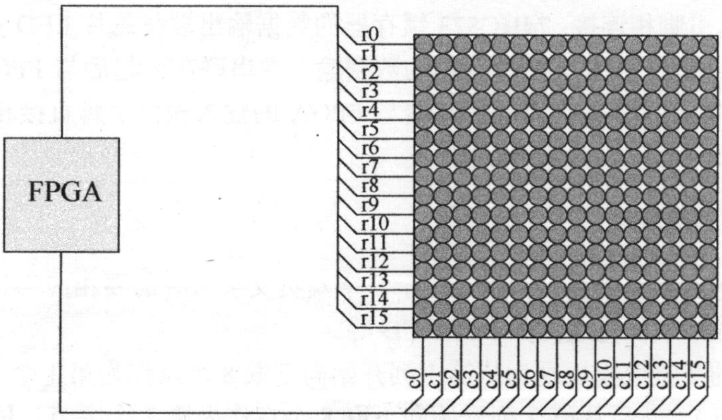

图 7.2　FPGA 与 LED 点阵连接原理图

2）3LED点阵显示屏硬件电路连接

3LED点阵显示屏由3片16×16LED点阵组成，它可同时显示3个点阵字符（全角，下同）。如果采用单字符显示的连接方式，显示1个点阵字符需要控制16个行与16个列信号，即32个控制信号，3个字符需要96个控制信号，需要使用FPGA的96个引脚。虽然FPGA具有丰富的引脚资源，但基于cyclone IV E系列芯片的FPGA最小系统板的输入输出引脚除了已使用的引脚，可供用户使用的只有80余个，显然输入输出引脚数量达不到要求。

在不增加硬件资源的条件下，只要改变3个LED点阵的连接方式，就可实现3字符点阵同时显示。连接方法是将3个LED点阵的行（或列）信号串联后与FPGA的输入输出引脚相连，而每个LED点阵的列（或行）信号直接与FPGA的输入输出引脚相连，连接方式如图7.3所示。这样的连接方式只需要64个输入输出引脚，基于cyclone IV E系列芯片的FPGA最小系统板的输入输出引脚可以达到连接的要求。

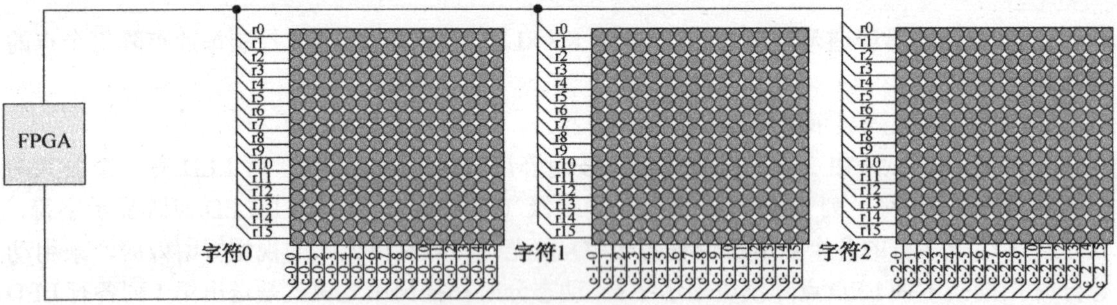

图7.3　LED点阵与FPGA连接原理图

3）多LED点阵显示屏硬件电路连接

同时显示多于3个的点阵字符时，如16个点阵字符，需要16片16×16LED点阵，如果采用显示3个点阵字符的连接方式，16个LED点阵的行（或列）信号串联后与FPGA的输入输出引脚相连接，而每个LED点阵的列（或行）信号直接与FPGA的输入输出引脚相连接。这样的连接方式需要（16×16）+16=272个输入输出引脚，显然基于cyclone IV E系列芯片的FPGA最小系统板的引脚数量达不到连接的要求。

如果采用FPGA最小系统板控制显示屏，可通过增加74HC573锁存器来实现，每个LED点阵对应2个74HC573锁存器。其连接方式为16片LED点阵的行（或列）信号串联后与FPGA的输入输出引脚相连接；74HC573锁存器的数据输出端与每片LED点阵字符的列（或行）信号相连接，每个74HC573锁存器的数据输入端串联在一起后与FPGA的输入输出引脚连接；每个74HC573锁存器的控制端与FPGA的输入输出引脚直接相连接，连接的原理图如图7.4所示。

2. 点阵字符的取模

根据汉字及英文字符的显示原理，显示汉字及英文字符时需要相应字符的字模，一般字符的取模由字符取模软件完成，如PCtoLCD等。

本设计采用的字符取模规则为从第1列开始向下取8个点作为第1个字节（位按从低到高排序是从上到下），然后从第2列开始向下取8个点作为第2个字节，依此类推。取模顺序是从高到低，即第1个点作为最高位。由于显示的英文字符“FPGA”采用8×16点阵，所以每个英文字符有 16 个字节，前 8 个字节表示该字符的上半部分，后 8 个字节表示下半部分。汉字“控制点阵”采用 16×16 点阵，因而，每个汉字字符有 32 个字节，前 16 个字节表示该汉字的上半部分，后 16 个字节表示下半部分。“FPGA 控制点阵”的点阵图如图 7.5 所示。各字符的十进制取模码如表 7.1 所示。

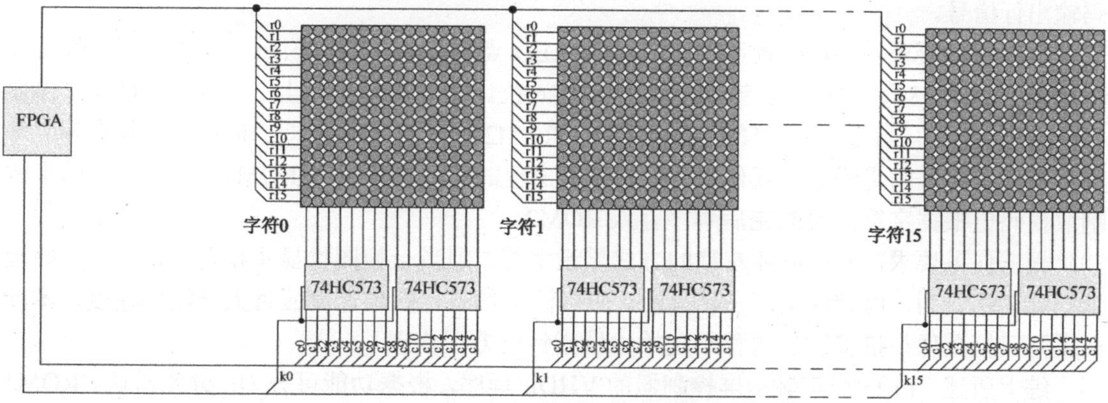

图 7.4　16 个 LED 点阵与 FPGA 连接原理图

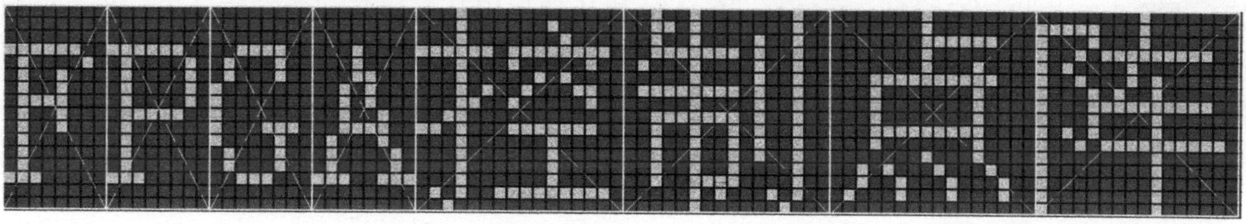

图 7.5　“FPGA 控制点阵”字符的点阵图

表 7.1　“FPGA 控制点阵”字符的十进制取模码表

列　数	1	2	3	4	5	6	7	8	9	10	11	12	13	14	15	16
“F”字的上半部分	8	248	136	136	232	8	16	0								
“F”字的下半部分	32	63	32	0	3	0	0	0								
“P”字的上半部分	8	248	8	8	8	8	240	0								
“P”字的下半部分	32	63	33	1	1	1	0	0								
“G”字的上半部分	192	48	8	8	8	56	0	0								
“G”字的下半部分	7	24	32	32	34	30	2	0								
“A”字的上半部分	0	0	192	56	224	0	0	0								
“A”字的下半部分	32	60	35	2	2	39	56	32								
“控”字的上半部分	8	8	8	255	136	72	0	152	72	40	10	44	72	216	8	0
“控”字的下半部分	2	66	129	127	0	0	64	66	66	66	126	66	66	66	64	0
“制”字的上半部分	0	80	79	74	72	255	72	72	72	0	252	0	0	255	0	0
“制”字的下半部分	0	0	63	1	1	255	33	97	63	0	15	64	128	127	0	0
“点”字的上半部分	0	0	0	224	32	32	32	63	36	36	36	244	36	0	0	0
“点”字的下半部分	0	64	48	7	18	98	2	10	18	98	2	15	16	96	0	0
“阵”字的上半部分	254	2	18	42	198	136	200	184	143	232	136	136	136	136	0	0
“阵”字的下半部分	255	0	2	4	3	4	4	4	4	255	4	4	4	4	4	0

3. LED 点阵显示屏控制器设计方案

LED 点阵显示屏控制器的功能是在时钟信号的控制下，生成列扫描信号，与此同时，生成相应的地址信号；根据地址信号，将事先存放在 ROM 中的各字符行编码取出；根据行编码输出行信号。

根据任务要求，须同时控制 3 片 16×16LED 点阵显示字符，因而，生成的列扫描选通信号为 16×3=48 位，输出对应列的行信号为 16 位。采用 FPGA 片上 2 个 8 位 ROM 存储器同时输出 16 位行信号。ROM1 输出低 8 位，ROM2 输出高 8 位，即“FPGA 控制点阵”等字符的上半部分的十进制取模码值，根据字符出现的先后顺序存入 ROM1，下半部分的十进制取模码值根据字符出现的先后顺序存入 ROM2。

根据任务要求，要以循环左移的方式显示字符，则当一帧图像显示稳定后，应将起始地址指针下移一列，以完成循环左移显示。应当注意的是，扫描速度应远大于滚动速度，本项目采用一帧图像扫描多次后再移动起始地址指针的方式实现。

综上所述，LED 点阵显示屏控制器的 VHDL 程序，根据功能可分为：分频模块、ROM1 模块、ROM2 模块、扫描信号和地址生成模块。分频模块的功能是将系统输入的时钟信号分频，变换为列扫描信号时钟；ROM1、ROM2 模块的作用是存储各列的行信号值，并在列扫描信号时钟的控制下，根据地址值及时输出对应的行信号；扫描信号和地址生成模块的功能是生成并输出列扫描信号，控制 ROM1、ROM2 输出行信号。

4. LED 点阵显示屏控制器设计制作流程

根据任务要求确定设计方案；根据设计方案，在 EDA 工具软件平台上设计 LED 点阵显示屏控制器数字逻辑电路并仿真；将数字逻辑电路载入 FPGA 芯片；将 3 片 16×16LED 点阵与 FPGA 芯片相应的引脚相连接，并进行功能验证。利用 FPGA 最小系统板，设计基于 VHDL 的 16×16LED 点阵显示屏控制器电路，具体流程如图 7.6 所示。

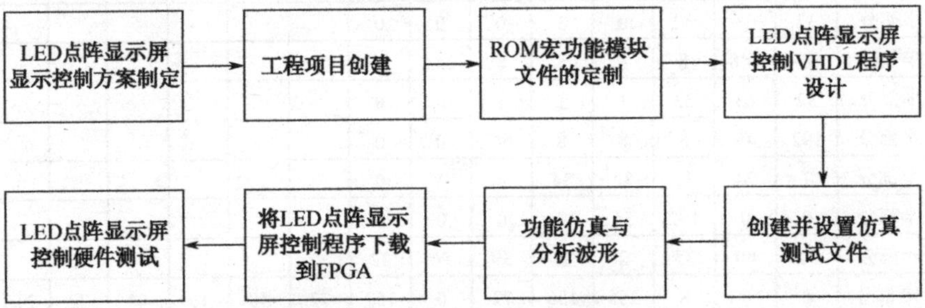

图 7.6　LED 点阵显示屏设计制作流程

7.3　知识链接——VHDL 程序的描述方式与 PLM 的使用

VHDL 程序可以用不同方式来描述硬件电路功能。另外，FPGA 器件内还提供了一系列宏功能模块供设计者使用，只要根据实际电路的设计需要选择 LPM 库中的适当模块，为其设定适当的参数，便可以分享优秀电子工程师的设计成果。应用 LPM 库中的功能模块可提高 EDA 电路设计的效率和可靠性。下面主要介绍 VHDL 程序的描述方式和参数化宏功能模块的定制方法。

1．VHDL 程序的描述方式

用 VHDL 程序描述一个数字系统的描述方式有行为描述、数据流描述和结构化描述三种描述方式。根据具体情况，可以用行为描述，也可以用数据流描述。主模块调用子模块时，一般采用结构化描述。对于一个复杂系统的描述，通常是几种描述方法混合使用。

1）行为描述方式

如果 VHDL 程序只描述电路的功能或者电路行为，没有直接指明或涉及实现这种行为的硬件结构，则称之为行为描述。行为描述只表示输入与输出之间的转换行为，不包含任何结构信息。行为描述反映一个设计的功能或算法，一般用进程内的顺序语句表达，属于高层次描述，与计算机高级语言类似。

【例 7.1】二输入与非门的行为描述

```
library ieee;
use ieee.std_logic_1164.all;
entity noand_2 is
   port(i1,i2:in std_logic;
         out_l:out std_logic);
end noand_2;
architecture behave of noand_2 is
begin
process(i1,i2)
begin
   if i1='1' and i2='1' then
      out_l<='0' after 5ns;
   else
      out_l<='1' after 5ns;
   end if;
end process;
end behave;
```

程序说明：例 7.1 对二输入与非门的描述方式是行为描述方式，它从与非门输入和输出的逻辑关系出发，是对与非门性能的一种描述，这种描述是一种抽象描述，而不是针对某一器件。

2）数据流描述方式

数据流描述方式也称 RTL 描述方式，即寄存器传输级描述，数据流描述方式就是用布尔代数表达式描述电路或系统中信号的传送关系。对数据流的描述建立在并行信号赋值语句描述基础上，当语句中任一输入信号的值发生改变时，赋值语句就被激活，随着这种语句对电路行为的描述，大量有关这种结构的信息也从这种逻辑描述中“流出”。数据流描述直观地表达了电路底层的逻辑行为，是一种可以进行逻辑综合的描述方式。

【例 7.2】半加器的数据流描述

```
library ieee;
use ieee.std_logic_1164.all;
entity half_adder is
port(a,b: in std_logic;
      s,c0: out std_logic);
```

```
end half_adder;
architecture hadd of half_adder is
    signal c,d : std_logic:='0';
begin
    c<= a or b;
    d<= a nand b;
    c0<= not d;
    s<= c and d;
end hadd;
```

程序说明：例 7.2 对半加器的描述采用数据流描述方式，输入信号 a 和 b 的变化，引起或门输出 c 及与非门输出 d 的变化，而 c 和 d 的变化进一步引起半加器进位输出 c0 及半加器的和 s 的变化。

3）结构化描述方式

结构化描述方式以元件为基础，通过描述模块和模块之间的连接关系，反映整个系统的构成和性能。此方法适用于多层次设计，可以把一个复杂的系统分为多个子系统，将每一个子系统设计为一个模块，再用此方式描述模块和模块之间的连接关系，形成一个整体。多层次设计可以使多人协作，同时进行开发，因而，结构化描述不仅是一种设计方法，而且也是一种设计思想。

在结构化描述方式中，元件例化语句是基本描述语句，元件例化语句由元件声明和元件调用两部分组成。

元件声明语句在结构体、程序包(package)、块语句(block)的说明部分声明。元件声明语句用于调用已生成的元件，这些元件可能在库中，也可能是预先编写的元件实体描述。如果是库中的标准化元件，可用 use 语句从 work 库中的 gatespkg 程序包里获取；如果是用户自定义的具有特殊功能的元件或 IP 核元件等预先编写的元件，则用 component 语句声明。component 元件声明语句的格式为：

```
component 元件名
[类属语句]
port （端口语句）;
end component;
```

component 元件声明语句相当于对一个设计好的实体进行封装，留出对外的接口。其中，“元件名”为调用模块的实体名；类属语句及端口语句的说明与要调用模块的实体相同，即名称及顺序要完全一致。

声明元件后，可以对元件进行调用，元件调用语句的格式为：

```
例化名：元件名 port  map(信号，…);
```

上述语句在结构体并行执行语句中使用。其中“例化名”相当于元件标号，是必需的。“port map(信号，…)”部分将调用的元件与当前设计实体中的指定端口相连，实现端口关联的方式有名称关联和位置关联两种。

名称关联格式为：

例化名：Port map(元件端口 1=>关联信号 1,元件端口 2=>关联信号 2,…,元件端口 *n*=>关联信号 *n*);

“=>”是关联符，表示采用名称关联，将左边的调用元件端口与右边的关联信号相连，各端口关联说明的顺序任意。

位置关联格式为：

例化名：port map(关联信号 1，关联信号 2,…，关联信号 *n*);

使用位置关联时采用顺序一致原则，即元件说明语句中的端口按顺序依次与关联信号 1 到关联信号 *n* 连接。

【例 7.3】 采用结构化描述方式描述如图 7.7 所示的逻辑原理图。

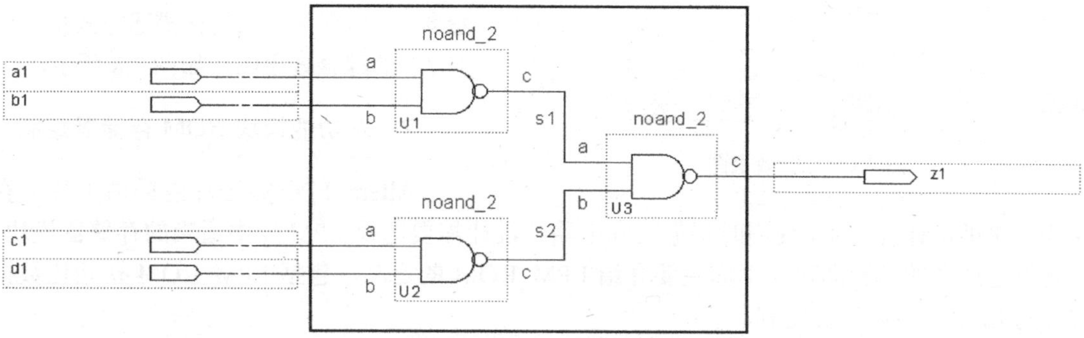

图 7.7　四输入逻辑电路原理图

（1）创建工程，在工程中创建文件名为“noand_2”的 VHDL 程序文件，实现二输入与非逻辑门功能的 VHDL 程序如下：

```
library ieee;
use ieee.std_logic_1164.all;
entity  noand_2  is
   port(a,b:in std_logic;
         c:out std_logic);
end entity noand_2;
architecture behave of noand_2  is
begin
   c<=a nand b;
end architecture behave;
```

（2）在同一工程中，创建文件名为“ord4_1”的 VHDL 程序文件，并置为顶层文件。采用结构化描述方式，实现四输入逻辑功能的 VHDL 程序如下：

```
library ieee;
use ieee.std_logic_1164.all;
entity ord4_1 is
   port(a1,b1,c1,d1:in std_logic;
         z1:out std_logic);
end entity ord4_1;
architecture behave of ord4_1 is
   component noand_2 is          --声明元件
      port(a,b:in std_logic;
            c:out std_logic);
   end component noand_2;
   signal  s1,s2:std_logic;
begin
   u1:noand_2  port map(a1,b1,s1);          --位置关联方式
```

```
    u2:noand_2  port map(a=>c1,c=>s2,b=>d1); --名称关联方式
    u3:noand_2  port map(s1,s2,c=>z1);      --混合关联方式
end architecture behave;
```

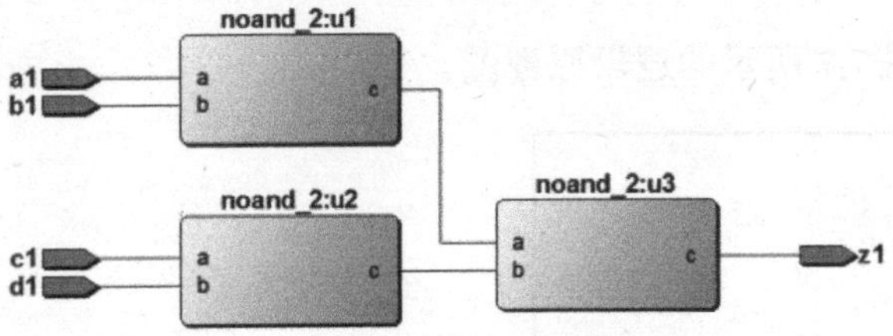

图 7.8　综合效果图

（3）编译“ord4_1”程序文件，在Quartus II 集成环境中，选择【Tool】→【Netlist Viewers】→【RTL Viewer】菜单命令，将出现采用结构化描述方式描述的例 7.3 的综合效果图，如图 7.8 所示。

2. 宏功能模块 ROM 存储器定制

Altera FPGA 芯片内提供了片上存储器模块供设计者使用，使用时根据实际电路的设计需要选择 LPM 库中适当的存储器模块，为其设定适当的参数即可。下面主要介绍 LPM_ROM 的定制，包括 LPM_ROM 初始化数据文件与 LPM_ROM 元件定制。

1）定制 LPM_ROM 初始化数据文件

初始化数据文件的格式有 Memory Initialization File(.mif)格式和 Hexadecimal (Intel-Format)File(.hex)格式。下面以建立 256 字节，位宽为 8 位的“.mif”格式初始化数据文件为例，说明定制 LPM_ROM 初始化数据文件的方法。

（1）在 Quartus II 集成环境中，选择【File】→【New...】菜单命令，弹出编辑文件类型【New】对话框，如图 7.9（a）所示。

（2）选择【Memory File】→【Memory Initialization File】选项，创建“.mif”格式初始化数据文件。如果选择【Hexadecimal(Intel-Format)File】选项，则创建的是“.hex”格式的初始化数据文件。单击【OK】按钮退出【New】对话框；弹出【Number of Words & Word Size】对话框，如图 7.9（b）所示。

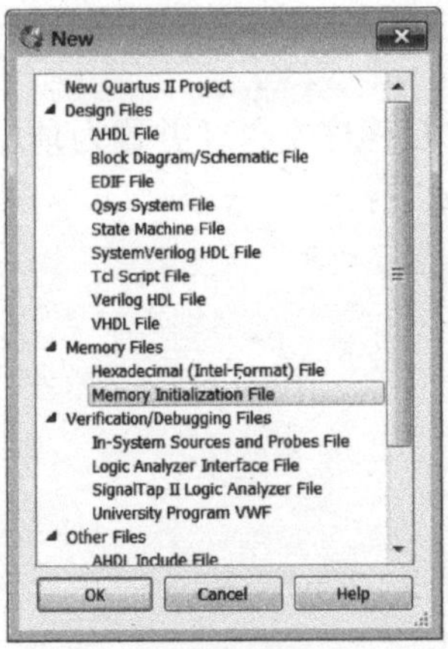

（a）创建初始化数据文件

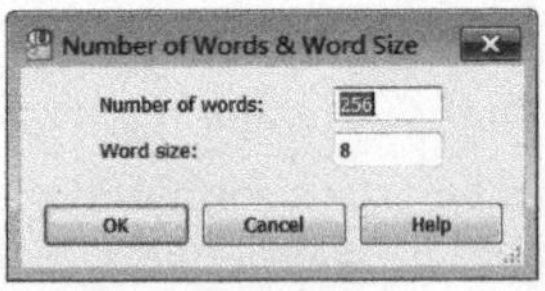

（b）设置 ROM 字节数与位宽

图 7.9　定制初始化数据文件（一）

（3）在【Number of Words & Word Size】对话框中可设置 ROM 数据文件大小，包括字节数【Number of words】及位宽【Word size】。根据设计要求设置 ROM 数据文件的字节数和位宽后，单击【Number of Words & Word Size】对话框【OK】按钮，在 Quartus II 集成环

境中，将自动创建“.mif”格式的 ROM 初始化文件数据表格，如图 7.10（a）所示。

（4）表格中的数据格式设置。在窗口边缘地址栏【Addr】的列或行上单击右键，弹出的快捷菜单如图 7.10（b）所示。【Address Radix】选项用于设置 ROM 地址值的显示方式；【Memory Radix】选项用于设置 ROM 中每个字节的数据显示方式。

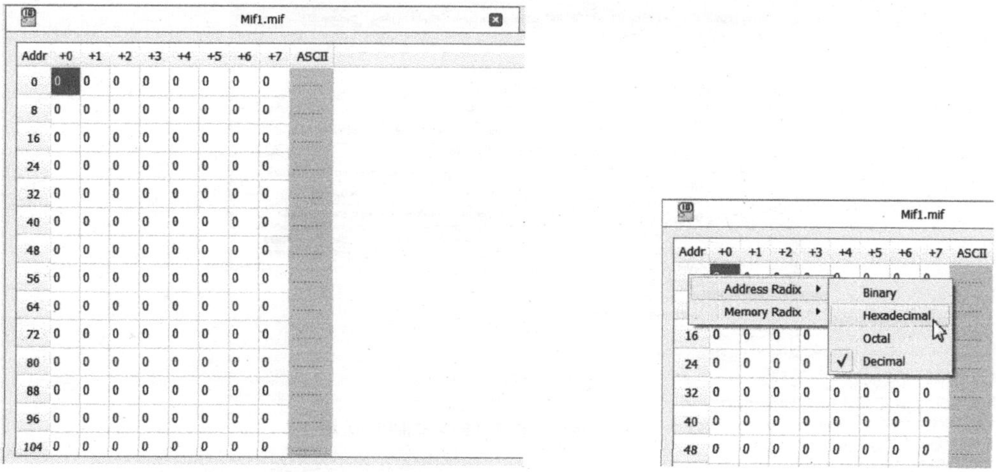

（a）空白的 ROM 初始化文件数据表格　　　　（b）设置地址与存储器显示格式

图 7.10　定制初始化数据文件（二）

此表中任一数据（如第 4 行第 3 列）对应的地址为左列与顶行数之和（如 24+2=26，十六进制为 1AH，即 00011010）。根据设计要求将 ROM 的数据填入此表，完成后，选择【File】→【Save as】菜单命令，选择适当的文件名，完成 LPM_ROM 初始化数据文件的定制。

2）定制 LPM_ROM 元件

通常利用插件管理向导【MegaWizard Plug-In Manager】定制 LPM_ROM 宏功能模块，并将 ROM 初始化数据加载于此 ROM 中。设计步骤如下：

（1）在 Quartus II 集成环境中，选择【Tools】→【MegaWizard Plug-In Manager】菜单命令，弹出插件管理向导第 1 页【MegaWizard Plug-In Manager[page 1]】对话框，如图 7.11 所示。

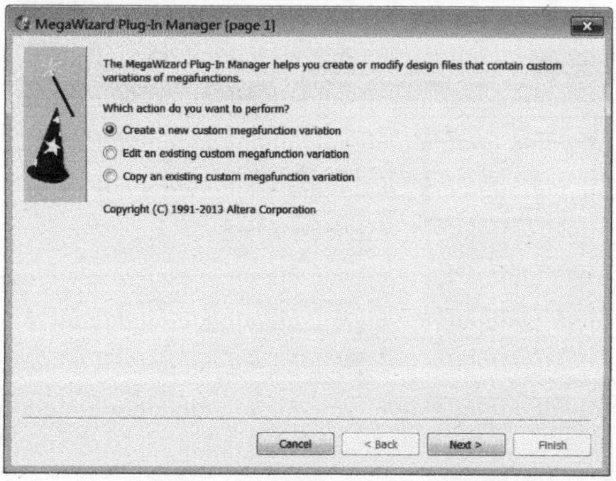

图 7.11　宏功能模块定制向导对话框

选择【Create a new custom megafunction variation】项，定制一个新的宏功能模块元件；单击

【Next】按钮，产生如图 7.12 所示的【MegaWizard Plug-In Manager[page 2a]】对话框。如果要编辑修改一个现有的宏功能模块，则选择【Edit an existing custom megafunction variation】项；如果要复制现有的宏功能模块，则选择【Copy an existing custom megafunction variation】项。

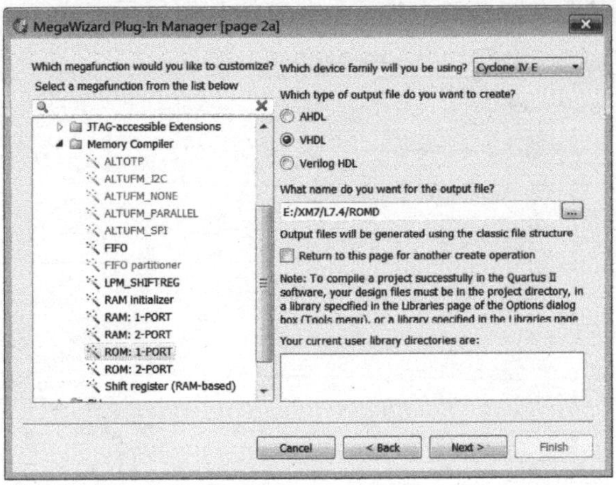

图 7.12　ROM 宏功能模块定制对话框

（2）在【MegaWizard Plug-In Manager[page 2a]】对话框，可选择宏功能模块类型、目标芯片 FPGA 类型、输出文件类型及确定创建的宏功能模块的文件名。

在宏功能模块列表的安装插件【Installed Plug-Ins】展卷栏，选择编译存储器【Memory Compiler】项的单端口 ROM 宏功能模块【ROM：1-PORT】选项；在选择使用芯片栏，单击下拉列表按钮，根据使用的 FPGA 芯片选择类型；在【What type of output file do you want to create?】栏，选择创建的宏功能模块的输出文件类型；在【What name do you want for the output file?】栏，输入创建的宏功能模块的路径及文件名。

完成宏功能模块类型及输出文件名设置后，单击【Next】按钮，根据设置的创建宏功能模块的不同，将生成不同的设置对话框。如果设置的为单端口 ROM 宏功能模块，将弹出【MegaWizard Plug-In Manager[page 3 of 7]】对话框，如图 7.13 所示。

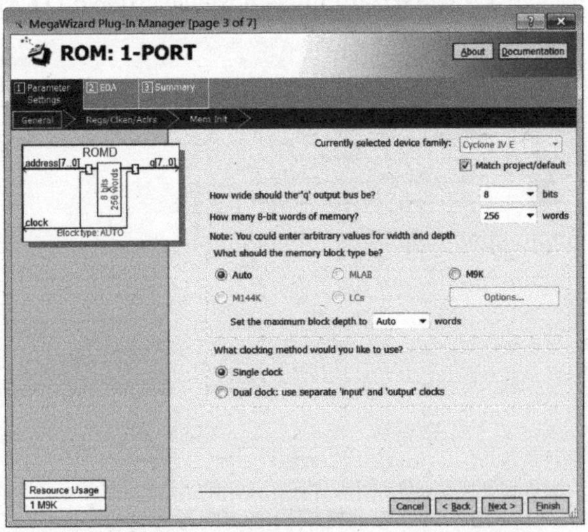

图 7.13　控制线、数据线及地址线定制对话框

（3）在如图 7.13 所示的对话框中，主要设置 ROM 宏功能模块的控制线、地址线和数据线。

在【How wide should the 'q' output bus be?】与【How many 8-bit words of memory?】栏，分别设计数据线数与地址线范围，具体设置要与 ROM 初始化数据文件相适应。

在【What should the memory block type be?】栏，选择默认的【Auto】，则在适配中，Quartus II 将根据选中的目标器件系列，自动确定嵌入 ROM 模块的类型（如 ACEX1K 系列为 EAB；APEX20K 系列为 ESB；Cyclone 系列为 M4K 等）。

在【What clocking method would you like to use】栏，选择【Single clock】选项，ROM 地址输入与 ROM 数值输出使用同一时钟信号控制；选择【Dual clock】选项，ROM 地址输入与 ROM 数值输出使用不同的时钟信号控制。

完成单端口 ROM 宏功能模块的控制线、地址线和数据线定制后，单击【Next】按钮，弹出【MegaWizard Plug-In Manager[page 4 of 7]】对话框，如图 7.14 所示。

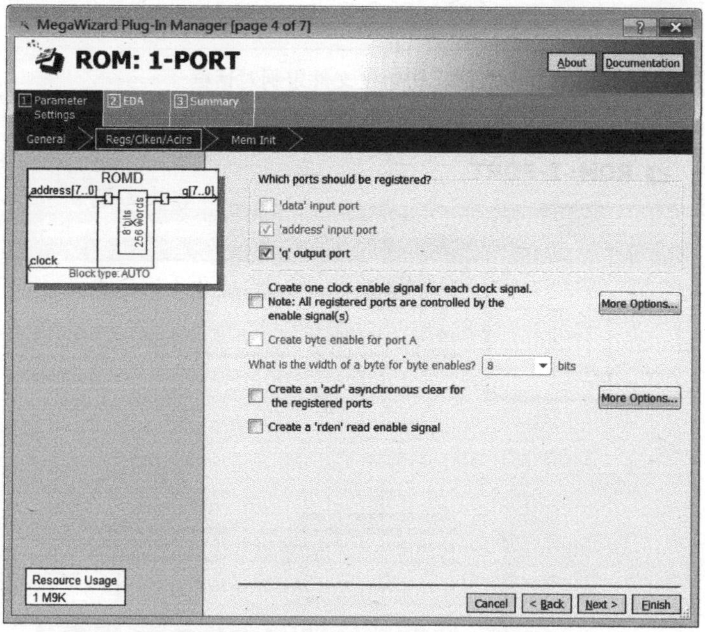

图 7.14　输入输出锁存器定制对话框

（4）在【MegaWizard Plug-In Manager[page 4 of 7]】对话框中可设置 ROM 输出端口的锁存器。在【Which ports should be registered?】栏，选择【'q' output port】复选框，则 ROM 内的数值输出通过锁存器输出；若不选，则直接输出。

完成输出方式的定制后，单击【Next】按钮，弹出【MegaWizard Plug-In Manager[page 5 of 7]】对话框，如图 7.15 所示。

（5）在【MegaWizard Plug-In Manager[page 5 of 7]】对话框中可设置 ROM 的初始化数据文件。选择【Yes,use this file for the memory content data】选项，单击对话框中的

按钮，选择前面创建的 ROM 初始化数据文件（.mif 或.hex 格式文件），定制 ROM 的初始化数据。

完成初始化文件定制后，单击【Next】按钮，弹出【MegaWizard Plug-In Manager[page 6 of 7]】对话框，如图 7.16 所示。

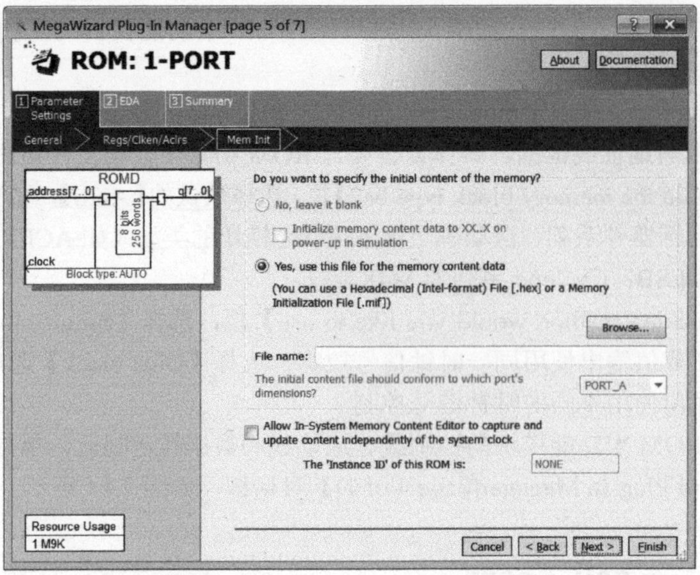

图 7.15　初始化文件定制对话框

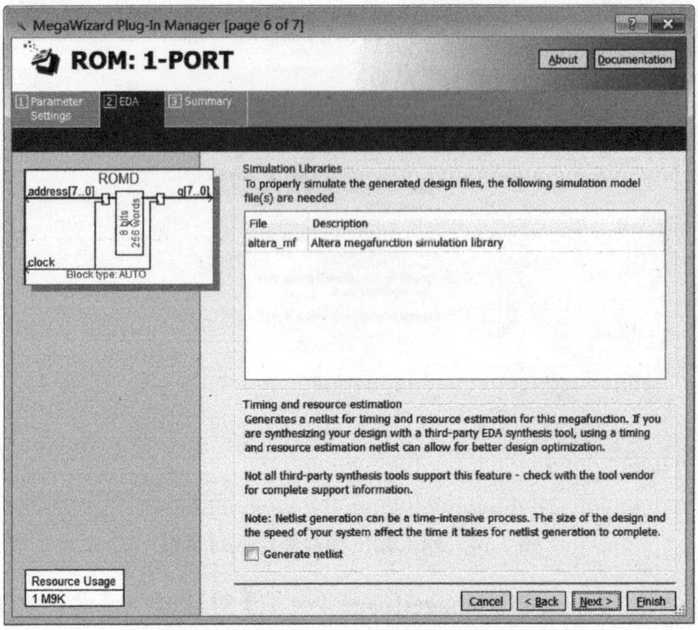

图 7.16　第三方综合工具设置对话框

（6）单端口 ROM 宏功能模块的【MegaWizard Plug-In Manager[page 6 of 7]】对话框，设置是否生成网表，在使用第三方 EDA 综合工具时是否允许优化，一般采用默认设置。单击【Next】按钮，弹出【MegaWizard Plug-In Manager[page 7 of 7]】对话框，如图 7.17 所示。

（7）在【MegaWizard Plug-In Manager[page 7 of 7]】对话框中可设置生成何种类型的宏功能模块输出文件。

【.vhd】为实例化的 VHDL 程序的宏功能模块文件；【.inc】为 AHDL 程序的宏功能模块文件；【.cmp】为宏功能模块的实例声明文件；【.bsf】为宏功能模块的原理图元件文件；【_inst.vhd】为宏功能模块元件的 VHDL 例化示例文件。

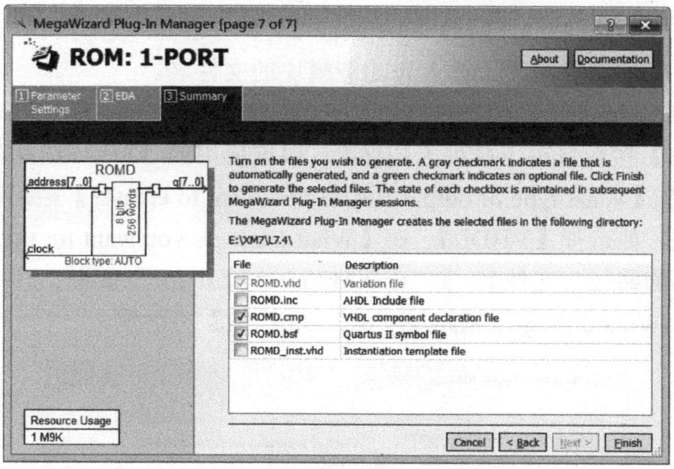

图 7.17　输出文件定制对话框

设置所需要的文件类型后，单击【Finish】按钮完成单端口 ROM 宏功能模块的定制。

3. 宏功能模块 PLL 锁相环定制

FPGA 内通常提供高性能的嵌入式锁相环(PLL)，此锁相环可以与输入的时钟信号同步，并以其作为参考信号实现锁相，从而输出多个同步倍频或分频的片内时钟信号，供逻辑系统使用。与直接来自外部的时钟信号相比，该片内时钟信号减少了时钟延时、时钟变形及片外干扰，可以改善时钟信号的建立和保持；该锁相环能对输入的参考时钟信号相对于某一输出时钟信号同步、独立地乘以或除以一个因子，并实现任意相移和输出信号占空比。下面介绍 FPGA 中嵌入式锁相环的定制方法：

（1）在 Quartus II 集成环境中，选择【Tools】→【MegaWizard Plug-In Manager】菜单命令，弹出插件管理向导的【MegaWizard Plug-In Manager[page 1]】对话框，如图 7.18 所示。

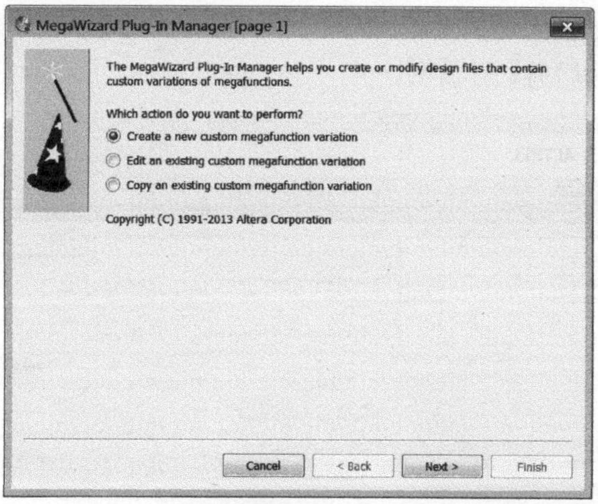

图 7.18　宏功能模块创建管理向导对话框

（2）选择【Create a new custom megafunction variation】项，定制一个新的宏功能模块元件，单击【Next】按钮。

（3）在【MegaWizard Plug-In Manager[page 2a]】对话框，定制 PLL 宏功能模块、目标芯片 FPGA 类型、输出文件类型及输入宏功能模块的文件名。

在【Installed Plug-Ins】展卷栏选择【I/O】项的锁相环【ALTPLL】；在【Which device family will you be using?】栏后单击下拉列表按钮，根据使用的 FPGA 选择芯片类型，如选择【Cyclone IV E】；在【What type of output file do you want to create?】栏，选择创建宏功能模块的输出文件类型，如选择【VHDL】；在【What name do you want for the output file?】栏设置宏功能模块输出的路径与文件名，如“E:/XM7/L7.5/PLL_Lx”，如图 7.19 所示，单击【Next】按钮，弹出【MegaWizard Plug-In Manager[page 3 of 14]】对话框。

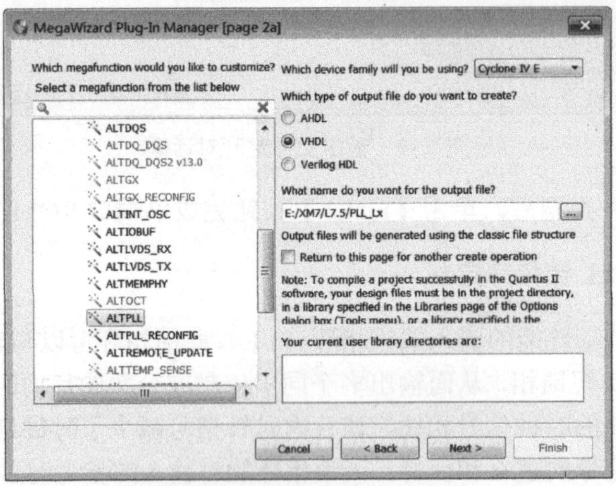

图 7.19　PLL 宏功能模块定制对话框

（4）在【MegaWizard Plug-In Manager[page 3 of 14]】对话框，定制 PLL 宏功能模块的输入频率、锁相环类型及工作模式。在【What is the frequency of the inclk0 input?】栏的输入框中输入外部输入频率值，如“50MHz”；在【Operation Mode】选项组，选择锁相环的工作模式，一般选择内部反馈通道的通用模式，如图 7.20 所示。单击【Next】按钮，弹出【MegaWizard Plug-In Manager[page 4 of 14]】对话框。

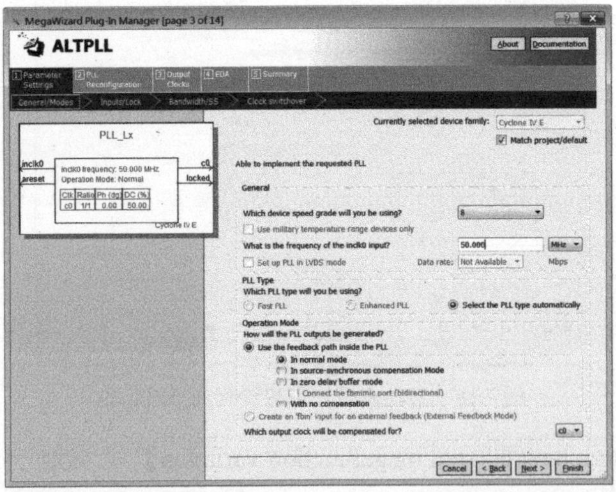

图 7.20　PLL 宏功能模块输入信号频率定制对话框

（5）在【MegaWizard Plug-In Manager[page 4 of 14]】对话框，主要定制 PLL 的控制信号，如 PLL 的使能控制信号“pllena”；异步复位信号“areset”；锁相输出信号“locked”等，如图 7.21 所示。单击【Next】按钮，弹出【MegaWizard Plug-In Manager[page 5 of 14]】对话框。

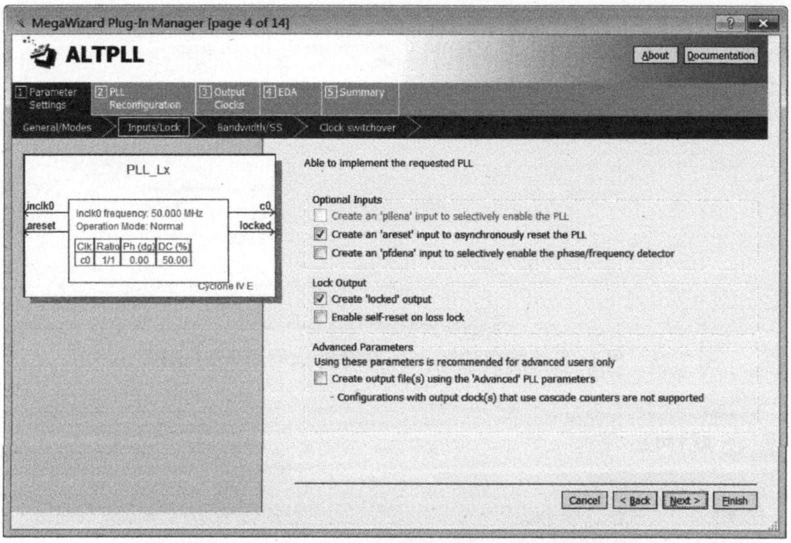

图 7.21　PLL 宏功能模块控制信号定制对话框

（6）在如图 7.22～图 7.24 所示的对话框中可设置输入信号脉宽及是否采用第二个外部时钟信号等，一般采用默认设置，在三个对话框中依次单击【Next】按钮，弹出【MegaWizard Plug-In Manager[page 8 of 14]】对话框。

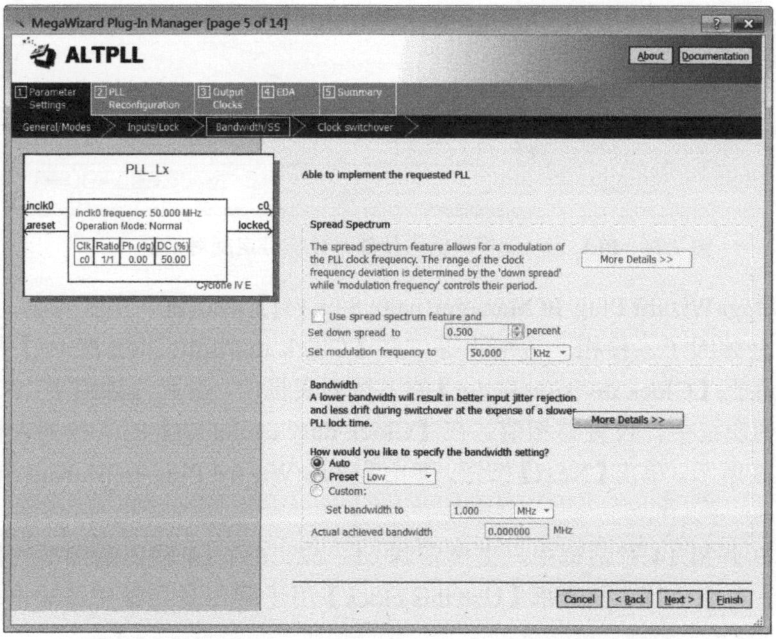

图 7.22　PLL 宏功能模块输入信号脉宽定制对话框

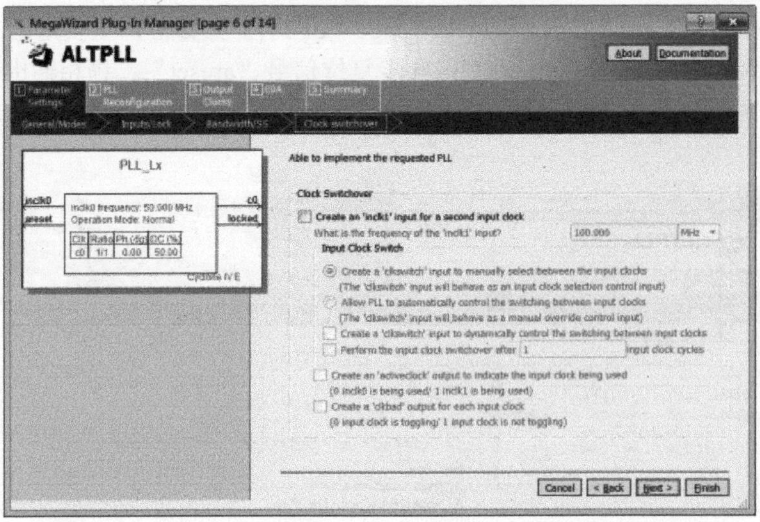

图 7.23　PLL 宏功能模块输入外部时钟信号定制对话框（一）

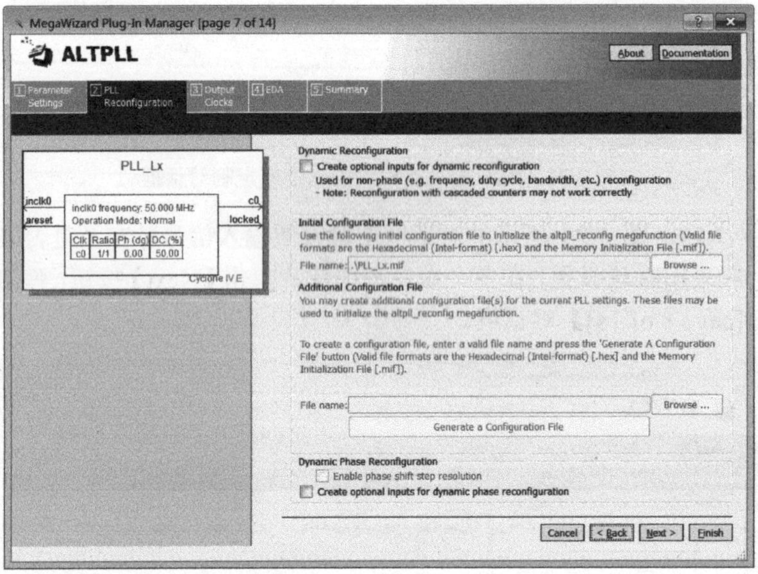

图 7.24　PLL 宏功能模块输入外部时钟信号定制对话框（二）

（7）在【MegaWizard Plug-In Manager[page 8 of 14]】对话框，主要定制 c0 输出端频率的倍频因子、分频因子、移相、占空比等。在【Clock multiplication factor】的下拉列表框中，设置倍频因子;【Clock division factor】的下拉列表框中，设置分频因子；在【Clock phase shift】的下拉列表框中，设置移相值；在【Clock duty cycle(%)】的下拉列表框中，设置占空比，如图 7.25 所示。单击【Next】按钮，弹出【MegaWizard Plug-In Manager[page 9 of 14]】对话框。

（8）在第 9 到第 14 对话框中，主要定制 c1、c2、c3、c4 输出端频率的倍频因子、分频因子、移相、占空比等。复选框【Use this clock】用于确定是否使用该输出端，如图 7.26 所示。

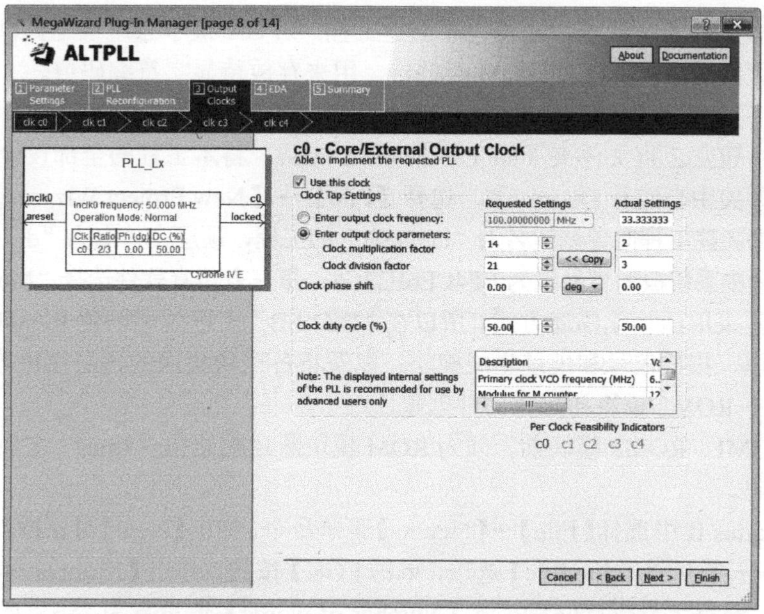

图 7.25　PLL 宏功能模块输出 c0 信号定制对话框

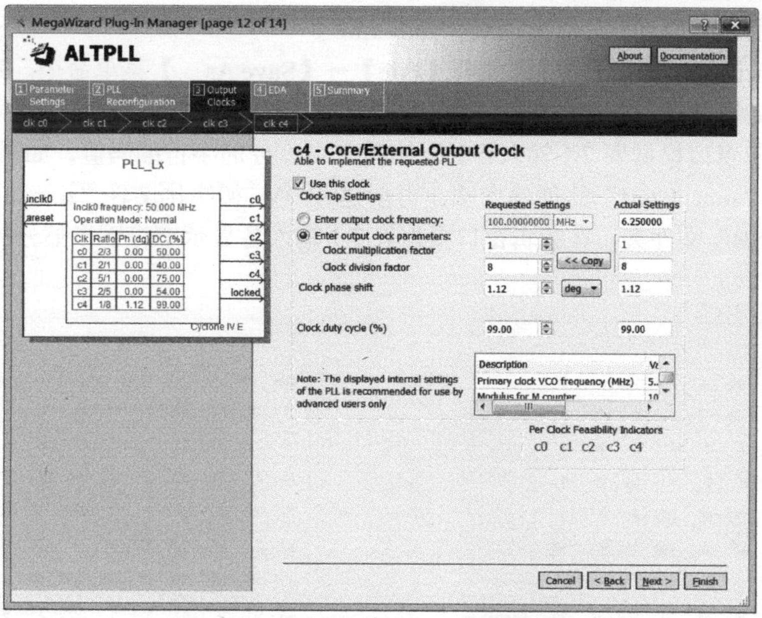

图 7.26　PLL 宏功能模块输出 c4 信号定制对话框

7.4　LED 点阵显示屏控制器设计制作实施

根据系统设计方案，本节介绍基于 FPGA 最小系统板的 LED 点阵显示屏控制器设计制作的实施过程。

1．工程创建和 ROM 存储器定制

Quartus II 设计工具以工程项目为管理对象，通过工程来管理所有设计文件及编译设计

过程产生的中间文件，设计程序之前先要创建工程。FPGA 最小系统板上提供了 ROM 存储器，可通过设置参数使用其上的 ROM 存储器，用来存放待显字符编码值。

1）工程创建

建立工程文件夹（如 E:/XM7/DZXSB），将本工程的全部设计文件保存在此文件夹中。运行 Quartus II，选择【File】→【New Project Wizard...】菜单命令，根据新建工程向导创建名为“DZXSB”的工程，顶层实体名为“dzxsb”；芯片根据选择的 FPGA 最小系统板的型号设为 EP4CE6E22G8；第三方仿真软件选择“ModelSim-Altera。

由于本工程采用结构化描述方式，所以在“DZXSB”工程内须创建 ROM1 模块、ROM2 模块、分频模块、扫描信号和地址生成模块，以及将各模块集成的顶层模块等程序文件。

2）ROM1、ROM2 模块初始化文件创建

在设计 ROM1、ROM2 模块前，须为 ROM 模块新建初始化“*.mif”文件，用来存储要显示的字符编码。

（1）在 Quartus II 中选择【File】→【New...】菜单命令，弹出【New】对话框；选择【Memory File】→【Memory Initialization File】选项，单击【OK】按钮；弹出【Number of Words & Word Size】对话框，设置字节数及位宽：将【Number of words】值设置为 256，将【Word size】值设置为 8，单击【OK】按钮完成设置。在 Quartus II 集成环境中，将弹出 ROM 初始化文件编辑窗口界面，并自动产生文本文件“mif1.mif”。

（2）在 Quartus II 集成环境中，选择【File】→【Save As...】菜单命令，弹出【另存为】对话框，将初始化文件命名为“rom_1.mif”，保存在“E:/XM7/DZXSB”文件夹。

（3）在编辑窗口根据表 7.1 输入各显示字符上半部分的字符编码值，如图 7.27 所示。

（4）仿照“rom_1.mif”的创建方法，再创建 ROM 初始化文件“rom_2.mif”，保存在“E:/XM7/DZXSB”文件夹。在编辑窗口根据表 7.1 输入各显示字符下半部分的字符编码值，如图 7.28 所示。

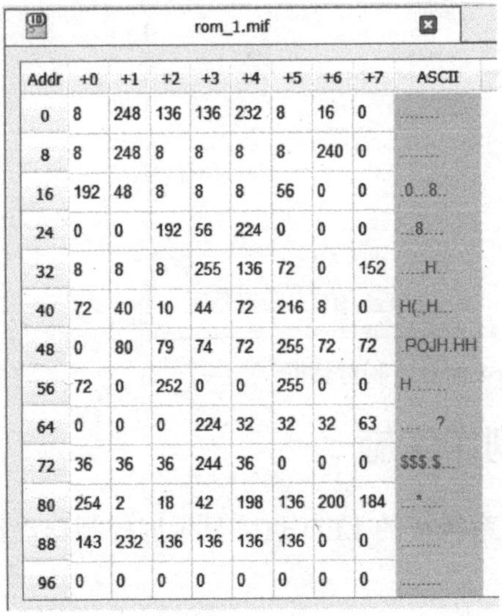

rom_1.mif

Addr	+0	+1	+2	+3	+4	+5	+6	+7	ASCII
0	8	248	136	136	232	8	16	0	....
8	8	248	8	8	8	8	240	0	....
16	192	48	8	8	8	56	0	0	.0...8..
24	0	0	192	56	224	0	0	0	...8....
32	8	8	8	255	136	72	0	152	.....H..
40	72	40	10	44	72	216	8	0	H(.,H...
48	0	80	79	74	72	255	72	72	.POJH.HH
56	72	0	252	0	0	255	0	0	H.......
64	0	0	0	224	32	32	32	63	.......?
72	36	36	36	244	36	0	0	0	$$$.$...
80	254	2	18	42	198	136	200	184	...*....
88	143	232	136	136	136	136	0	0	....
96	0	0	0	0	0	0	0	0	....

图 7.27　显示字符上半部分初始化文件

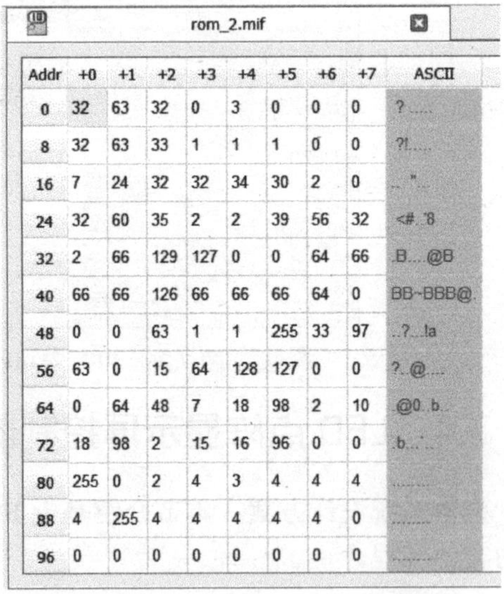

rom_2.mif

Addr	+0	+1	+2	+3	+4	+5	+6	+7	ASCII
0	32	63	32	0	3	0	0	0	?.....
8	32	63	33	1	1	1	0	0	?!.....
16	7	24	32	32	34	30	2	0	..."...
24	32	60	35	2	2	39	56	32	<#..'8
32	2	66	129	127	0	0	64	66	.B....@B
40	66	66	126	66	66	66	64	0	BB~BBB@.
48	0	0	63	1	1	255	33	97	..?...!a
56	63	0	15	64	128	127	0	0	?..@....
64	0	64	48	7	18	98	2	10	.@0..b..
72	18	98	2	15	16	96	0	0	.b...`..
80	255	0	2	4	3	4	4	4	....
88	4	255	4	4	4	4	4	0	....
96	0	0	0	0	0	0	0	0	....

图 7.28　显示字符下半部分初始化文件

3）ROM1、ROM2 宏功能模块文件创建

在 Quartus II 集成环境中，选择【Tools】→【MegaWizard Plug-In Manager】菜单命令，弹出宏功能模块应用向导【MegaWizard Plug-In Manager [page 1]】对话框，选择【Create a new custom megafunction variation】选项，定制新的宏功能模块，如图 7.29 所示。

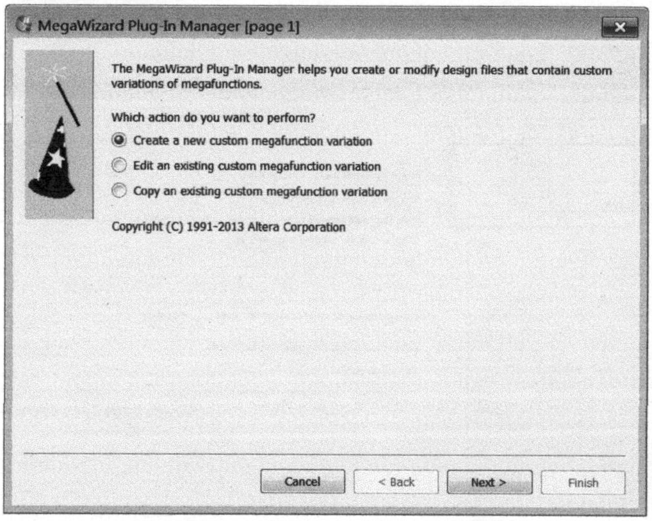

图 7.29　宏功能模块应用向导

（1）创建单端口只读存储器 ROM1。单击【Next】按钮，弹出【MegaWizard Plug-In Manager [page 2a]】对话框。在【Select a megafunction from the list below】栏，选择【Memory Compiler】展卷栏的【ROM：1-PORT】，创建单端口 ROM；在【Which device family will you be using?】项，选择 FPGA 的芯片类型为【Cyclone IV E】；在【Which type of output file do you want to create?】选项组，选择输出文件类型为【VHDL】；在【What name do you want for the output file?】栏，输入创建 ROM1 宏功能模块的文件名“char_rom_1”，如图 7.30 所示。

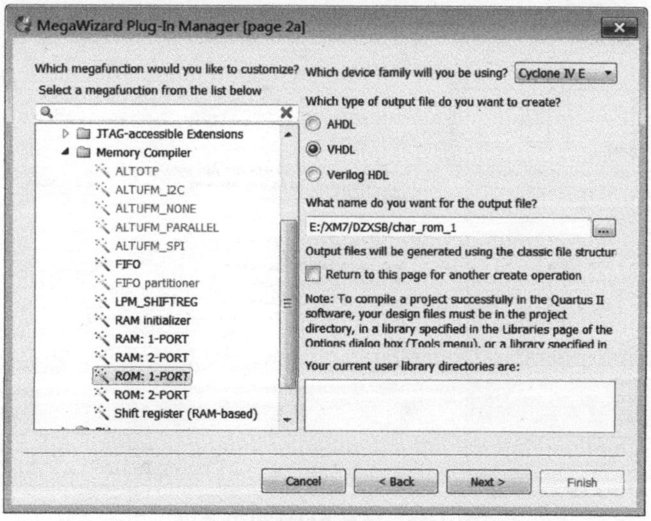

图 7.30　选择创建单端口只读存储器

（2）ROM1基本参数设置。单击【Next】按钮，弹出【MegaWizard Plug-In Manager [page 3 for 7]】对话框。根据初始化文件“rom_1.mif”确定的存储容量，将【How wide should the 'data_a' input bus be?】值设置为“8”；将【How many 8-bit words of memory?】值设置为“256”，如图7.31所示。

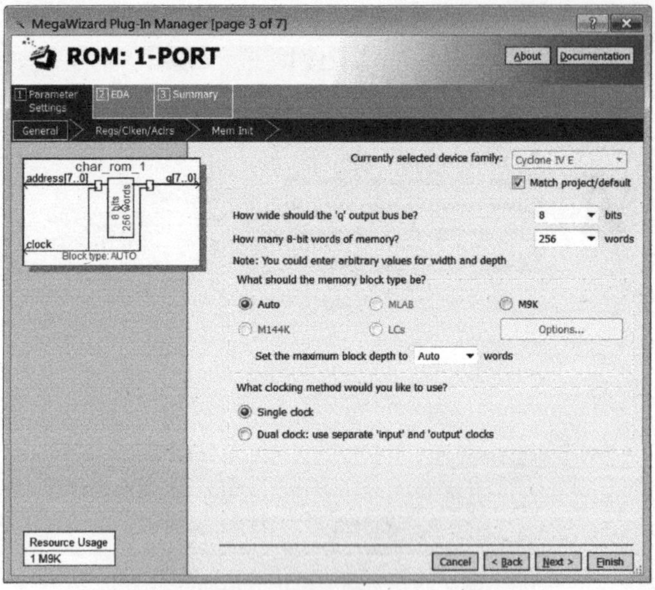

图7.31　单端口只读存储器基本参数设置

（3）ROM1输出端口设置。单击【Next】按钮，弹出【MegaWizard Plug-In Manager [page 4 for 7】对话框。在【which ports should be registered?】栏，取消选中【'q' output port】选项，输出端口不使用锁存器，直接输出信号，如图7.32所示。

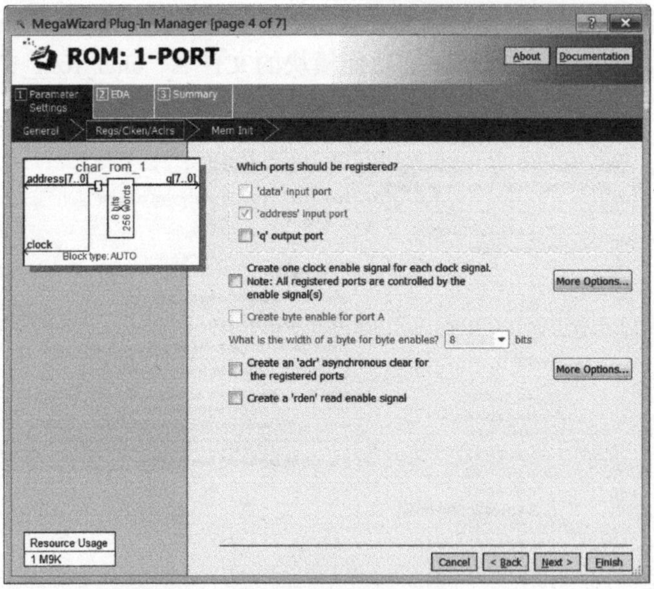

图7.32　设置ROM输出端口

（4）设置 ROM1 初始化文件。单击【Next】按钮，弹出【MegaWizard Plug-In Manager [page 5 for 7]】对话框。选择【Yes,use this file for the memory content data】选项；按【Browse…】按钮，在弹出的对话框中选择已创建的初始化文件“rom_1.mif”（文件位于 E:/XM7/DZXSB），在【File name:】栏内填入“./rom_1.mif”，如图 7.33 所示。

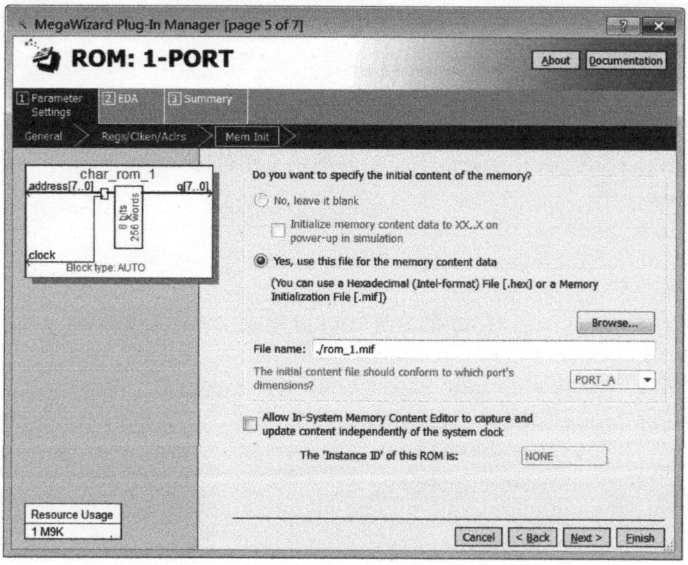

图 7.33　存储器数据控制文件设置

完成 ROM1 模块的设置后，单击【Finish】按钮返回主界面。

（5）创建单端口只读存储器 ROM2。根据前面所述步骤，再次创建一个单端口只读存储器 ROM2。ROM2 宏功能模块的文件名为“char_rom_2”；初始化文件选择“rom_2.mif”。完成 ROM1、ROM2 文件创建后，在工程管理【project Navigator】的【Files】窗口显示的文件目录结构如图 7.34 所示。

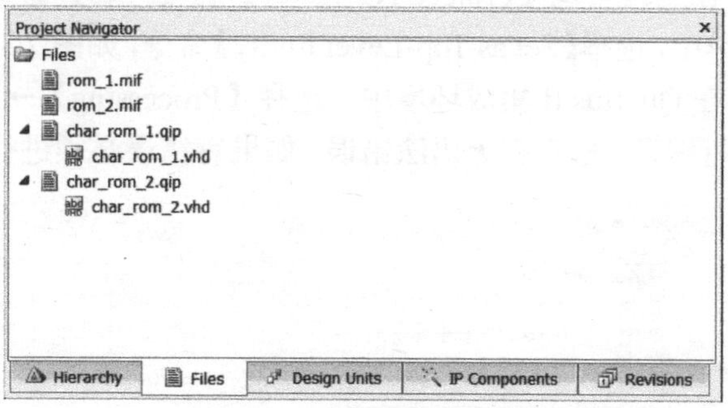

图 7.34　文件目录结构图

2. VHDL 程序设计

LED 点阵显示屏控制器 VHDL 程序采用模块化分层设计，顶层模块采用结构化描述方法集成各模块功能，实现显示功能。

1）分频模块 VHDL 程序设计

在 Quartus II 集成环境中，选择【File】→【New…】菜单命令，弹出【New】对话框；

选择【Design File】→【VHDL File】选项，单击【OK】按钮，系统自动产生文本文件“vhdl1.vhd”。

选择【File】→【Save As...】菜单命令，弹出【另存为】对话框，命名分频模块的 VHDL 程序文件名为“divide.vhd”，保存在“E:/XM7/DZXSB”文件夹。在文本文件编辑窗口输入实现分频功能的 VHDL 程序，具体如下：

```
library ieee;
use ieee.xtd_logic_1164.all;
use ieee.std_logic_unsigned.all;
entity divide is
port(clk_in:in std_logic;--系统输入时钟
    clk_work:out std_logic); --各模块工作时钟
end divide;
architecture behave of divide is
signal count : integer range 0 to 4999;
begin
P:process(clk_in)  --对50M的信号5000分频成10kHz工作时钟
   begin
     if (clk_in'event and clk_in = '1')then
          if count<2499  then
             clk_work<='0';
             count<=count+1;
          elsif count<4999 then
             clk_work<= '1';
             count <= count+1;
          elsif count>=4999 then
             clk_work<='0';
             count<=0;
          end  if;
     end  if;
   end process;
end behave;
```

完成程序输入后，在工程管理【Project Navigator】的【Files】窗口内右击【divide.vhd】文件；在弹出的快捷菜单中，选择【Set as Top-Level Entity】命令，如图 7.35 所示，将“divide.vhd”文件设置为顶层文件；在 Quartus II 集成环境中，选择【Processing】→【Star Compilation】菜单命令，对分频模块进行编译，检查有无语法错误。如果有错误必须进行修改，直到编译通过。

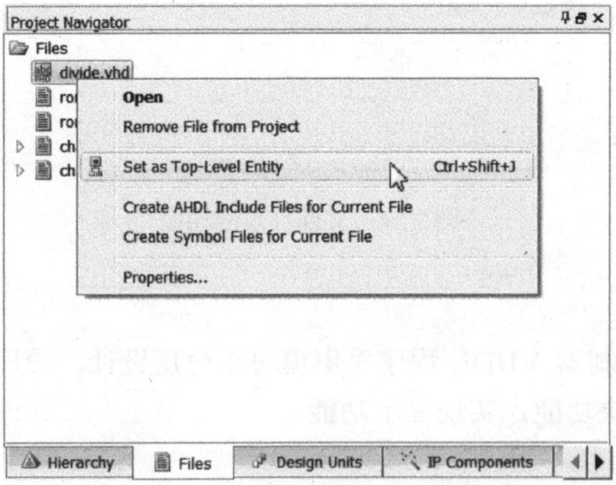

图 7.35　将分频模块设置为顶层文件

2）扫描信号和地址生成模块 VHDL 程序设计

在 Quartus II 集成环境中，选择【File】→【New…】菜单命令，弹出【New】对话框；选择【Design File】→【VHDL File】选项，单击【OK】按钮，在编辑窗口界面自动产生文本文件名“vhdl1.vhd”。

在 Quartus II 集成环境中，选择【File】→【Save As…】菜单命令，弹出【另存为】对话框，将生成扫描信号和行信号地址模块的 VHDL 程序文件命名为“source.vhd”，保存在“E:/XM7/DZXSB”文件夹。在文本文件编辑窗口输入 VHDL 程序，具体如下：

```
library ieee;
use ieee.std_logic_1164.all;
use ieee.std_logic_arith.all;
use ieee.std_logic_unsigned.all;
entity source is
port(clk_work:in std_logic;
    out_c:out std_logic_vector(47 downto 0);
     out_adder:out std_logic_vector(7 downto 0));
end source;
architecture  behave of source is
signal temp1:std_logic_vector(5 downto 0):="000000";--temp1为代表一帧数据
signal temp2:std_logic_vector(5 downto 0):="000000";--temp2代表帧数
signal timp0:integer range 0 to 15:=0;--timp0为帧循环次数计数每帧扫16遍
signal out_c_temp:std_logic_vector(47 downto
0):="0000000000000000000000000000 00000000000000000000";
signal row_v_t:std_logic_vector(48 downto
0):="11111111111111111111111111111 11111111111111111110";
begin
P1: process(clk_work)
   begin
      if(clk_work'event and clk_work='1')then
         if temp1="101111" then
            out_c_temp<=row_v_t(47 downto 0);
            row_v_t<=row_v_t(47 downto 0)&'0';
            temp1<="000000";
            if temp2="101111" then
               temp2<="000000";
            else
               if timp0<15  then
                  timp0<=timp0+1;
               else
                  timp0<=0;
                  temp2<=temp2+'1';
               end if;
            end if;
         else
            out_c_temp<=row_v_t(47 downto 0);
            row_v_t<=row_v_t(47 downto 0)&'1';
            temp1<=temp1+'1'; --转为下帧数据
```

```
                end if;
            end if;
        end  process;
    out_c<=out_c_temp;
    out_adder<=("00"&temp2)+("00"&temp1);
    end behave;
```

完成程序输入后，在工程管理【Project Navigator】的【Files】窗口内右击【source.vhd】文件；在弹出的快捷菜单中，选择【Set as Top-Level Entity】命令，如图 7.36 所示，将“source.vhd”文件设置为顶层文件；选择【Processing】→【Star Compilation】菜单命令，对扫描信号和地址生成模块进行编译，检查有无语法错误。如果有错误必须进行修改，直到编译通过。

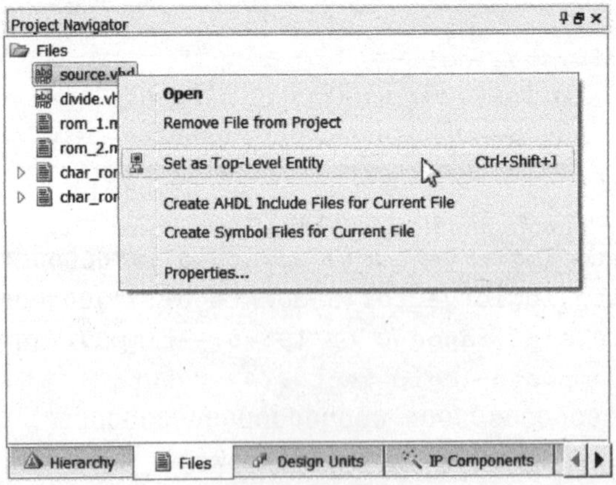

图 7.36　将扫描信号和地址生成模块设置为顶层文件

3）集成各模块的顶层模块 VHDL 程序设计

在 Quartus II 集成环境中，选择【File】→【New...】菜单命令，弹出【New】对话框；选择【Design File】→【VHDL File】选项，单击【OK】按钮，在编辑窗口界面自动产生文本文件名“vhdl1.vhd”。

在 Quartus II 集成环境中，选择【File】→【Save As...】菜单命令，弹出【另存为】对话框，将集成各模块的 VHDL 程序文件命名为“dzxsb.vhd”，保存在“E:/XM7/DZXSB”文件夹。分频模块（divide）、扫描和地址生成模块（source）、ROM1 宏功能模块（char_rom_1）及 ROM2 宏功能模块（char_rom_2）的连接如图 7.37 所示。

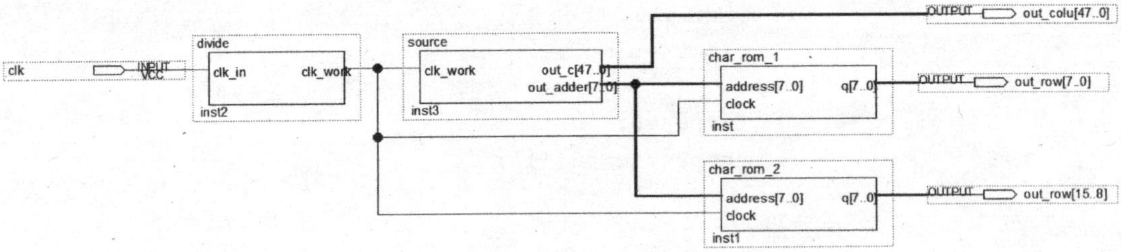

图 7.37　各模块间的连接图

采用结构化方式描述集成各模块的顶层文件，首先，要对各子模块用“component”语句进行声明，然后，调用各子模块，根据图 7.37 进行端口映射。顶层文件 VHDL 程序如下：

```
library ieee;
use ieee.std_logic_1164.all;
use ieee.std_logic_arith.all;
use ieee.std_logic_unsigned.all;
entity dzxsb is
port(clk :in std_logic;
    out_row:out std_logic_vector(15 downto 0);
    out_colu:out std_logic_vector(47 downto 0));
end dzxsb;
architecture behave of dzxsb is
   signal sig0:std_logic:='0';
   signal temp_s:std_logic_vector(7 downto 0):="00000000";
   component divide
      port(clk_in:in std_logic;
          clk_work:out std_logic);
   end component;
   component source
      port(clk_work:in std_logic;
          out_c:out std_logic_vector(47 downto 0);
          out_adder:out std_logic_vector(7 downto 0));
   end component;
   component char_rom_1
      port (address: in std_logic_vector (7 downto 0);
            clock: in std_logic  := '1';
            q   : out std_logic_vector (7 downto 0));
   end component;
   component char_rom_2
      port (   address: in std_logic_vector (7 downto 0);
            clock   : in std_logic  := '1';
            q   : out std_logic_vector (7 downto 0));
   end component;
begin
   U0:divide    port map(clk,sig0);
   U1:source    port map(sig0,out_colu(47 downto 0),temp_s(7 downto 0));
   U2:char_rom_1 port map(temp_s(7 downto 0),sig0,out_row(7 downto 0));
   U3:char_rom_2 port map(temp_s(7 downto 0),sig0,out_row(15 downto 8));
end behave;
```

完成程序输入后，在工程管理【project Navigator】的【Files】窗口内右击【dzxsb.vhd】文件；在弹出的快捷菜单中，选择【Set as Top-Level Entity】命令，将“dzxsb.vhd”文件设置为顶层文件。

在 Quartus II 集成环境中，选择【Processing】→【Star Compilation】菜单命令，对顶层模块文件进行编译。编译完成后观察工程管理【Project Navigator】的【Hierarchy】窗口，如图 7.38 所示，从图中可知，“dzxsb”顶层模块由分频模块 U0“divide”、扫描信号和地址信号生成模块 U1“source”、只读存储器模块 U2“char_rom_1”及只读存储器模块 U3 "char_rom_2"组成。

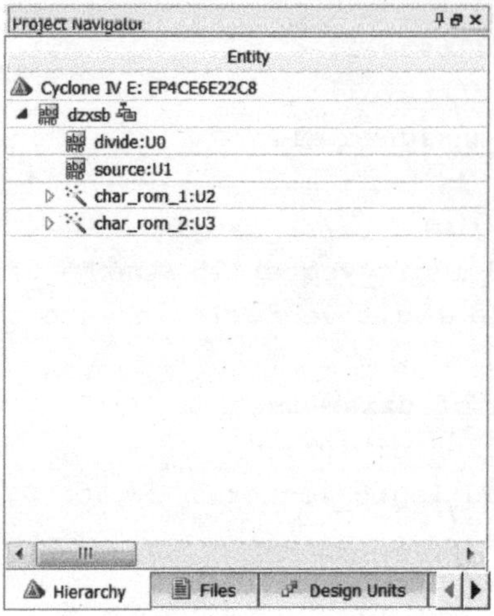

图 7.38　各模块间的层次关系

3．仿真测试文件创建与配置

仿真验证前须先创建并设置仿真测试文件，供仿真时调用。创建并设置仿真测试文件步骤如下。

1）创建仿真测试模板文件

在 Quartus II 集成环境中，选择【Processing】→【Start】→【Start Test Bench Template Writer】菜单命令。如果没有设置错误，系统将弹出提示生成测试模板文件成功的对话框。默认生成的仿真测试模板文件名为"dzxsb.vht"，保存位置为工程文件夹中的"../simulation/modelsim"文件夹。

2）编辑仿真测试文件

在 Quartus II 集成环境中，选择【File】→【Open…】菜单命令，弹出【Open File】对话框，打开生成的仿真测试文件"E:/XM7/DZXSB/simulation /modelsim/dzxsb.vht"，在 "init"进程中将输入时钟信号"clk"的频率设置为最小系统板的板载频率 50MHz，即周期为 20ns。完整的功能仿真测试文件如下：

```
library ieee;
use ieee.std_logic_1164.all;
entity dzxsb_vhd_tst is
end dzxsb_vhd_tst;
architecture dzxsb_arch of dzxsb_vhd_tst is
signal clk : std_logic;
signal out_colu : std_logic_vector(47 downto 0);
signal out_row : std_logic_vector(15 downto 0);
component dzxsb
   port (clk : in std_logic;
          out_colu : out std_logic_vector(47 downto 0);
          out_row : out std_logic_vector(15 downto 0));
end component;
begin
```

```
    i1 : dzxsb
       port map (clk => clk,
                out_colu => out_colu,
                out_row => out_row);
    init : process
     begin
        clk<='0';wait for 10ns;
        clk<='1';wait for 10ns;
    end process init;
     end dzxsb_arch;
```

注意：仿真测试文件的实体名为“dzxsb_vhd_tst”，测试模块元件的例化名为“i1”，在配量仿真测试文件时要注意前后一致。

3）选择并配置仿真测试文件

选择【Assignments】→【Settings...】菜单命令，弹出【Settings–dzxsb】对话框；在【Category】栏，选择【EDA Tool Settings】展卷栏中的【Simulation】选项，在【Settings–dzxsb】对话框内出现【Simulation】面板；在【Native Link settings】选项组，选择【Compile test bench】选项；单击【Compile test bench】选项后的【Test Benches】，弹出【Test Benches】对话框；单击【New】按钮，弹出【New Test Bench Setting】对话框；在【Test bench name】栏，输入功能仿真测试文件名“dzxsb.vht”；在【Top level module in test bench】栏，输入功能仿真测试文件的顶层实体名“dzxsb_vhd_tst”；选择【Use test bench to perform VHDL timing simulation】选项，并在【Design instance name in test bench】栏，输入测试模块元件例化名“i1”；设置【End simulation】的值为5s；单击【Test bench and simulation files】选项组中【File name】后的▭选择测试文件，路径为“E:/XM7/DZXSB/simulation/ modelsim/dzxsb.vht”，单击【Add】按钮，设置结果如图 7.39 所示。完成配置后，依次单击各对话框的【OK】按钮，返回主界面。

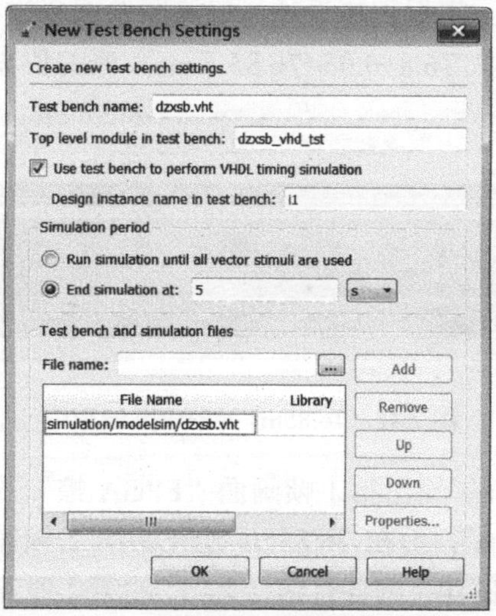

图 7.39　选择并配置表决器仿真测试文件

4．VHDL 程序功能仿真

在 Quartus II 集成环境中，选择【Tools】→【Run Simulation Tool】→【RTL Simulation】

菜单命令，可以看到 ModelSim 的运行界面，出现的功能仿真波形如图 7.40 所示。

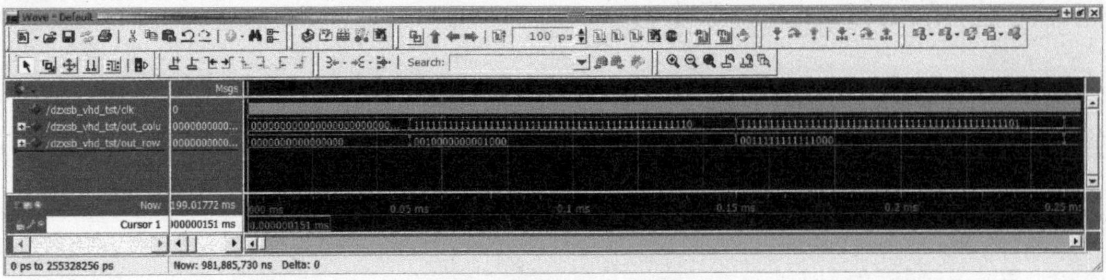

图 7.40　功能仿真波形图

从图 7.40 中可知，0.05ms 开始输出第 1 列的扫描信号，同时输出显示的第 1 个字符（“F”字符）的第 1 列各行信号“0010000000000001000”，列扫描频率为 10kHz，即周期为 0.1ms。3 个字符 48 列扫描完成时间为 0.05+0.1×48=4.85（ms）。放大 4.85ms 处的仿真波形，如图 7.41 所示。

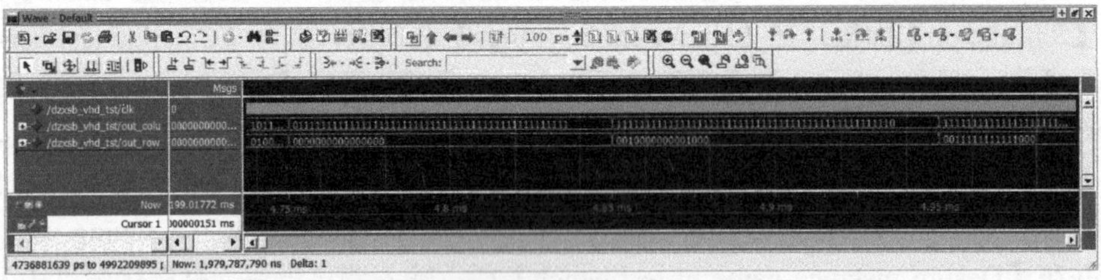

图 7.41　4.85ms 处的仿真波形图

从图 7.41 中可知，4.75ms 输出第 48 列的扫描信号，输出第 3 个字符“控”的末列各行信号“0000000000000000”；在 4.85ms 处开始重复第 1 次扫描，输出字符“F”的第 1 列各行信号“001000000001000”；根据程序设计，每帧图像重复扫描 16 次，即完成 1 帧扫描时间为 4.8×16=76.8（ms），放大 76.8+0.05=76.85（ms）处的仿真波形，如图 7.42 所示。

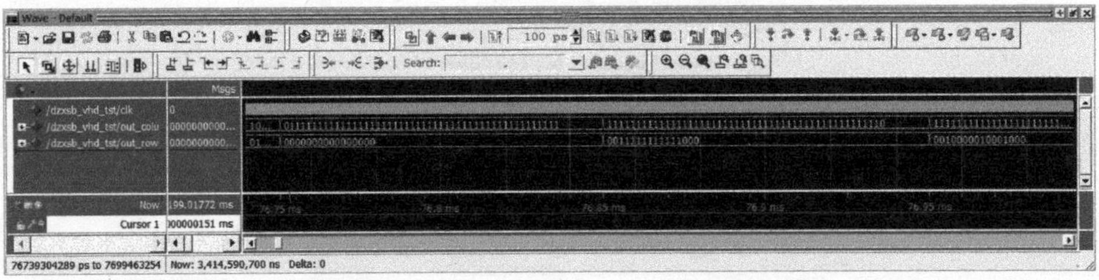

图 7.42　76.85ms 处的仿真波形图

从图 7.42 中可知，76.75ms 输出第 1 帧画面“FPGA 控”的最后一个字符“控”的末列各行信号“0000000000000000”；而在 76.85ms 处开始第 2 帧图像的扫描，因为字符是循环左移显示的，所以第 2 帧图像的第 1 列各行信号为“F”的第 2 列各行信号“0011111111111000”；第 2 帧图像的末列（第 48 列）的行信号应该为“制”字的第 1 列各行信号，放大 76.85+4.8=81.65（ms）处仿真波形，如图 7.43 所示。

从图 7.43 中可知，81.55ms 处为第 2 帧图像的末列为“制”字的第 1 列各行信号“0000000000000000”；而在 81.65ms 处开始为第 2 帧图像第 2 次的重复扫描，为“F”的第 2

列各行信号“0011111111111000”；完成所有字符循环显示的时间为 76.8×48=3686.4（ms），放大 3686.4+0.05=3686.45（ms）处的仿真波形，如图 7.44 所示。

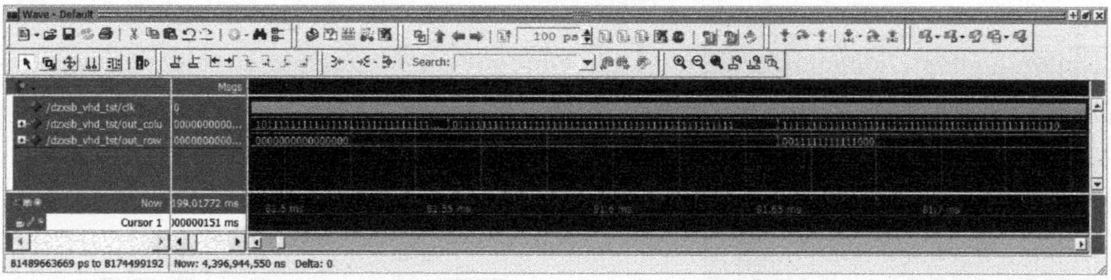

图 7.43　81.65ms 处的仿真波形图

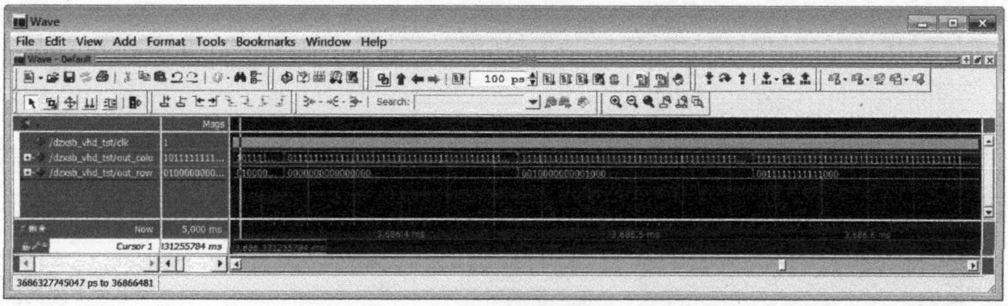

图 7.44　3686.45ms 处的仿真波形图

从图 7.44 中可知，3686.35ms 处为第 1 次循环显示最后字符“阵”的末列各行信号“0000000000000000”；从 3686.45ms 处开始第 2 次循环显示最前字符“F”的第 1 列各行信号“0010000000001000”，3686.55ms 处为“F”字符的第 2 列各行信号“0011111111111000”。

综合上述仿真波形图的分析可知，设计的程序符合任务要求，其每列的扫描频率为 10kHz，字符循环的速度为每字 3.6864/3=1.2288（s）。

5. 编程下载与硬件测试

硬件测试过程包括硬件电路连接、指定目标器件、输入输出引脚锁定、下载设计文件与硬件测试。

1）硬件电路连接

控制器模块输入输出端口如图 7.45 所示。各端口的连接说明如下。

- clk 为系统时钟信号输入端，接入 FPGA 最小系统板所提供的 50MHz 时钟信号。
- out_row[15..0]为显示屏行线控制输出端，3 片 16×16LED 点阵相应的行线串联后与之相接。
- out_colu[47..0]为显示屏列线控制输出端，顺序连接 3 片 16×16LED 点阵的列线。

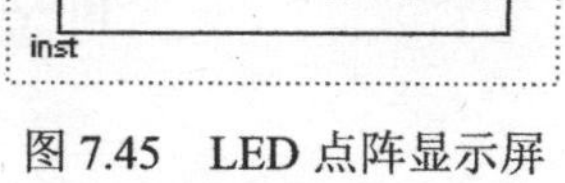

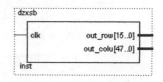

图 7.45　LED 点阵显示屏控制器控制模块输入输出端口

FPGA 最小系统板的 20×2 双排直插针与 3 片 16×16LED 点阵连接原理图如图 7.46 所示。连接 LED 点阵与 FPGA 引脚时须注意 FPGA 最小系统板引脚的排列及 24、25、88、89、90、91 引脚只能作为输入引脚。

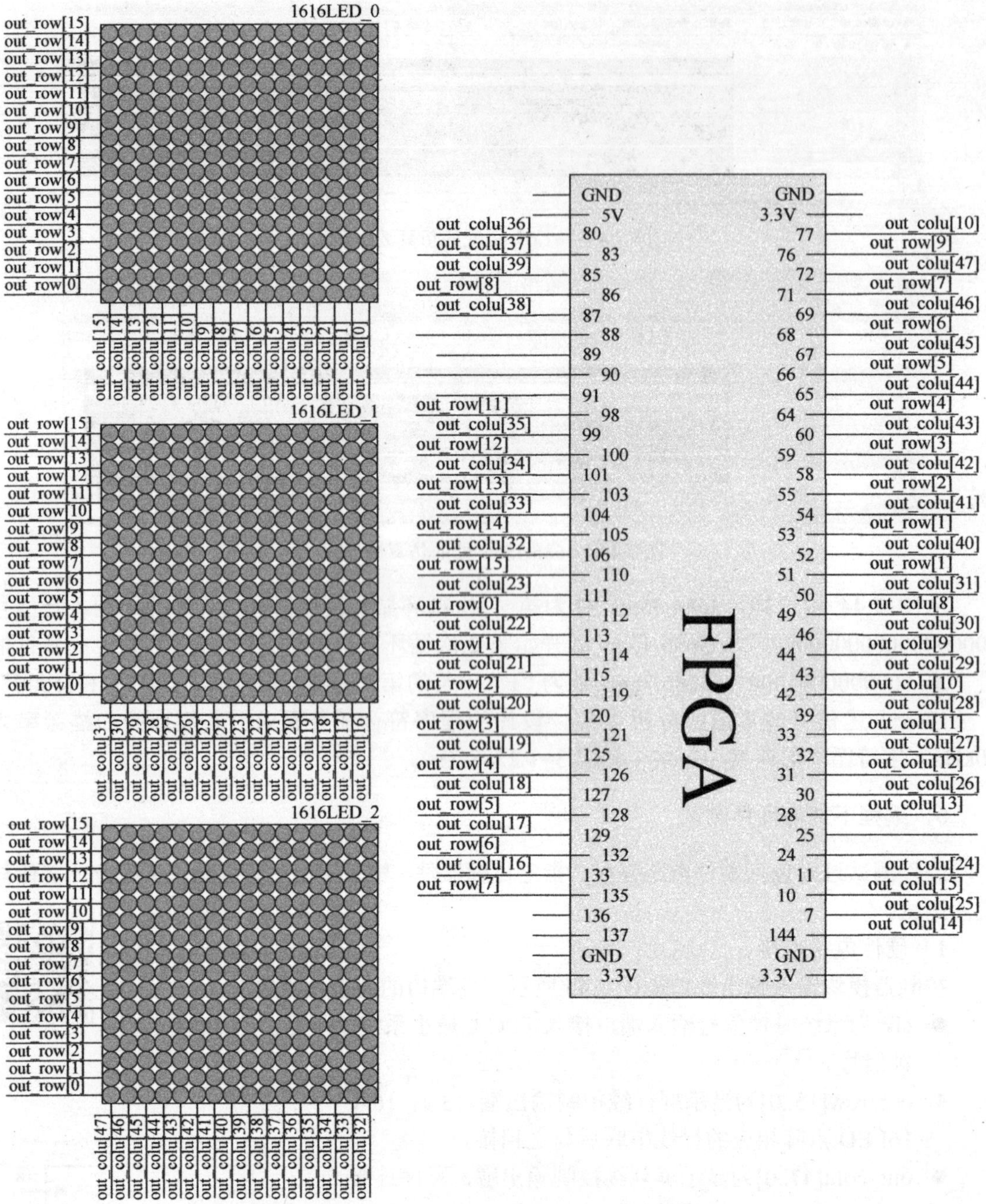

图 7.46　FPGA 最小系统板与 LED 点阵连接电路原理图

2）指定目标器件

选择【Assignments】→【Device...】菜单命令，在弹出的【Device】对话框中指定目标器件，根据 FPGA 最小系统板所用的 EP4CE6E22C8 芯片，在【Family】选项指定芯片类型为【Cyclone IV E】；在选项【Package】指定芯片封装方式为【TQFP】；在选项【Pin count】指定芯片引脚数为【144】；在选项【Speed grade】指定芯片速度等级为【8】；在【Available devices】列表中选择有效芯片为【EP4CE6E22C8】。

3）输入输出引脚锁定

根据 LED 点阵显示屏控制器与 LED 点阵连接电路原理图可知，LED 点阵显示屏控制器输入输出端口与目标芯片引脚的连接关系如表 7.2 所示。

表 7.2　输入输出端口与目标芯片引脚的连接关系表

端口名称	芯片引脚	端口名称	芯片引脚	端口名称	芯片引脚	端口名称	芯片引脚
clk	pin_23						
out_row[15]	pin_110	out_colu[15]	PIN_10	out_colu[31]	PIN_50	out_colu[47]	PIN_72
out_row[14]	pin_105	out_colu[14]	PIN_144	out_colu[30]	PIN_46	out_colu[46]	PIN_69
out_row[13]	pin_103	out_colu[13]	PIN_28	out_colu[29]	PIN_43	out_colu[45]	PIN_67
out_row[12]	pin_100	out_colu[12]	PIN_31	out_colu[28]	PIN_39	out_colu[44]	PIN_65
out_row[11]	pin_98	out_colu[11]	PIN_33	out_colu[27]	PIN_32	out_colu[43]	PIN_60
out_row[10]	pin_77	out_colu[10]	PIN_42	out_colu[26]	PIN_30	out_colu[42]	PIN_58
out_row[9]	pin_76	out_colu[9]	PIN_44	out_colu[25]	PIN_7	out_colu[41]	PIN_54
out_row[8]	pin_86	out_colu[8]	PIN_49	out_colu[24]	PIN_11	out_colu[40]	PIN_52
out_row[7]	pin_71	out_colu[7]	PIN_135	out_colu[23]	PIN_111	out_colu[39]	PIN_85
out_row[6]	pin_68	out_colu[6]	PIN_132	out_colu[22]	PIN_113	out_colu[38]	PIN_87
out_row[5]	pin_66	out_colu[5]	PIN_128	out_colu[21]	PIN_115	out_colu[37]	PIN_83
out_row[4]	pin_64	out_colu[4]	PIN_126	out_colu[20]	PIN_120	out_colu[36]	PIN_80
out_row[3]	pin_59	out_colu[3]	PIN_121	out_colu[19]	PIN_125	out_colu[35]	PIN_99
out_row[2]	pin_55	out_colu[2]	PIN_119	out_colu[18]	PIN_127	out_colu[34]	PIN_101
out_row[1]	pin_53	out_colu[1]	PIN_114	out_colu[17]	PIN_129	out_colu[33]	PIN_104
out_row[0]	pin_51	out_colu[0]	PIN_112	out_colu[16]	PIN_133	out_colu[32]	PIN_106

引脚分配锁定方法：单击【Assignments】→【Pin Planner】菜单命令，弹出【Pin Planner】对话框；在【Location】列空白位置双击，根据表 7.2 输入对应的引脚值，完成后的引脚分配如图 7.47 所示。当引脚分配完成以后，必须再次执行编译命令，这样才能保存引脚锁定信息。

4）下载设计文件与硬件测试

将“USB-Blaster”下载电缆的一端连接到 PC 的 USB 口，另一端接到 FPGA 最小系统板的 JTAG 口，然后接通 FPGA 最小系统板的电源，进行下载配置。

（1）配置下载电缆。选择【Tool】→【Programmer...】菜单命令或单击工具栏中的【Programmer】按钮，弹出【Programmer】对话框；单击【Hardware Setup...】按钮，弹出硬件设置对话框，选择使用 USB 下载电缆的【USB-Blaster[USB-0]】选项，完成下载电缆配置。

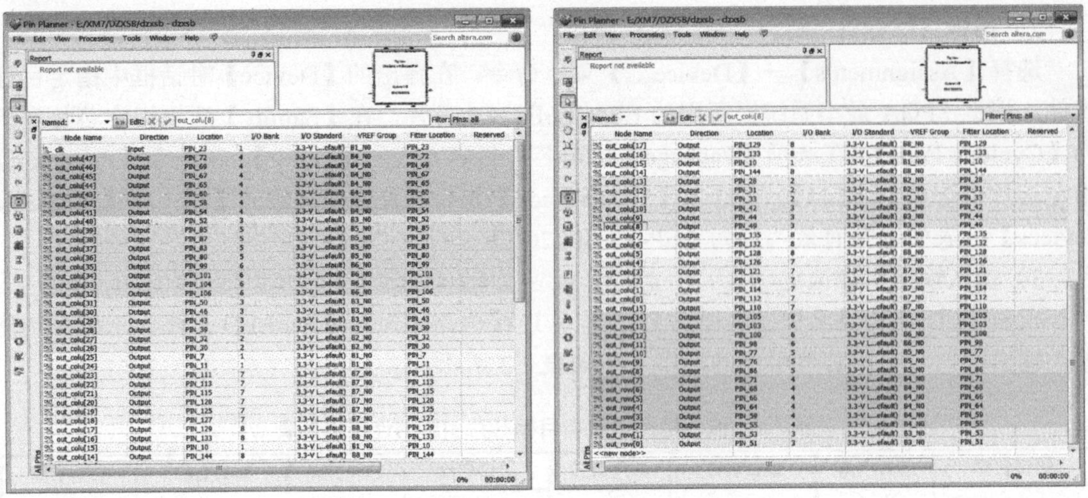

图 7.47　LED 点阵显示屏控制器引脚锁定结果

（2）配置下载文件。在【Programmer】对话框的【Mode】下拉列表框中选择【JTAG】模式；选择下载文件“dzxsb.sof”的【Program/Configure】选项；单击【Start】按钮，编程下载开始，下载进度达 100%说明下载完成。

（3）硬件测试。下载完成后 3 片 16×16LED 点阵将循环显示“FPGA 控制点阵”，显示过程截屏如图 7.48 所示。

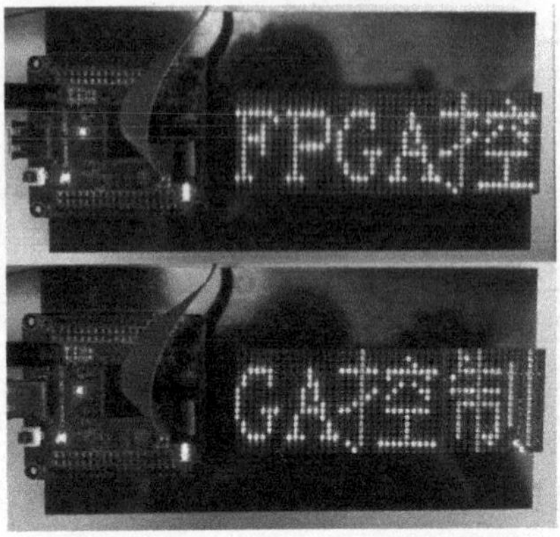

图 7.48　显示过程截屏

做一做，试一试

（1）基于 FPGA 最小系统板，使用 4 片 16×16 LED 点阵循环显示 8 个汉字。

（2）基于 FPGA 最小系统板，使用 16 片 16×16 LED 点阵循环显示 32 个字符。

（3）基于 FPGA 最小系统板，使用 32 片 16×16 LED 点阵循环显示 64 个字符。

项目小结

本项目通过基于 VHDL 程序的 LED 点阵显示屏控制器设计制作，培养学生对 VHDL 程序的层次化设计能力；使学生熟悉 VHDL 程序的结构化描述方法，熟练使用元件例化语句及 LPM 宏功能模块。

项目 8　二自由度云台控制器设计制作

脉宽调制/脉冲宽度调制（Pulse Width Modulation，PWM），是利用数字输出来对模拟电路进行控制的一种技术，广泛应用在测量、通信、功率控制与变换等领域中。云台应用广泛，一般需要摇动和摆动的机构，都可以应用云台来实现，如机械臂、安防和监控设备的支架、航模自动控制等。利用 PWM 可精确控制二自由度云台的舵机运动。本项目以二自由度云台控制器设计为载体，介绍基于 FPGA 的 PWM 控制器的设计，进一步认识 VHDL 程序层次化设计方法及原理图/文本输入混合设计方法。

8.1　二自由度云台控制器设计任务描述

二自由度云台的电动机由二台舵机组成，本任务要求基于 FPGA 最小系统板，采用层次化描述设计方法编写 VHDL 程序，实现对二自由度云台舵机的精确控制。

1．学习目的

能 力 目 标	知 识 目 标
（1）能用 VHDL 程序描述矩阵式键盘控制电路。 （2）能用 VHDL 程序实现数码管的动态扫描显示。 （3）能用 VHDL 程序描述 PWM 控制信号。 （4）能使用 Quartus II 软件对设计中的多个设计文件进行单独综合、仿真、调试。 （5）能利用原理图和文本输入相结合的方法描述数字电子系统	（1）了解舵机工作原理。 （2）了解 PWM 原理与应用。 （3）熟悉矩阵式键盘工作原理。 （4）熟悉数码管动态扫描显示工作原理。 （5）掌握 VHDL 程序的自顶向下模块化设计数字电路的方法。 （6）掌握 LPM 宏功能模块的使用方法

2．任务描述

用 FPGA 最小系统板设计控制器，实现对二自由度云台舵机的精确控制。功能要求：

（1）输入采用 4×4 矩阵式键盘，通过键盘输入旋转角度值，精确控制舵机的旋转角度。

（2）在 4×4 矩阵式键盘上定义功能键，实现舵机的角度增大与减小，两台舵机的角度可单独改变，也可同时改变。

（3）采用四位数码管同步显示两台舵机角度值。

设计要求：在 Quartus II 软件平台上，用 VHDL 设计矩阵式键盘控制电路、数码管动态显示电路、舵机控制电路；用 ModelSim 仿真软件对设计结果进行仿真和检查；选用 FPGA 最小系统板、二自由度云台、矩阵式键盘、数码管等硬件资源进行硬件验证。

3．教学工具

（1）计算机。

（2）Quartus II 软件。

（3）ModelSim 仿真软件。

（4）FPGA 最小系统板、二自由度云台、矩阵式键盘、数码管。

8.2　二自由度云台控制器设计方案

二自由度云台可以在水平和垂直方向做二自由度运动，云台的运动由两台舵机控制，舵机的电动机接收来自控制器的信号，进行精确定位。

1．矩阵式键盘控制器设计

矩阵式键盘是排布类似于矩阵的键盘组，是一种常见的人机对话输入装置。在键盘中按键数量较多时，为了减少控制端口的占用，通常将按键排列成矩阵形式，如图 8.1 所示。

1）矩阵式键盘工作原理

在矩阵式键盘中，每条水平线和垂直线在交叉处不直接连通，而是通过一个按键相连。4×4 矩阵式键盘可以包含 4×4=16 个按键，而控制端口只需 4+4=8 个。如果直接将控制端口与按键相连，则需 16 个控制端口。可见，线数越多，采用矩阵式键盘节省的控制端口越多，如再多加 2 条线就可以构成 5×5=25 键的键盘，而控制端口只需 5+5=10 个。在需要控制的按键数比较多时，常采用矩阵式键盘作为人机对话的输入装置。

矩阵式键盘采用独立式按键，每个按键单独与控制端口相连接，独立式按键工作原理如图 8.2 所示。当按下和释放按键时，输入到对应控制端口的电平不同。如按下 B3 键时，对应的控制端 key[3]输出低电平；按键释放，控制端输出高电平。

图 8.1　矩阵式键盘

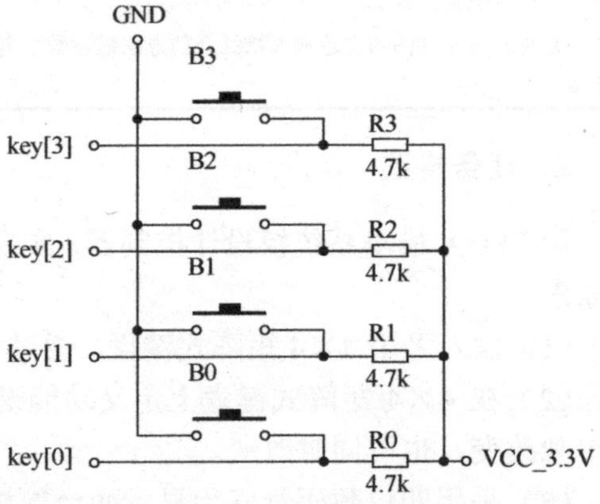

图 8.2　独立式按键工作原理图

矩阵式键盘比单独式键盘复杂，按键识别也相对复杂。矩阵式键盘由行线和列线组成，按键位于行、列的交叉点上，如图 8.3 所示。键盘控制器顺序扫描各列线，并将其置为低电平，然后根据行线上的电平变化来确定是哪个按键被按下。在 4 条列线（3～0）的扫描结果为“1110”的条件下，如果 4 条行线（3～0）的扫描结果为“0111”，则可知 A 键被按下；如果 4 条行线（3～0）的扫描结果为“0011”，则可知 A 键与 B 键同时被按下。

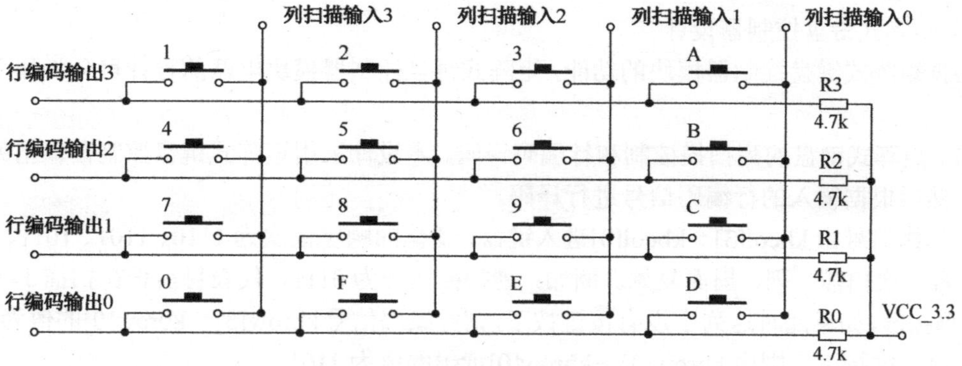

图 8.3　4×4 矩阵式键盘原理图

2）矩阵式键盘控制器功能

4×4 矩阵式键盘是本项目的输入设备，要使矩阵式键盘正常工作，须设计矩阵式键盘控制器模块，根据设计任务要求，矩阵式键盘控制器模块的功能如下：

（1）输出 4×4 矩阵式键盘正常工作所需的列扫描信号。

（2）接收矩阵式键盘行编码信号。

（3）根据列扫描信号和接收的行编码信号存储键盘信息。

（4）根据输入的键盘信息确定设置的角度值，发出控制信号和同步显示的数据。

矩阵式键盘控制器模块的原理图如图 8.4 所示。4×4 矩阵式键盘中各键的功能定义如下：0～9 数字键用来设置旋转角度；F 键用来清零角度；E 键为输入确定键；A、B 键用来改变水平舵机控制信号（PWM1），A 键用来增大角度，B 键用来减小角度；C、D 键用来改变垂直舵机控制信号（PWM2），C 键用来增大角度，D 键用来减小角度。旋转角度值采用 4 位数表示，第 1 位数表示选择哪个舵机，数据“1”表示水平舵机，“2”表示选择垂直舵机，如“1120”表示水平舵机旋转到 120° 位置。

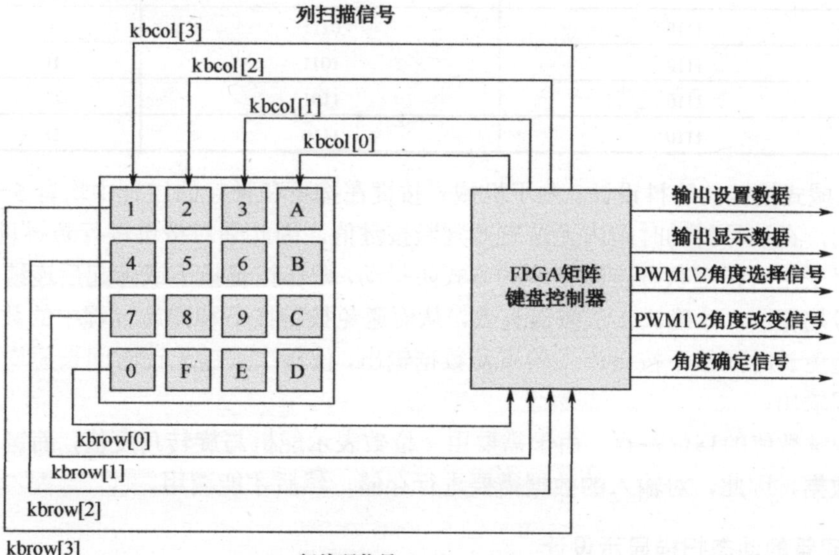

图 8.4　矩阵式键盘控制器模块的原理图

3）矩阵式键盘控制器设计

根据矩阵式键盘控制器模块的功能，矩阵式键盘控制器模块电路的设计可分为如下 3 个部分。

（1）矩阵式键盘的列扫描控制和行编码译码。本设计采用矩阵式键盘控制器输出列扫描信号，然后根据输入的行编码信号进行译码。

列扫描信号由 kbcol[3]～kbcol[0]进入键盘，变化的顺序依次为 1110、1101、1011、0111、1110。每一次扫描一列，周而复始。例如：列扫描信号为 0111，代表目前正在扫描 1、4、7、0 这一列按键，如果此时这列中没有按键按下，则行编码信号 kbrow[3]～kbrow[0]的值为 1111；如果此时 7 键按下，则由 kbrow[3]～kbrow[0]读出的值为 1101。

根据上面所述原理，可得到各按键与行、列编码的关系，如表 8.1 所示。

表 8.1　按键与行、列编码的关系

列扫描信号 kbcol[3]～kbcol[0]	行编码信号 kbrow[3]～kbrow[0]	按 键 号
0111	0111	1
0111	1011	4
0111	1101	7
0111	1110	0
1011	0111	2
1011	1011	5
1011	1101	8
1011	1110	F
1101	0111	3
1101	1011	6
1101	1101	9
1101	1110	E
1110	0111	A
1110	1011	B
1110	1101	C
1110	1110	D

（2）机械式按键的防抖设计。由于机械式按键在按下和弹起的过程中均有 5～10ms 的信号抖动时间，在信号抖动时间内无法有效判断按键值，因此须对按键进行防抖设计。

本项目采用对按键状态连续记录的方式防抖动，即在按键按下或弹起后连续 8 个时钟周期按键信号均相同，才确认 1 次按键有效，从而避免按键按下和弹起过程中的数据错误。这样可有效避免长时间按下按键产生的重复数据输出，使每次按键无论时间长短均可且只会产生 1 次数据输出。

（3）按键数值的移位寄存。由于需要用 4 位数表示舵机与旋转角度值，而键盘 1 次只能输入 1 位数据，因此，对输入的数据需要进行存储，然后才能调用。

2. 数码管的动态扫描显示设计

本项目的旋转角度值采用 4 位数表示，需要 4 个数码管。单个数码管（以共阳极接法为例）由 8 段发光二极管组成，其中，7 段发光二极管（A～G）组成数字，另一个发光二极管（P）控制小数点的显示，如图 8.5 所示。

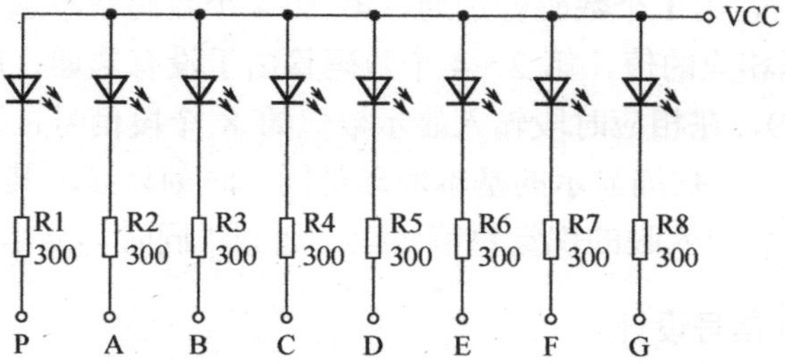

图 8.5　8 段发光二极管共阳极接法示意图

单个数码管的显示控制，需要 8 个控制信号。如果用单个数码管控制方法控制 4 位数码管，则需要 32 个控制信号，占用 32 个引脚资源，这种方法实现起来相对简单，但占用了大量的输入输出引脚资源。如果采用动态扫描的方式来控制 4 位数码管的显示，则可大大减少所需的输入输出引脚资源，接线示意图如图 8.6 所示。所谓动态扫描是指每个数码管不是一直显示，而是每隔一定时间显示一次，只要间隔时间足够短，由于人眼的视觉暂留效应，看起来就是一直显示的。通过控制器控制，使同一数码管两次显示的间隔不超过 0.1 秒，就可达到让眼睛感觉到数码管是连续显示的效果。

扩展阅读：人在观察景物时，光信号传入大脑须经过一段时间，光的作用结束后，视觉影像并不立即消失，仍能继续保持 0.1～0.4 秒，这种效应被称为视觉暂留效应。

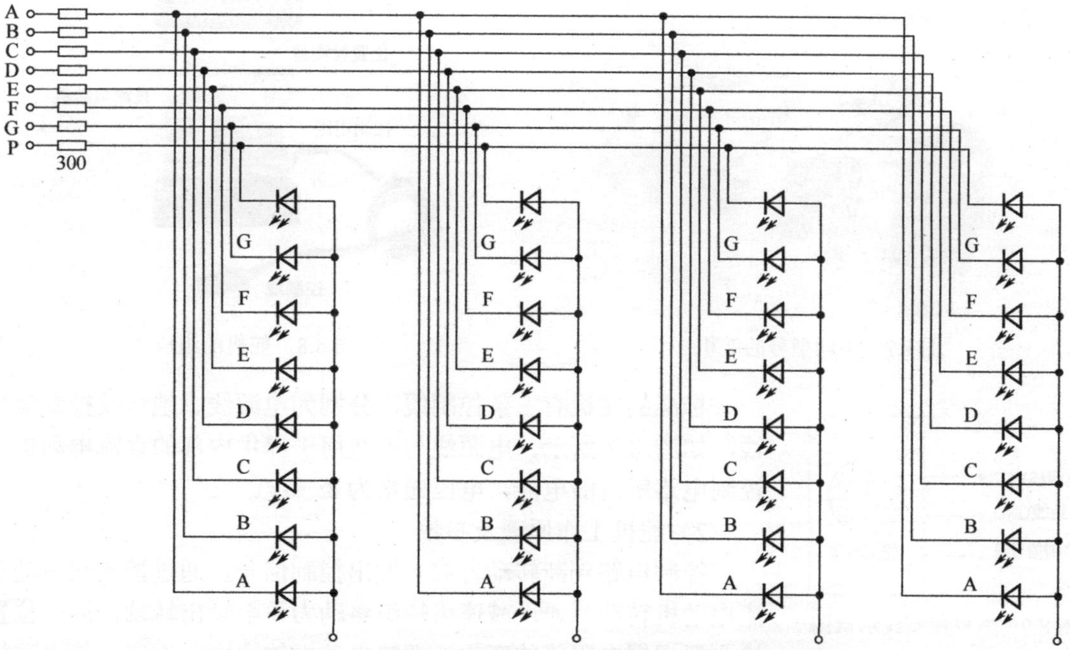

图 8.6　用动态扫描的方式控制数码管显示的接线示意图

每个数码管的控制信号由原来的 8 个变成了 9 个，原来共阳极接法中的阳极是固定接高电平的，而在动态扫描方式中，阳极的电平由一个位信号控制，4 个数码管的位信号分别为

W0～W3。当位信号 W0～W3 均为高电平时，4 个数码管都选通。由于各数码管的相对应的段码（A～G 及 P）连接在一起，所以 4 个数码管显示一样的字符。当位信号 W0 为高电平而 W1～W3 为低电平时，第 1 个数码管选通，第 2～4 个数码管不选通，这时第 1 个数码管就根据 8 个段信号显示相应的值，第 2～4 个数码管由于没有选通，所以不显示；依次选通 W0～W3（置为高电平），在相应时段输入显示数值的 8 个段信号，数码管就可以依次显示相应的值。多位数码管动态扫描显示的基本原理是同一时刻只显示其中一个数码管，依次快速显示每一个数码管，利用人眼的视觉暂留效应，达到“同时”显示多位数码管的效果。

3. 舵机 PWM 控制信号设计

舵机是一种位置伺服驱动器，如图 8.7 所示。它是高性能、数字信号控制、可调速的电动机，适用于需要角度不断变化并可以保持的运动控制。

1）舵机简介

舵机主要由外壳、控制电路、直流电动机、减速齿轮组与位置检测器等构成，如图 8.8 所示。位置检测器是它的输入传感器，当舵机转动的位置改变时，位置检测器的电阻值发生改变。

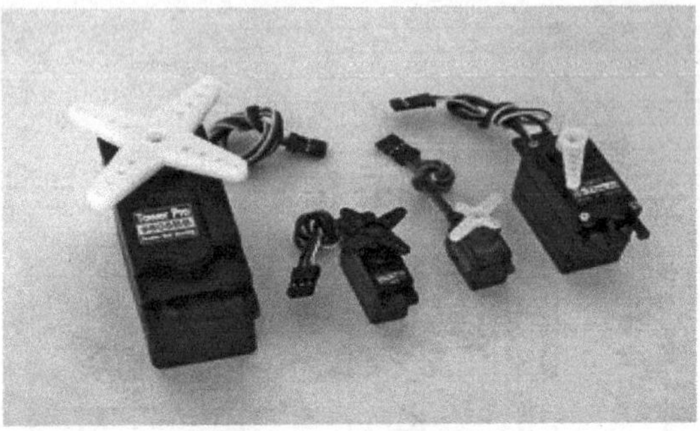

图 8.7　不同型号的舵机

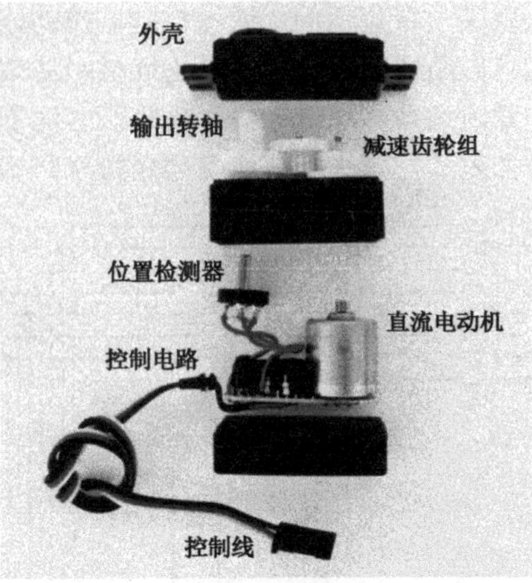

图 8.8　舵机的组成

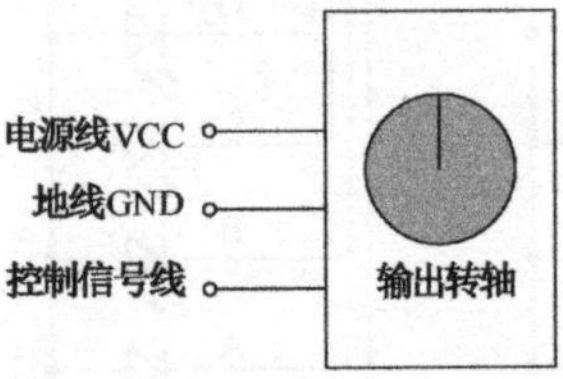

图 8.9　舵机控制线示意图

标准的舵机有三条控制线，分别为电源线、地线及控制信号线，如图 8.9 所示。电源线与地线用于提供内部的直流电动机及控制电路所需的电能，电压通常为 4～6V。

2）舵机工作原理及参数

控制电路判断转动方向，发出控制信号，通过控制线驱动直流电动机转动，通过减速齿轮组将动力传至输出转轴，同时位置检测器根据电阻值的变化，调整电动机的速度和方向，使电动机向指定角度旋转。舵机的控制信号通常是 PWM 信号。

本项目采用 MG99501 舵机，其控制信号是周期为 20ms 的 PWM 信号，当脉冲宽度为 0.5ms～2.5ms 时，对应舵盘的位置为 0～180°，成线性变化。因而，每增加 1°，增加的脉宽为(2500−500)/180≈11.11μs。也就是说，给舵机提供一定的 PWM 信号，它的输出轴就会保持在一个对应的角度上，无论外界转矩怎样改变，这个角度都不会改变，直到给它提供新的 PWM 信号，它才会改变角度。这是由于舵机内部有一个基准电路，产生周期为 20ms，宽度为 1.5ms 的基准信号，内置的比较器将外加信号与基准信号相比较，判断出方向和大小，从而产生电动机的转动信号。

MG99501 舵机的其他参数如下：

结构材质：模拟金属铜齿，空心杯电机，双滚珠轴承。

连接线：长度为 30cm，电源线（红色）、地线（暗红）、控制信号线（黄色）。

尺寸：40.7mm×19.7mm×42.9mm。

重量：55g。

反应转速（无负载速度）：0.17s/60°(4.8V)；0.13s/60°(6.0V)。

工作死区：4μs。

工作电压：3.0～7.2V。

工作扭矩：13kg/cm。

使用温度：−30～+60℃。

3）舵机 PWM 控制信号设计

本项目采用的 FPGA 最小系统板的工作频率为 50MHz，即使用周期为 20ns 的脉冲信号，舵机的 PWM 控制信号可通过分频产生。脉冲宽度计数长度=脉宽/20ns，如舵机转动角度为 0°时，脉宽为 0.5ms，则脉冲宽度计数长度为$(0.5\times10^{-3})/(20\times10^{-9})=25000$。根据舵机 PWM 控制信号要求可知，脉冲宽度计数长度 $cnt=25000+n\times[(2\times10^{6})/180]/20$，其中 n 为旋转的角度值。部分脉冲宽度、舵机转动角度及脉冲宽度计数长度的关系如表 8.2 所示，其他角度对应的脉宽与脉冲宽度计数长度可根据线性规律计算得出。

表 8.2　脉冲宽度与舵机转动角度及脉宽度计数器长度的关系

转 动 角 度	0°	45°	90°	135°	180°
脉冲宽度（ms）	0.5	1.0	1.5	2.0	2.5
脉冲宽度计数长度	25000	50000	75000	100000	125000

综上所述：本项目的二自由度云台控制器，根据设计任务要求可分为：键盘控制模块、动态显示控制模块、ROM 模块及 PWM 信号生成模块。

（1）键盘控制模块。在系统时钟信号的控制下，生成键盘列扫描信号，根据键盘行编码信号确定舵机的转动角度，将转动角度输出给动态显示控制模块显示数值，并输出给 ROM 模块转换为脉冲宽度计数长度，用于设置舵机 1（水平舵机）、舵机 2（垂直舵机）的 PWM 信号生成模块的脉宽计数器，控制 PWM 信号的脉宽；由于角度值由键盘按位输入，4 位数字全部输入完成才生效，所以需要产生确定角度值生效的控制信号；由于用一个输入键盘控制两个舵机的旋转，所以键盘控制模块在产生角度值的同时，还要产生设备选择信号分别控制舵机 1 与舵机 2；根据任务要求，须定义功能键，实现两个舵机的角度增加与减小，所以键盘控制模块还须产生控制舵机 1 与舵机 2 角度改变的信号。

（2）动态显示控制模块。在系统时钟信号的控制下，动态显示控制模块产生位扫描信号，并根据显示的值，译码并输出相应的段码。

（3）ROM 模块。在系统时钟信号的控制下，ROM 模块将输入的角度值，转换为脉宽计数长度。

（4）PWM 信号生成模块。在系统时钟信号的控制下，PWM 信号生成模块根据脉宽计数长度、角度值有效控制信号、角度改变信号、角度选择信号等输出水平舵机与垂直舵机的 PWM 控制信号。

4. 二自由度云台控制器设计制作流程

（1）根据设计任务对二自由度云台控制器的功能要求确定 PWM 控制信号及设计方案。

（2）根据设计方案，在 EDA 平台上创建二自由度云台控制器数字逻辑电路工程项目及其所包含的各个子模块并仿真。

（3）将二自由度云台控制器数字逻辑电路载入 FPGA 芯片。

（4）将输入输出元件与 FPGA 芯片相应的引脚相连接，并进行硬件测试。

具体设计制作流程如图 8.10 所示。

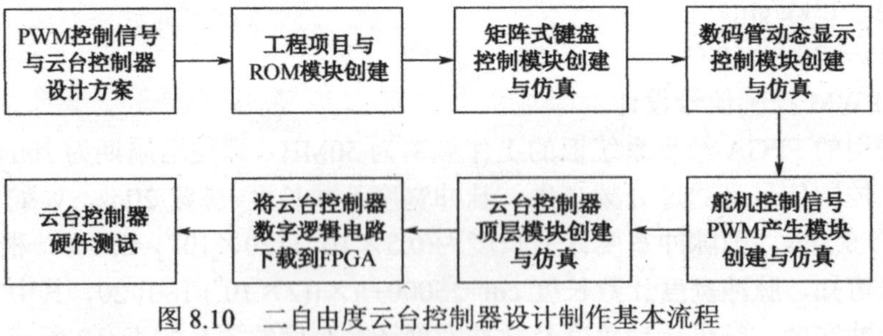

图 8.10　二自由度云台控制器设计制作基本流程

8.3　二自由度云台控制器程序设计

根据设计方案，基于 FPGA 最小系统板的二自由度云台控制器由键盘控制模块、动态显示控制模块、ROM 模块及 PWM 信号生成模块组成。项目采用原理图和文本输入相结合的方法设计，首先创建工程与各子模块程序文件，然后创建顶层原理图文件，集成各子模块。

1. 创建二自由度云台控制器工程及 ROM 存储器模块

Quartus II 以工程项目为管理对象，通过工程来管理所有设计文件及编译设计过程产生的中间文件，设计程序之前先要创建工程。FPGA 芯片上提供了 ROM 存储器，可通过设置参数使用 FPGA 芯片上的 ROM 存储器，用来存放角度值转换为脉宽计数长度值的编码。

1）工程创建

建立工程文件夹（如 E:/XM8/DJKZ），后续创建的各设计文件均保存在此文件夹。在 Quartus II 中选择【File】→【New Project Wizard...】菜单命令，根据新建工程向导创建名为“DJKZ”的工程，顶层实体名为“djkz”，第三方仿真软件选择“ModelSim-Altera”。

2）ROM 模块初始化文件创建

创建“mif”格式的 ROM 模块初始化文件，用来存储角度值转换为脉宽计数长度值的编码。

在 Quartus II 中选择【File】→【New...】菜单命令，弹出【New】对话框；选择【Memory File】→【Memory Initialization File】选项，单击【OK】按钮，弹出【Number of Words & Word Size】对话框，将【Number of words】设置为 512，将【Word size】设为 18；单击【OK】按钮后将弹出 ROM 初始化文件编辑窗口，并自动产生文件“mif1.mif”。

在 Quartus II 中，选择【File】→【Save As...】菜单命令，弹出【另存为】对话框，命名初始化文件名为“rom_cnt.mif”，保存在“E:/XM8/DJKZ”文件夹。在编辑窗口，根据脉冲宽度计数长度与舵机转动角度的关系输入编码，如图 8.11 所示。脉冲宽度计数长度计算公式为：

$$cnt=25000+n\times[(2\times10^6)/180]/20$$

其中，n 为转动角度，范围为 0～180°。

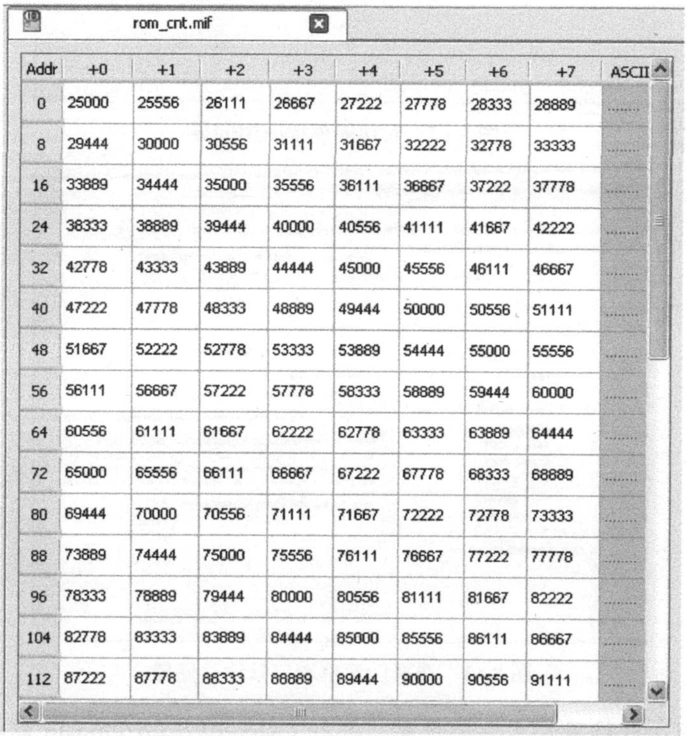

Addr	+0	+1	+2	+3	+4	+5	+6	+7	ASCII
0	25000	25556	26111	26667	27222	27778	28333	28889	....
8	29444	30000	30556	31111	31667	32222	32778	33333	....
16	33889	34444	35000	35556	36111	36667	37222	37778	....
24	38333	38889	39444	40000	40556	41111	41667	42222	....
32	42778	43333	43889	44444	45000	45556	46111	46667	....
40	47222	47778	48333	48889	49444	50000	50556	51111	....
48	51667	52222	52778	53333	53889	54444	55000	55556	....
56	56111	56667	57222	57778	58333	58889	59444	60000	....
64	60556	61111	61667	62222	62778	63333	63889	64444	....
72	65000	65556	66111	66667	67222	67778	68333	68889	....
80	69444	70000	70556	71111	71667	72222	72778	73333	....
88	73889	74444	75000	75556	76111	76667	77222	77778	....
96	78333	78889	79444	80000	80556	81111	81667	82222	....
104	82778	83333	83889	84444	85000	85556	86111	86667	....
112	87222	87778	88333	88889	89444	90000	90556	91111	....

图 8.11　初始化文件编辑窗口

3）ROM 宏功能模块的文件创建

在 Quartus II 中，选择【Tools】→【MegaWizard Plug-In Manager】菜单命令，弹出【MegaWizard Plug-In Manager [page 1]】对话框，选择【Create a new custom megafunction variation】选项，定制宏功能模块，如图 8.12 所示，下面根据宏功能模块应用向导创建 ROM 宏功能模块文件。

（1）选择创建单端口只读存储器。单击【MegaWizard Plug-In Manager [page 1]】对话框的【Next】按钮，弹出【MegaWizard Plug-In Manager [page 2a]】对话框。在【Select a megafunction from the list below】栏，选择【Memory Compiler】→【ROM：1-PORT】；在【Which device family will you be using?】后，选择【Cyclone Ⅳ E】；输出文件类型选择【VHDL】；在【What name do you want for the output file?】下，输入创建的单端只读存储器的存储路径及文件名“E:/XM8/DJKZ/cnt_rom”，如图 8.13 所示。

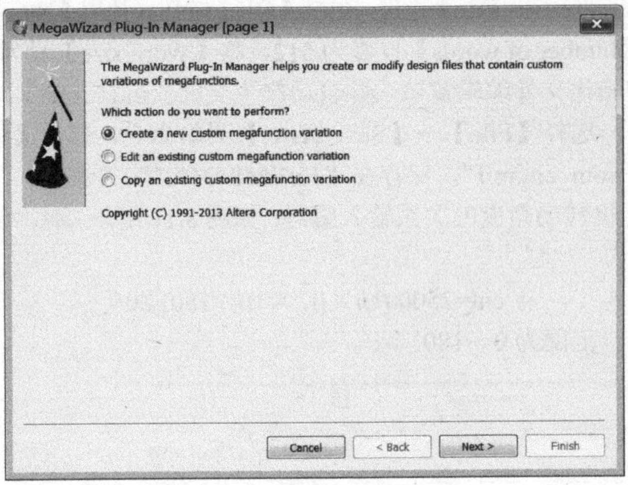

图 8.12　宏功能模块应用向导

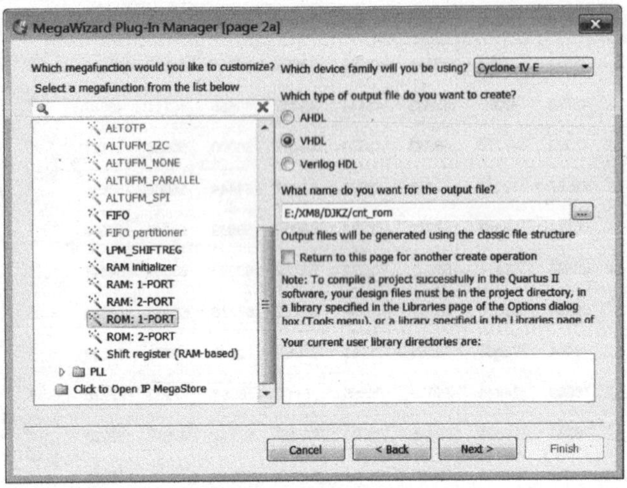

图 8.13　选择创建单端口只读存储器

（2）单端口只读存储器基本参数设置。单击【MegaWizard Plug-In Manager [page 2a]】对话框的【Next】按钮，弹出【MegaWizard Plug-In Manager [page 3 of 7]】对话框。根据初始化文件“rom_cnt.mif”确定的存储容量，在【How wide should the`q` input bus be?】后的文本框内输入【18】；在【How many 18-bit words of memory?】后的文本框内输入【512】，如图 8.14 所示。

（3）设置 ROM 输出端口寄存器。单击【MegaWizard Plug-In Manager [page 3 of 7]】对话框的【Next】按钮，弹出【MegaWizard Plug-In Manager [page 4 of 7】对话框。在【which ports should be registered?】栏，选择【'q' output port】选项，如图 8.15 所示。

（4）设置单端口只读存储器数据控制文件。单击【MegaWizard Plug-In Manager [page 4 of 7]】对话框的【Next】按钮，弹出【MegaWizard Plug-In Manager [page 5 of 7]】对话框。选择【Yes,use this file for the memory content data】选项；单击【Browse…】按钮，在弹出的对

话框中选择前面创建的初始化文件“rom_cnt.mif”（文件位置 E:/XM8/DJKZ），在【File name:】栏内填入“./rom_cnt.mif”，如图 8.16 所示。

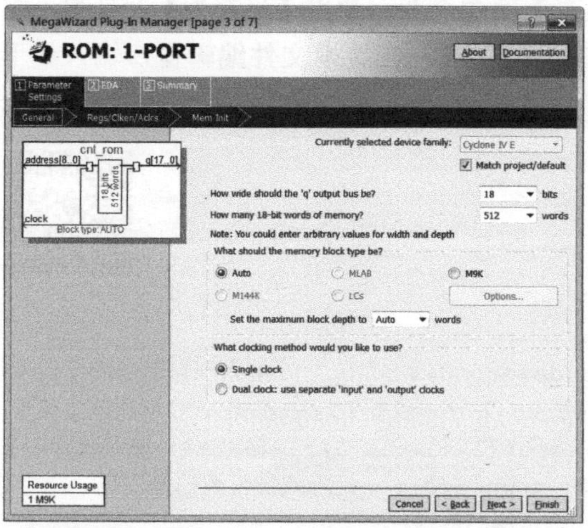

图 8.14　单端口只读存储器基本参数设置

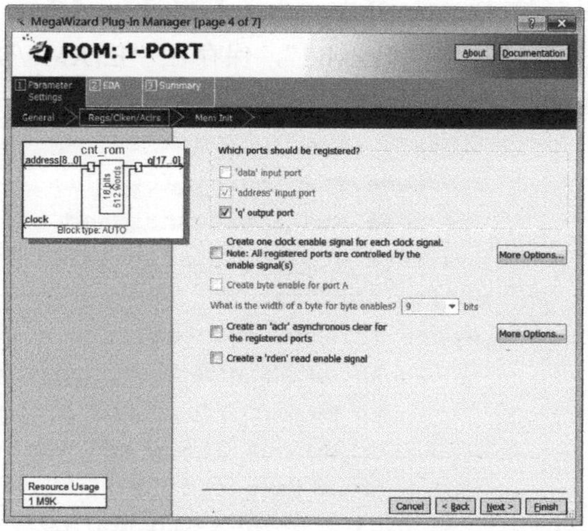

图 8.15　设置 ROM 输出端口

（5）生成 ROM 模块元件文件。单击【MegaWizard Plug-In Manager [page 5 of 7]】对话框的【Next】按钮，再次单击弹出的对话框的【Next】按钮，弹出【MegaWizard Plug-In Manager [page 7 of 7]】对话框，在此设置创建顶层文件时可调用的 ROM 模块元件，选择【File】列的【cnt_rom.cmp】及【cnt_rom.bsf】选项，创建 ROM 模块元件文件，如图 8.17 所示。

完成 ROM 模块的设置后，单击【Finish】按钮，返回主界面。

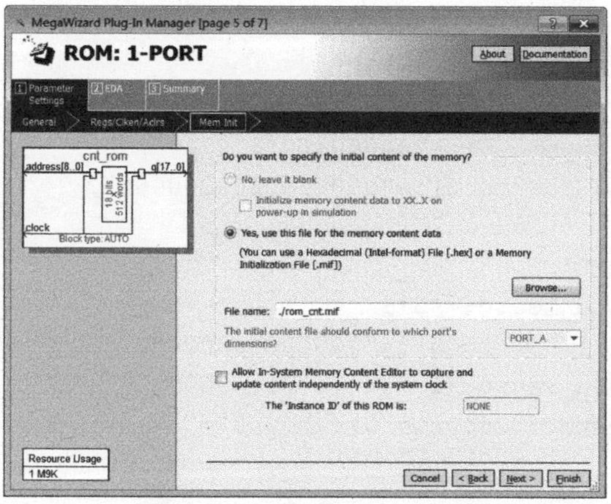

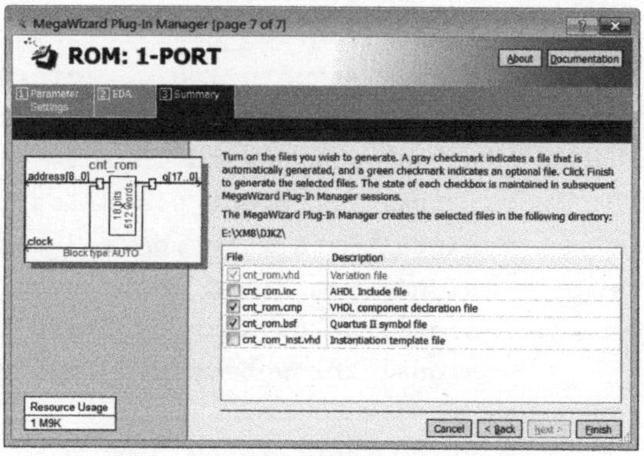

图 8.16　数据控制文件设置　　　　　　　　图 8.17　设置可调用的 ROM 模块元件

2．矩阵式键盘控制器模块程序设计

矩阵式键盘控制器模块的创建包括创建 VHDL 程序、创建并设置仿真测试文件及进行功能仿真。

1）创建 VHDL 程序

在 Quartus II 中选择【File】→【New...】菜单命令，弹出【New】对话框；选择【Design

File】→【VHDL File】选项，单击【OK】按钮，在 Quartus II 集成环境中，将弹出文本文件编辑窗口，并自动产生文件“vhdl1.vhd”。

在 Quartus II 中，选择【File】→【Save As...】菜单命令，弹出【另存为】对话框，将文件名改为“jbkz.vhd”，保存在“E:/XM8/DJKZ”文件夹。在文本文件编辑窗口输入如下 VHDL 程序：

```
library ieee;
use ieee.std_logic_1164.all;
use ieee.std_logic_unsigned.all;
use ieee.std_logic_arith.all;
entity jbkz is
  port (clk:in std_logic;
      kbrow:in std_logic_vector(3 downto 0);        --输入来自键盘的行信号
      up_dw_out_1:out std_logic_vector(1 downto 0);--输出PWM1增减改变信号
      up_dw_out_2:out std_logic_vector(1 downto 0);--输出PWM2增减改变信号
      kbcol:out std_logic_vector(3 downto 0);--矩阵式键盘列扫描信号
      data_en:out std_logic;    --确定输出数据
      data_1_en:out std_logic;  --选择数据输入PWM1
      data_2_en:out std_logic;  --选择数据输入PWM2
      dat_out:out std_logic_vector(8 downto 0);     --输出设置数据
      dat_ply:out std_logic_vector(15 downto 0));  --输出显示数据
end;
architecture one of jbkz is
   signal cnt:integer range 0 to 16000000:=0;
   signal en:std_logic:='0';
   signal dat:std_logic_vector(3 downto 0):="0000";
   signal state:std_logic_vector(1 downto 0):="00";
   signal fnq,fnq_clk:std_logic:='0';
   signal key:std_logic_vector(7 downto 0):="00000000";
   signal temp:std_logic_vector(15 downto 0):="0000000000000000";
   signal clk_jb:std_logic:='0';
   signal clr_s,ent_s:std_logic:='0';
   signal data_1_out,data_2_out:std_logic:='0';
   signal reg12:std_logic_vector(11 downto 0):="000000000000";
   signal up_dw_1,up_dw_2:std_logic_vector(1 downto 0):="00";
   signal kbrow_temp:std_logic_vector(3 downto 0):="0000";
begin
   kbrow_temp<=kbrow;
    dat_out<=reg12(8 downto 0);
   dat_ply<=temp(15 downto 0);
   up_dw_out_1<=up_dw_1;
   up_dw_out_2<=up_dw_2;
   data_1_en<=data_1_out;
   data_2_en<=data_2_out;
 P0:process(clk)  --分频
   begin
    if clk'event and clk='1' then
```

```
            if cnt<2500-1 then
              cnt<=cnt+1;
            clk_jb<='0';
            else
              cnt<=0;
              clk_jb<='1';
              end if;
       end if;
      end process;
  P1:process(clk_jb,kbrow_temp) --控制列扫描信号产生
          variable count:std_logic_vector(1 downto 0):="00";
      begin
      en<=kbrow_temp(0) and kbrow_temp(1) and kbrow_temp(2) and kbrow_
temp(3);
          if en='0' then
            count:=count;
          else
            if(clk_jb'event and clk_jb='1')then
                if count="11" then
                    count:="00";
                else
                    count:=count+'1';
                end if;
             end if;

          end if;
          case count is
              when"00"=>kbcol<="0111";
                      state<="00";
              when"01"=>kbcol<="1011";
                      state<="01";
              when"10"=>kbcol<="1101";
                      state<="10";
              when"11"=>kbcol<="1110";
                      state<="11";
              when others=>null;
              end case;
      end process;
  P2:process(clk_jb,state,kbrow_temp)
  --定义矩阵式键盘各按键的功能
      begin
          if clk_jb'event and clk_jb='1'then
              if state="00" then    --即kbcol为“0111”时
                  case kbrow_temp is
                      when"1110"=>dat<="0000";--设置键值为“0”
                      when"1101"=>dat<="0111";--设置键值为“7”
                      when"1011"=>dat<="0100";--设置键值为“4”
```

```
                when"0111"=>dat<="0001";--设置键值为“1”
                when others=>null;
            end case;
        end if;
        if state="01" then   --即kbcol为“1011”时
            case kbrow_temp is
                when"1110"=>clr_s<='1';  --键"F"为清零键
                when"1101"=>dat<="1000";--设置键值为“8”
                when"1011"=>dat<="0101";--设置键值为“5”
                when"0111"=>dat<="0010";--设置键值为“2”
                when others=>clr_s<='0';
            end case;
        end if;
        if state="10" then   --即kbcol为“1101”时
            case kbrow_temp is
                when"1110"=>ent_s<='1';  --键"E"为确定键
                when"1101"=>dat<="1001";--设置键值为“9”
                when"1011"=>dat<="0110";--设置键值为“6”
                when"0111"=>dat<="0011";--设置键值为“3”
                when others=>ent_s<='0';
            end case;
        end if;
        if state="11" then     --即kbcol为"1110"时
            case kbrow_temp is
                when"1110"=>up_dw_1<="10";--键“D”，PWM1脉宽增加
                when"1101"=>up_dw_1<="01";--键“C”，PWM1脉宽减小
                when"1011"=>up_dw_2<="10";--键“B”，PWM2脉宽增加
                when"0111"=>up_dw_2<="01";--键“A”，PWM2脉宽减小
                when"1010"=>up_dw_1<="10";--键“D”“B”同时按下
                                up_dw_2<="10";
                when"0110"=>up_dw_1<="10";--键“D”“A”同时按下
                                up_dw_2<="01";
                when"0101"=>up_dw_1<="01";--键“C”“A”同时按下
                                up_dw_2<="01";
                when"1001"=>up_dw_1<="01";--键“C”“B”同时按下
                                up_dw_2<="10";
                when others=>up_dw_2<="00";
                                up_dw_1<="00";
            end case;
        end if;
    end if;
  end process;
P3:process(clk_jb,en)  --去抖动进程
    variable reg8:std_logic_vector(7 downto 0):=
"00000000";
  begin
    if(clk_jb'event and clk_jb='1')then
```

```
                reg8:=reg8(6 downto 0)& en;
            end if;
            key<=reg8;
            fnq<=key(0) or key(1)or key(2)or key(3) or key(4)or key(5) or
key(6)or key(7);
        end process;
    P4:process(clk_jb) --产生键盘有效响应信号
        begin
            if(clk_jb'event and clk_jb='1')then
                if fnq='0' then
                    fnq_clk<='1';
                else
                    fnq_clk<='0';
                end if;
            end if;
        end process;
    P5:process(fnq_clk,clr_s)  --键值数据存储及数据选择
            variable reg_10:integer range 0 to 1000:=0;
            variable data_temp:std_logic_vector(3 downto 0):="0000";
        begin
            if(fnq_clk'event and fnq_clk='1')then
                if clr_s='1' then
                    temp<="0000000000000000";
                else
                    if (ent_s='1') or  (up_dw_1="01")or(up_dw_1="10") or
(up_dw_2="01") or (up_dw_2="10")  then
                        temp<=temp;
                    else
                        temp<=temp(11 downto 0)& dat; --左移存储键值
                    end if;
                end if;
                reg_10:=conv_integer(temp(11 downto 8))*100+conv_integer(temp
(7 downto 4))*10+conv_integer(temp(3 downto 0));  --组合成十进制数
                data_temp:=temp(15 downto 12);
                if reg_10>180 then
                    reg_10:=180;
                    reg12<=conv_std_logic_vector(reg_10,12);
                else
                    reg12<=conv_std_logic_vector(reg_10,12);
                end if;
                if data_temp="0001" then --选择确定PWM1与PWM2数据
                    data_1_out<='1';
                elsif data_temp="0010" then
                    data_2_out<='1';
                else
                    data_1_out<='0';
                    data_2_out<='0';
```

```
            end if;
          data_en<=ent_s;
          end if;
      end process;
  end;
```

程序说明：

（1）进程P0为分频进程。系统输入时钟频率50MHz对矩阵式键盘来说太高，因此需要对50MHz信号进行分频。本设计对系统时钟信号“clk”进行2500分频，输出20kHz的矩阵式键盘列扫描脉冲信号“clk_jb”。

（2）进程P1为产生列扫描信号进程。当有按键按下时(en=0)，count值不变，列扫描信号不变，即停止扫描。当无任何键按下时，键盘列扫描使能控制信号en=1，计数值count不断改变，产生列扫描信号。

当count=00时，设置状态值state为00，输出列扫描信号kbcol为0111，即键盘1，4，7及0所在列有效；同理，count=01，10及11时，分别是键盘2，5，8及F所在列，3，6，9及E所在列，A，B，C及D所在列有效。

（3）进程P2为定义矩阵式键盘各键功能的进程。按下矩阵式键盘的数字键0～9时，产生的“dat”值在进程P5的“temp”存储器中进行左移存储；按下F键时，角度值置零信号“clr_s”置1，进程P5的存储键值的“temp”存储器置零；按下E键时，角度设置值确定信号“ent_s”置1，进程P5选择PWM模块输出设置角度值；分别按下D及C键时，输出控制舵机1的脉宽信号“up_dw_1”分别为10及01，当up_dw_1值为10时脉宽增加，当up_dw_1值为01时脉宽减少，当up_dw_1值为00时，通过设置角度值设置脉宽；同理，矩阵式键盘的B及A键用来输出控制舵机2的脉宽信号“up_dw_2”。

（4）进程P3、P4用于按键的防抖。通过将进程P1的列扫描使能控制信号“en”不断赋给8位二进制变量“reg8”，再将“reg8”赋给8位二进制信号“key”，实现对按键状态的记录，然后通过对“key”的各位数值进行与运算，生成防抖控制信号“fnq”。当按键按下，还处于抖动状态时，“key”中至少有1位数的值为1，fnq=1，当按键按下处于稳定状态时，在连续8个工作时钟周期内“key”内的数值全为0，从而使fnq=0；当按键再次弹起，并且在连续8个工作时钟周期内不再有新的按键按下，“key”内的数值全为1，则fnq=1'，“fnq”值控制进程P4使键盘有效响应信号“fnq_clk”产生一个上升沿，控制进程P5，将按键数值“dat”存入数值存储器“temp”的第3～0位，并将“temp”原来的值左移。

（5）进程P5为键值数据存储及数据选择进程。在键盘有效响应信号“fnq_clk”的控制下，左移存储键值。如果置零信号“clr_s”有效（clr_s=1），按键数值存储器“temp”清零；如果角度设置值确定信号“ent_s”有效（ent_s=1），将“temp”存储器中的值转换为十进制角度值并存入存储器“reg_10”；由于需要设置两个舵机的角度值，所以用“temp” 存储器15～12位的值。当“temp”寄存器15～12位的值为0001时，PWM1角度值设置有效的信号“data_1_out”置1。当“temp”寄存器15～12位的值为0010时，PWM2角度值设置有效的信号“data_2_out”置1。

2）创建并设置仿真测试文件

完成VHDL程序文件“jbkz.vhd”的设计后，在Quartus II的【Project Navigator】窗口的【Files】标签页内右击【jbkz.vhd】；在弹出的快捷菜单中选择【Set as Top-Level Entity】命令，如图 8.18 所示，将 jbkz.vhd 文件设置为顶层文件；选择【Processing】→【Star Compilation】菜单命令，对矩阵式键盘控制器模块进行编译，检查有无语法错误。如果有错误必须进行修改，直到编译通过。能否实现设计功能，还要通过功能仿真来验证。要进行功能仿真，必须先创建仿真测试文件，可利用 Quartus II 的模板文件创建仿真测试文件。

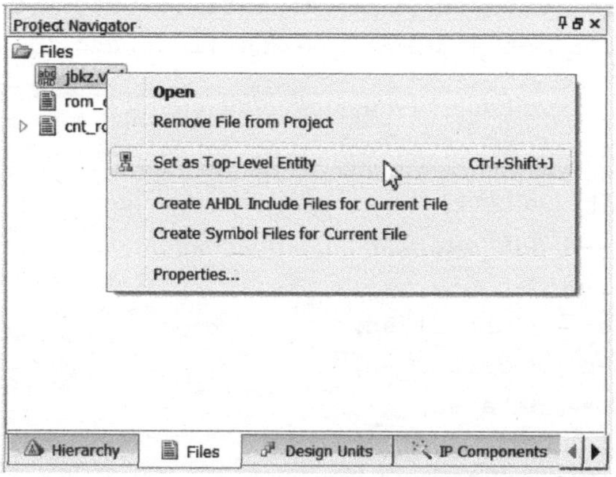

图 8.18　矩阵式键盘控制器模块设置为顶层文件

（1）创建仿真测试模板文件。选择【Processing】→【Start】→【Start Test Bench Template Writer】菜单命令。如果没有设置错误，系统将弹出生成仿真测试模板文件成功的对话框。默认生成的文件名为“jbkz.vht”，保存位置为“E:/XM8/DJKZ/simulation/ modelsim”。

（2）编辑仿真测试文件。选择【File】→【Open…】菜单命令，弹出【Open File】对话框，打开仿真测试文件“E:/XM8/DJKZ/simulation/modelsim/jbkz.vht”，在“init”进程中，设置“clk”的频率为 50MHz，即周期为 20ns；在“always”进程中，设置键盘的输出信号“kbrow”。矩阵式键盘控制器模块仿真测试程序如下：

```
library ieee;
use ieee.std_logic_1164.all;
entity jbkz_vhd_tst is
end jbkz_vhd_tst;
architecture jbkz_arch of jbkz_vhd_tst is
   signal clk : std_logic;
   signal dat_out : std_logic_vector(8 downto 0);
   signal dat_ply : std_logic_vector(15 downto 0);
   signal data_1_en : std_logic;
   signal data_2_en : std_logic;
   signal data_en : std_logic;
   signal kbcol : std_logic_vector(3 downto 0);
   signal kbrow : std_logic_vector(3 downto 0);
   signal up_dw_out_1 : std_logic_vector(1 downto 0);
   signal up_dw_out_2 : std_logic_vector(1 downto 0);
component jbkz
   port (clk : in std_logic;
   dat_out : out std_logic_vector(8 downto 0);
```

```
    dat_ply : out std_logic_vector(15 downto 0);
    data_1_en : out std_logic;
    data_2_en : out std_logic;
    data_en : out std_logic;
    kbcol : out std_logic_vector(3 downto 0);
    kbrow : in std_logic_vector(3 downto 0);
    up_dw_out_1 : out std_logic_vector(1 downto 0);
    up_dw_out_2 : out std_logic_vector(1 downto 0));
end component;
begin
    i1 : jbkz
    port map (clk => clk,
        dat_out => dat_out,
        dat_ply => dat_ply,
        data_1_en => data_1_en,
        data_2_en => data_2_en,
        data_en => data_en,
        kbcol => kbcol,
        kbrow => kbrow,
        up_dw_out_1 => up_dw_out_1,
        up_dw_out_2 => up_dw_out_2    );
init: process
     begin
     clk<='0';wait for 10ns;
     clk<='1';wait for 10ns;
end process init;
always: process
    begin
    kbrow<="1111"; wait for  2400 us;
    kbrow<="0111"; wait for  2400 us;
    kbrow<="1111"; wait for  2400 us;
    kbrow<="1011"; wait for  2400 us;
    kbrow<="1111"; wait for  2400 us;
    kbrow<="1101"; wait for  2400 us;
    kbrow<="1111"; wait for  2450 us;
    kbrow<="1110"; wait for  2400 us;
    kbrow<="1111"; wait for  2400 us;
    kbrow<="0111"; wait for  2400 us;
    kbrow<="1111"; wait for  2400 us;
    kbrow<="1011"; wait for  2400 us;
    kbrow<="1111"; wait for  2400 us;
    kbrow<="1101"; wait for  2400 us;
    kbrow<="1111"; wait for  2350 us;
    kbrow<="1110"; wait for  2400 us;
    kbrow<="1111"; wait for  2500 us;
    kbrow<="1110"; wait for  2400 us;
    kbrow<="1111"; wait for  2400 us;
```

```
        kbrow<="1101"; wait for 2400 us;
        kbrow<="1111"; wait for 2400 us;
        kbrow<="1011"; wait for 2400 us;
        kbrow<="1111"; wait for 2400 us;
        kbrow<="0111"; wait for 2400 us;
        kbrow<="1111"; wait for 2450 us;
        kbrow<="0111"; wait for 2400 us;
        kbrow<="1111"; wait for 2400 us;
        kbrow<="1011"; wait for 2400 us;
        kbrow<="1111"; wait for 2400 us;
        kbrow<="1101"; wait for 2400 us;
        kbrow<="1111"; wait for 2400 us;
        kbrow<="1110"; wait for 2400 us;
        kbrow<="1111"; wait for 2400 us;
    end process always;
    end jbkz_arch;
```

注意：*仿真测试文件的实体名为“jbkz_vhd_tst”，测试模块元件的例化名为“i1”，这两个名称在配置仿真测试文件时要填写。*

（3）配置仿真测试文件。选择【Assignments】→【Settings...】菜单命令，弹出设置工程“djkz”的【Settings–djkz】对话框；在【Category】栏，选择【EDA Tool Settings】→【Simulation】选项，在对话框内将显示【Simulation】面板；在【Simulation】面板的【Native Link settings】选项组，选择【Compile test bench】→【Compile test bench】→【Test Benches】，弹出【Test Benches】对话框；单击【Test Benches】对话框中的【New】，弹出【New Test Bench Setting】对话框；在【Test bench name】栏，输入仿真测试文件名“jbkz.vht”；在【Top level module in test bench】栏，输入仿真测试文件实体名“jbkz_vhd_tst”；选择【Use test bench to perform VHDL timing simulation】选项，在【Design instance name in test bench】栏，输入元件例化名“i1”；在【End simulation】栏，设置时间为 1s；单击【Test bench and simulation files】选项组【File name】后的[...]，选择测试文件“E:/XM8/DJKZ/simulation/modelsim/jbkz.vht”，单击【Add】完成设置，如图 8.19 所示。单击各对话框的【OK】按钮，返回主界面。

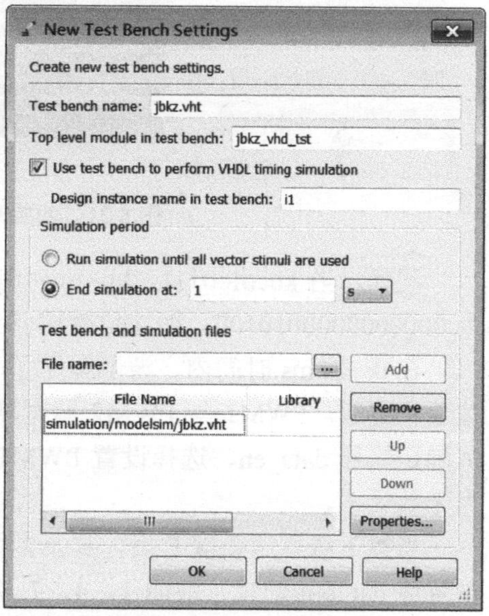

图 8.19　配置仿真测试文件

3）功能仿真

在 Quartus II 集成环境中，选择【Tools】→【Run Simulation Tool】→【RTL Simulation】菜单命令，可以看到 ModelSim 的界面出现功能仿真波形。结束“1 秒功能仿真”后，全部功能仿真波形如图 8.20 所示。

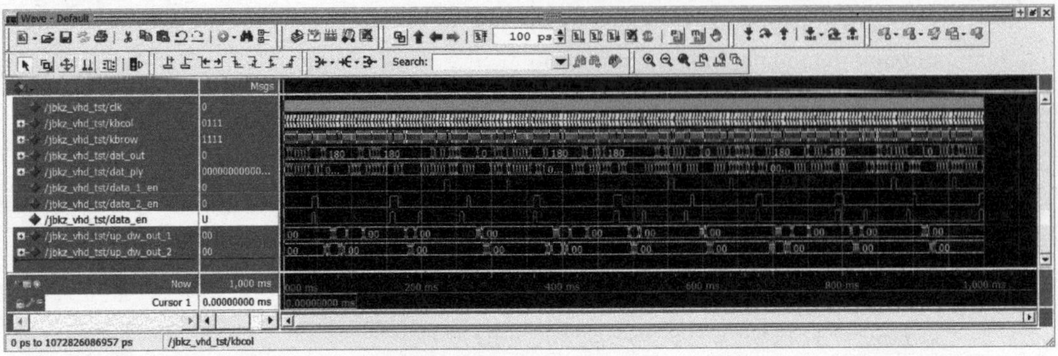

图 8.20 功能仿真波形

（1）将起始时刻前 30ms 功能仿真波形放大，如图 8.21 所示。当有键按下时，列扫描信号 kbcol 停止变化，根据行信号 kbrow 的值可知是何键按下。当列扫描信号 kbcol 为 0111，行信号 kbrow 为 0111 时，对照设计方案中的表 8.1 或矩阵式键盘控制器模块 VHDL 程序的 P2 进程中键值定义可知，按下的是 1 键；当 kbcol 为 1111，表示没有任何键按下，列扫描信号不断改变，进行扫描。当按下 1 键时，输出显示数据 dat_ply 为 0000000000000001，4 位数码管显示 0001。

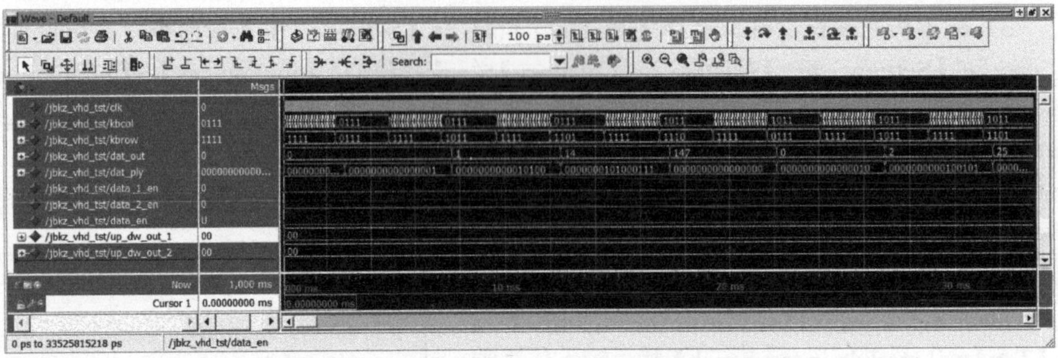

图 8.21 起始时刻前 30ms 功能仿真波形放大图

同理，当 kbcol=0111，kbrow=1011，表示矩阵式键盘的 4 键按下时，显示数据 dat_ply 为 0000000000010100，即 4 位数码管显示 0100，而原来数码管显示的数值 0001 左移显示。

在 0～20ms 时间内，波形显示了先后按下 1，4，7 及 F 键的情况，从图 8.20 中可知，按这些键后，PWM1 与 PWM2 脉宽增减改变信号 up_dw_out_1 及 up_dw_out_2、角度设置值确定信号 data_en、选择设置 PWM1 与 PWM2 脉宽角度的信号 data_1_en 及 data_2_en 均为无效状态。

当按下清零功能键 F 后，显示数据清零，dat_ply 为 000000000000；输出的十进制角度设置值 dat_out 记录了前面 1，4，7 及 F 键的键值，设置数据为 147。此时，由于选择设置 PWM1 与 PWM2 脉宽角度的信号 data_1_en 及 data_2_en 无效（值为 0），所以设置的角度值无效。

（2）放大 20～45ms 功能仿真波形，如图 8.22 所示。图 8.22 表示在清零键 F 按下后，先后按下 2，5，8，0 键及设置角度值确定键 E 的情况。由于设置角度的 4 位数是 2580，最高位 2 表示设置的是 PWM2 的角度值，后 3 位表示设置的角度值，580 大于 180，所以，输出的设置角度值为 180。

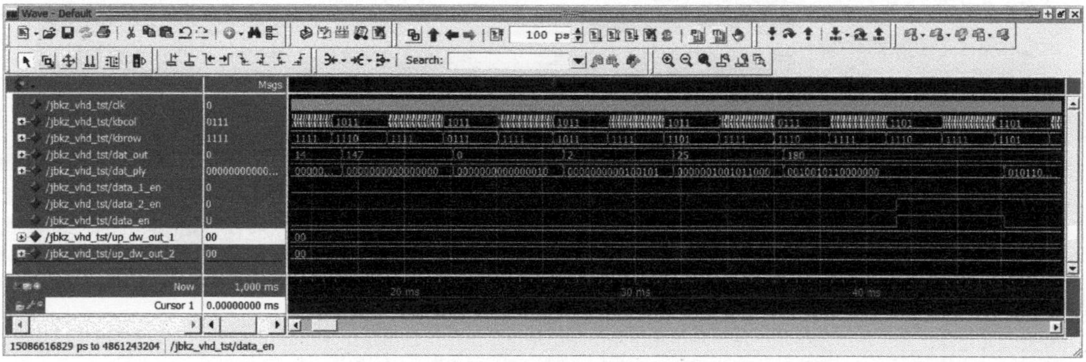

图 8.22　20～45ms 功能仿真波形放大图

当按下确定键 E（kbcol=1101，kbrow=1110）时，确定信号 data_en 及选择设置 PWM2 脉宽角度的信号 data_2_en 均有效（值为 1）；输出的十进制角度设置值 dat_out 为 180，表示设置 PWM2 脉宽角度为 180°；输出显示数据 dat_ply 的值为 0010010110000000，表示千位数码管显示 2（dat_ply[15]～[12]=0010），百位数码管显示 5（dat_ply[11]～[8]=0101），十位数码管显示 8（dat_ply[7]～[4]=1000），个位数码管显示 0（dat_ply[3]～[0]=0000）。

（3）放大 40～60ms 功能仿真波形，如图 8.23 所示。图 8.23 表示在按下确定键 E 后，先后按下 9，6 及 3 键的仿真情况。

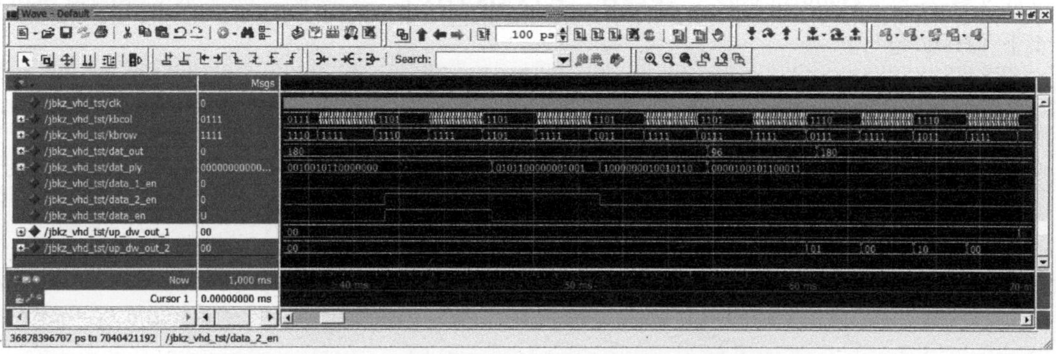

图 8.23　40～60ms 处功能仿真波形放大图

（4）放大 60～80ms 功能仿真波形，如图 8.24 所示。图 8.24 表示先后按下 A～D 键的仿真情况。当按 A 键时，控制 PWM2 脉宽改变的信号 up_dw_out_2 值为 01，表示 PWM2 脉宽减小；当按 B 键时，控制 PWM2 脉宽改变的信号 up_dw_out_2 值为 10，表示 PWM2 脉宽增加。当按 C 键时，控制 PWM1 脉宽改变的信号 up_dw_out_1 值为 01，表示 PWM1 脉宽减小；当按 D 键时，控制 PWM1 脉宽改变的信号 up_dw_out_1 值为 10，表示 PWM1 脉宽增加。

综上所述，根据功能仿真结果，矩阵式键盘控制器模块符合设计要求。适当改变测试文件“jbkz.vht”中“always”进程的“kbrow”值及延迟时间，可测试矩阵式键盘控制器模块其他功能情况。

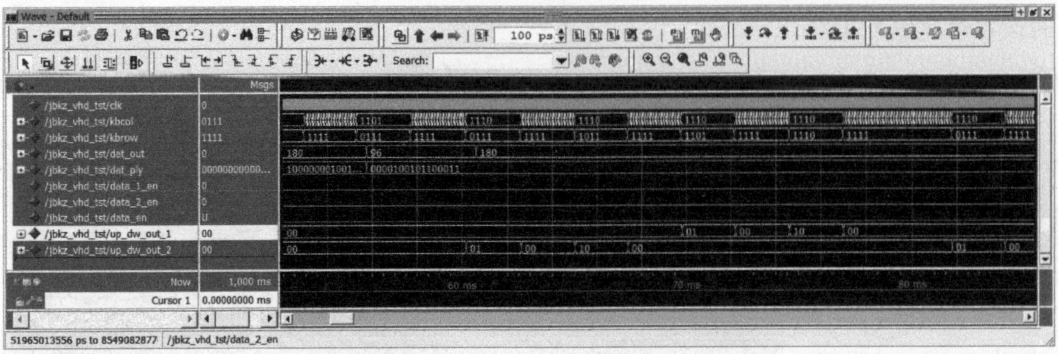

图 8.24　60～80ms 处功能仿真波形放大图

3．动态显示控制模块程序设计

动态显示控制模块的创建包括创建 VHDL 程序、创建并设置功能仿真测试文件及进行功能仿真。

1）创建 VHDL 程序

在 Quartus II 集成环境下，选择【File】→【New…】菜单命令，弹出【New】对话框；选择【Design File】→【VHDL File】选项，单击【OK】按钮，系统自动产生文本文件“vhdl1.vhd”。

选择【File】→【Save As…】菜单命令，弹出【另存为】对话框，命名动态显示控制模块设计文件名为“xiangshi.vhd”，保存在“E:/XM8/DJKZ”文件夹。在文本文件编辑窗口输入如下 VHDL 程序：

```
library ieee;
    use ieee.std_logic_1164.all;
    use ieee.std_logic_arith.all;
    use ieee.std_logic_unsigned.all;
entity  xiangshi is
    port(clk:in std_logic;
      data_kply_in:in std_logic_vector(15 downto 0);
        w:out std_logic_vector(3 downto 0);
      q:out std_logic_vector(7 downto 0));
end;
architecture one of xiangshi is
   signal cntwei:integer range 0 to 15:=0;
   signal cntt:integer range 0 to 16000000:=0;
   signal clk2:std_logic:='0';
   signal disp:std_logic_vector(3 downto 0):="0000";
begin
P1:process(clk)
    begin
     if clk'event and clk='1' then
        if cntt=10000-1 then
              cntt<=0;
              clk2<='1';
           else
```

```
                  cntt<=cntt+1;
                  clk2<='0';
              end if;
           end if;
     end process;
     P2:process(clk2)
        begin
            if clk2'event and clk2='1' then
               if cntwei=3 then
                  cntwei<=0;
               else
                  cntwei<=cntwei+1;
               end if;
            end if;
     end process;
     P3:process(clk2,cntwei)
        begin
            if clk2'event and clk2='1' then
               case cntwei is
                  when 0 =>w<="1110";
                     disp<=data_kply_in(3 downto 0); -- 显示个位数
                  when 1=>w<="1101";
                     disp<=data_kply_in(7 downto 4);  --显示十位数
                  when 2=>w<="1011";
                     disp<=data_kply_in(11 downto 8); --显示百位数
                  when 3=>w<="0111";
                     disp<=data_kply_in(15 downto 12);--显示选择pwm的选择数
                  when others=>w<="1111";
               end case;
            end if;
     end process;
     P4:process (disp)
        begin
           case disp is
              when "0000"=>q<="00111111";--显示“0”
              when "0001"=>q<="00000110";--显示“1”
              when "0010"=>q<="01011011";--显示“2”
              when "0011"=>q<="01001111";--显示“3”
              when "0100"=>q<="01100110";--显示“4”
              when "0101"=>q<="01101101";--显示“5”
              when "0110"=>q<="01111101";--显示“6”
              when "0111"=>q<="00000111";--显示“7”
              when "1000"=>q<="01111111";--显示“8”
              when "1001"=>q<="01101111";--显示“9”
              when others=>q<="00000000";--不显示
           end case;
       end process;
     end;
```

程序说明：

（1）进程 P1 为分频进程。FPGA 最小系统板的板载时钟频率（50MHz）对于显示动态扫描频率太高，因此，需要通过分频进程对 50MHz 的时钟信号进行分频。本设计对系统时钟信号“clk”进行 10000 分频，输出 5kHz 的动态显示扫描脉冲信号“clk2”。

（2）进程 P2、P3 为产生位扫描信号的同时输出相应的显示数据的进程。进程 P2 在扫描信号“clk2”的控制下，产生数码管位信号“cntwei”，在 0～3 之间不断变化，即进行数码管位扫描；进程 P3 在扫描信号“clk2”及数码管位信号“cntwei”的控制下，产生数码管位扫描信号“w”及相应的输出显示数据“disp”。

（3）进程 P4 为显示数据译码进程。进程 P4 的功能是将“disp”值译码成显示数值的七段数码管的段码。

2）创建并设置功能仿真测试文件

完成动态显示控制模块 VHDL 程序文件“xiangshi.vhd”的设计后，在【project Navigator】窗口的【Files】文件夹内右击【xiangshi.vhd】；在弹出的快捷菜单中，选择【Set as Top-Level Entity】命令，如图 8.25 所示，将“xiangshi.vhd”文件设置为顶层文件；选择【Processing】→【Star Compilation】菜单命令，对动态显示控制模块进行编译，直到编译通过。编译通过只是说明设计文件无语法或连接错误，能否实现设计功能，还要通过功能仿真来验证。要进行功能仿真，必须先创建仿真测试文件，可利用 Quartus II 的仿真测试模板文件创建仿真测试文件。

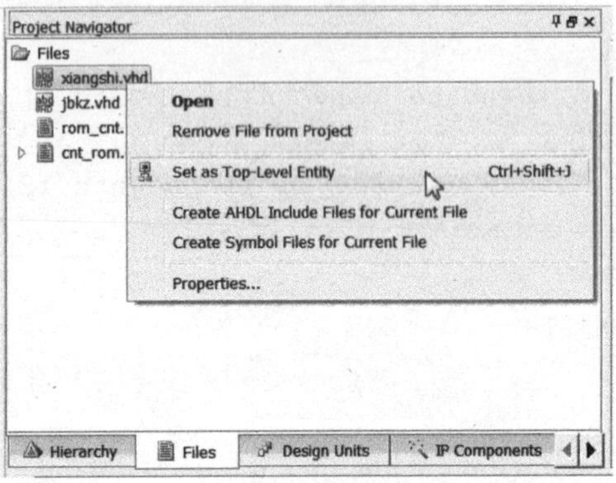

图 8.25　动态显示控制模块设置为顶层文件

（1）创建仿真测试模板文件。选择【Processing】→【Start】→【Start Test Bench Template Writer】菜单命令。如果没有设置错误，系统将弹出生成仿真测试模板文件成功的对话框。默认生成的文件名为“xiangshi.vht”，保存位置为“E:/XM8/DJKZ /simulation/ modelsim”。

（2）编辑仿真测试文件。选择【File】→【Open…】菜单命令，弹出【Open File】对话框，选择“E:/XM8/DJKZ/simulation/modelsim / xiangshi.vht”文件。打开“xiangshi.vht”文件，在“init”进程中设置输入频率“clk”为 50MHz，即周期为 20ns；在“always”进程中设置要显示的输入数据“data_kply_in”。动态显示控制模块仿真测试文件程序如下：

```
library ieee;
use ieee.std_logic_1164.all;
entity xiangshi_vhd_tst is
end xiangshi_vhd_tst;
```

```
architecture xiangshi_arch of xiangshi_vhd_tst is
    signal clk : std_logic;
    signal data_kply_in : std_logic_vector(15 downto 0);
    signal q : std_logic_vector(7 downto 0);
    signal w : std_logic_vector(3 downto 0);
component xiangshi
    port (clk : in std_logic;
    data_kply_in : in std_logic_vector(15 downto 0);
    q : out std_logic_vector(7 downto 0);
    w : out std_logic_vector(3 downto 0));
end component;
begin
i1: xiangshi
    port map (clk => clk,
        data_kply_in => data_kply_in,
        q => q,
        w => w);
init: process
    begin
        clk<='0'; wait for 10ns;
        clk<='1'; wait for 10ns;
end process init;
always: process
    begin
        data_kply_in<="0010000101110100" ;wait for 5700us;
        data_kply_in<="0001001101100000" ;wait for 5700us;
end process always;
end xiangshi_arch;
```

注意：测试文件的实体名为“xiangshi_vhd_tst”，测试模块元件例化名为“i1”，在配置仿真测试文件时要填写。

（3）配置仿真测试文件。选择【Assignments】→【Settings…】菜单命令，弹出设置工程“djkz”的【Settings–djkz】对话框；在【Settings–djkz】对话框的【Category】栏，选择【EDA Tool Settings】→【Simulation】选项，【Settings–djkz】对话框内将显示【Simulation】面板；在【Simulation】面板的【Native Link settings 】选项组，选择【Compile test bench】→【Test Benches】选项，弹出【Test Benches】对话框；单击【New】，弹出【New Test Bench Setting】对话框；在【Test bench name】栏，输入仿真测试文件名“xiangshi.vht”；在【Top level module in test bench】栏，输入仿真测试文件的实体名“xiangshi_vhd_tst”；选择【Use test bench to perform VHDL timing simulation】选项，在【Design instance name in test bench】栏，输入仿真测试模块元件例化名“i1”；设置【End simulation】时间为 1s；单击【Test bench and simulation files】选项组中【File name】后的▭，选择仿真测试文件“E:/XM8/DJKZ/ simulation /modelsim/xiangshi.vht”，单击【Add】完成设置，结果如图 8.26 所示。

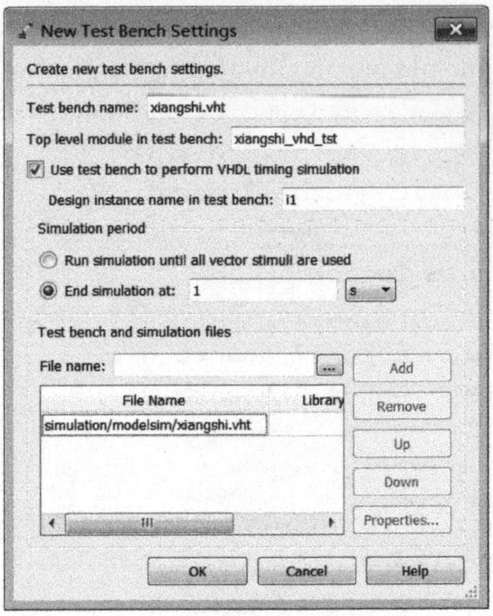

图 8.26　配置仿真测试文件

单击【New Test Bench Setting】对话框及【Test Benches】对话框的【OK】按钮，关闭两对话框，返回【Settings–djkz】对话框；单击【Compile test bench】选项后的下拉列表按钮，在下拉列表中选择“xiangshi.vht”作为仿真测试文件，如图 8.27 所示；单击【Settings–djkz】对话框的【OK】按钮，返回主界面。

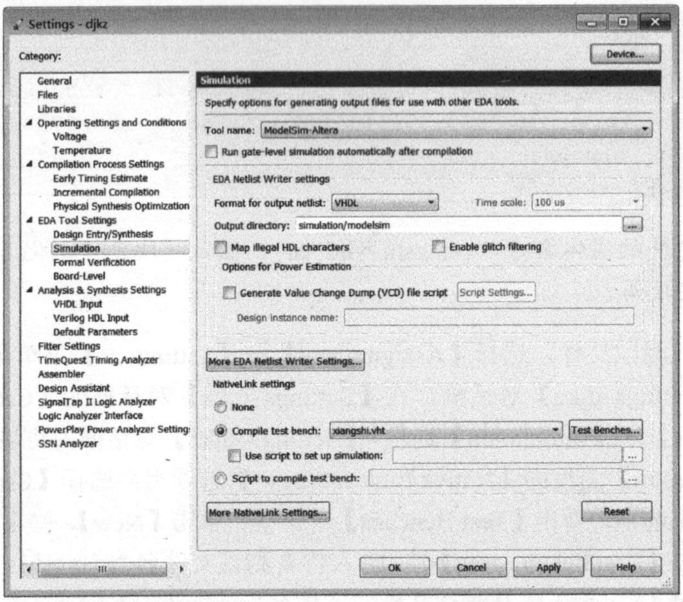

图 8.27　选择“xiangshi.vht”作为仿真测试文件

3）进行功能仿真

在 Quartus II 集成环境中，选择【Tools】→【Run Simulation Tool】→【RTL Simulation】菜单命令，可以看到 ModelSim 的界面出现的功能仿真波形。

（1）放大 2～4ms 处的波形，如图 8.28 所示，从图中可知，位扫描信号“w”的值在“1110”“1101”“1011”及“0111”间不断做周期性循环变化，相应的数码管段码信号“q”也做周期性改变。

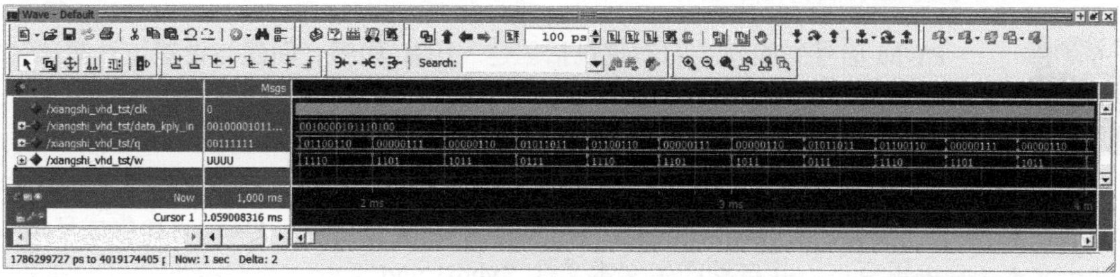

图 8.28　2ms～4ms 处功能仿真波形放大图

输入显示值 data_kply_in 为 0010000101110100，表示输入的 4 位数码管数据分别如下：

千位数码管值为“2”（data_kply_in[15～12]=0010）；

百位数码管值为“1”（data_kply_in[11～8]=0001）；

十位数码管值为“7”（data_kply_in[7～4]=0111）；

个位数码管值为“4”（data_kply_in[3～0]=0100）。

当位扫描信号 w=1110（显示个位数码管）时，段信号 q=01100110，显示“4”；当位扫描信号 w=1101（显示十位数码管）时，段信号 q=00000111，显示“7”；当位扫描信号 w=1011（显示百位数码管）时，段信号 q=00000110，显示“1”；当位扫描信号 w=0111（显示千位数码管）时，段信号 q=01011011，显示“2”；显示值与输入显示量相同。

（2）放大 6～8ms 处的波形，如图 8.29 所示，从图 8.29 中可知，输入显示值 data_kply_in 为 0001001101100000，表示输入的 4 位数码管数据分别如下：

千位数码管值为“1”（data_kply_in[15～12] =0001）；

百位数码管值为“3”（data_kply_in[11～8]=0011）；

十位数码管值为“6”（data_kply_in[7～4]=0110）；

个位数码管值为“0”（data_kply_in[3～0]=0000）。

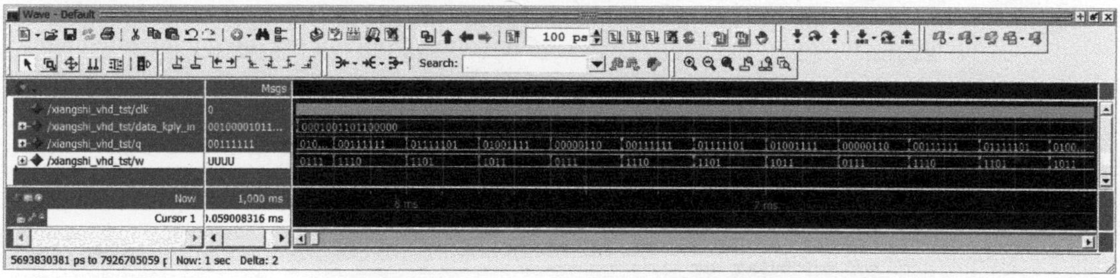

图 8.29　6～8ms 处功能仿真波形放大图

当位扫描信号 w=1110（显示个位数码管）时，段信号 q=00111111，显示“0”；当位扫描信号 w=1101（显示十位数码管）时，段信号 q=01111101，显示“6”；当位扫描信号 w=1011（显示百位数码管）时，段信号 q=01001111，显示“3”；当位扫描信号 w=0111（显示千位数码管）时，段信号 q=00000110，显示“1”；显示值与输入显示值相同，符合设计要求。

4. PWM信号生成模块程序设计

PWM信号生成模块的创建包括创建VHDL程序、创建与设置仿真测试文件及功能仿真。

1）创建VHDL程序

在Quartus II集成环境中，选择【File】→【New…】菜单命令，在弹出的【New】对话框中选择【Design File】→【VHDL File】选项，单击【OK】按钮，在Quartus II集成环境中，将弹出文本文件编辑窗口，并自动产生文本文件“vhdl1.vhd”。

选择【File】→【Save As…】菜单命令，弹出【另存为】对话框，命名PWM信号生成模块文件名为“pwm.vhd”，保存在“E:/XM8/DJKZ”文件夹。在文本文件编辑窗口输入PWM信号生成模块的VHDL程序如下：

```
library ieee;
use ieee.std_logic_1164.all;
use ieee.std_logic_unsigned.all;
use ieee.std_logic_arith.all;
entity    pwm   is
   port(clk: in std_logic;
          key: in std_logic_vector(1 downto 0);
          dat_en_in:in std_logic;
          dat_sel_in:in std_logic;
          dat_in: in std_logic_vector(17 downto 0);
          pwm_out: out std_logic);
end pwm;
architecture behav of pwm is
      signal counter: integer range 0 to 1000000:=0;
      signal clk_500hz: std_logic :='0';
      signal pwm_temp: std_logic :='0';
      signal dclk_div: integer range 0 to 49999 :=0;
      signal cnt:   integer range 0 to 150000 := 75000;
      signal dat_en_on: std_logic :='0';
      signal dat_sel_on: std_logic :='0';
      signal key_up_dw_en: std_logic_vector(1 downto 0);
   begin
      dat_sel_on<=dat_sel_in;
      dat_en_on<=dat_en_in;
      pwm_out <= pwm_temp;
      key_up_dw_en<=key;
P1:process(clk)
   begin
      if (clk'event and clk='1') then--分频产生50Hz的频率
         if(counter=1000000)then
            counter <= 0;
         else
            counter <= counter + 1;
            if(dclk_div < 49999)then
```

```
                    dclk_div <= dclk_div + 1;
                else
                    dclk_div <= 0;
                    clk_500hz <= not clk_500hz;--500hz
                end if;
                if (counter < cnt) then
                    pwm_temp <= '1';
                else
                    pwm_temp <= '0';
                end if;
            end if;
        end if;
    end process;
    P2:process(clk_500hz)
        variable reg_cnt:integer range 0 to 125000:=0;
      begin
        if clk_500hz'event and clk_500hz='1' then
            case key_up_dw_en is
                when "10" =>          --向180°方向旋转
                    if (cnt > 125000)    then
                        cnt <= 125000;
                    else
                        cnt <= cnt + 50;
                    end if;
                when "01" =>          --向0°方向旋转
                    if (cnt < 25000) then
                        cnt <= 25000;
                    else
                        cnt <= cnt-50;
                    end if;
                when "00" => --设置旋转角度
                    if dat_en_on='1' and dat_sel_on='1' then
                        reg_cnt:=conv_integer(dat_in(17 downto 0));
                        cnt<=reg_cnt;
                    end if;
                when others => null;
            end case;
        end if;
    end process;
    end behav;
```

程序说明：

（1）进程 P1 为确定 PWM 的进程。在系统输入时钟频率 50MHz 的控制下，利用“counter”计数器，产生频率为 50Hz，脉宽由“cnt”值确定的“pwm_temp”信号。同时产生频率为 500Hz 的脉冲信号“clk_500hz”，作为进程 P2 的时钟，控制“cnt”值的刷新。

（2）进程 P2 为产生确定 PWM 脉宽的“cnt”值的进程。在脉冲信号“clk_500hz”的控制下，改变“cnt”的值。当控制 PWM 脉宽的输入信号“key”="10" (key_up_dw_en="10")

时，“cnt”值不断增加，增加到“cnt=125000”时，“cnt”值保持不变；当控制 PWM 脉宽的输入信号“key”="01" (key_up_dw_en="01")时，“cnt”值不断减小，减小到“cnt=0”时，“cnt”值保持不变；当控制 PWM 信号脉宽的“key”="00" (key_up_dw_en="00")，且设置角度值确定信号“dat_en_in”='1' (dat_en_on='1')和选择舵机信号“dat_sel_in”='1' (dat_sel_on='1')，则“cnt”值设置为输入的“dat_in”值。

2）创建并设置仿真测试文件

完成 PWM 信号生成模块 VHDL 程序文件“pwm.vhd” 的设计后，在工程管理【project Navigator】窗口的【Files】文件夹内右击【pwm.vhd】；在弹出的快捷菜单中，选择【Set as Top-Level Entity】命令，如图 8.30 所示，将“pwm.vhd”文件设置为顶层文件；选择【Processing】→【Star Compilation】菜单命令，对 PWM 信号生成模块进行编译，检查有无语法错误。如果有错误必须进行修改，直到编译通过。编译通过后，还须进行功能仿真来验证是否实现了设计功能。进行功能仿真要先创建仿真测试文件，可利用 Quartus II 的模板文件创建仿真测试文件。

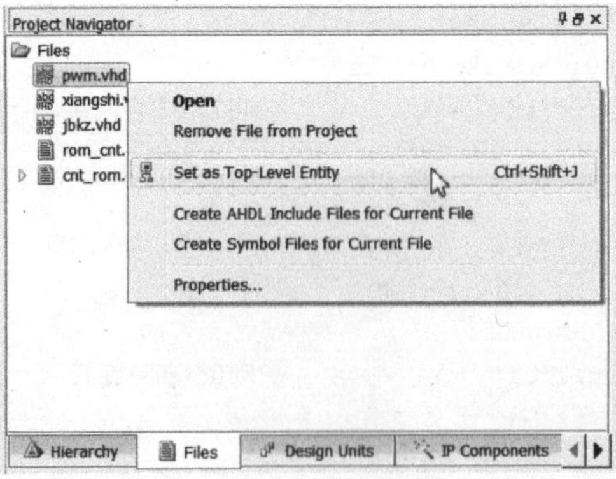

图 8.30　将“pwm.vhd”文件设置为顶层文件

（1）创建仿真测试模板文件。选择【Processing】→【Start】→【Start Test Bench Template Writer】菜单命令。如果没有设置错误，系统将弹出生成仿真测试模板文件成功的对话框。默认生成的文件名为“pwm.vht”，保存位置为“E:/XM8/DJKZ/simulation/ modelsim”。

（2）编辑仿真测试文件。选择【File】→【Open…】菜单命令，弹出【Open File】对话框，打开生成的仿真测试文件“E:/XM8/DJKZ/simulation/modelsim/pwm.vht”，在“init”进程中设置“clk”的频率为 50MHz，即周期为 20ns；在“always”进程中设置角度值数据“dat_in”、角度值设置确定信号“dat_en_in”、舵机选择信号“dat_sel_in”及控制 PWM 脉宽改变信号“key”。

PWM 信号生成模块测试文件程序如下：

```
library ieee;
use ieee.std_logic_1164.all;
entity pwm_vhd_tst is
end pwm_vhd_tst;
architecture pwm_arch of pwm_vhd_tst is
   signal clk : std_logic;
   signal dat_en_in : std_logic;
   signal dat_in : std_logic_vector(17 downto 0);
```

```
        signal dat_sel_in : std_logic;
        signal key : std_logic_vector(1 downto 0);
        signal pwm_out : std_logic;
        component pwm
            port (clk : in std_logic;
            dat_en_in : in std_logic;
            dat_in : in std_logic_vector(17 downto 0);
            dat_sel_in : in std_logic;
            key : in std_logic_vector(1 downto 0);
            pwm_out : out std_logic);
        end component;
    begin
        i1 : pwm
        port map (clk => clk,
            dat_en_in => dat_en_in,
            dat_in => dat_in,
            dat_sel_in => dat_sel_in,
            key => key,
            pwm_out => pwm_out);
        init : process
        begin
            clk<='0';wait for 10ns;
            clk<='1';wait for 10ns;
        end process init;
        always : process
        begin
            dat_in<="000000000000000000";
            dat_en_in<='0';
            dat_sel_in<='0';
            key<="00";
            wait for 100ms;
            dat_in<="011110100001001000";
            dat_en_in<='1';
            dat_sel_in<='1';
            key<="00";
            wait for 100ms;
            dat_in<="011110100001001000";
            dat_en_in<='0';
            dat_sel_in<='0';
            key<="01";
            wait for 800ms;
        end process always;
    end pwm_arch;
```

注意：该功能仿真测试文件的实体名为“pwm_vhd_tst”，测试模块元件例化名为“i1”，在配置仿真测试文件时要填写。

（3）配置功能仿真测试文件。选择【Assignments】→【Settings…】菜单命令，弹出设置工程“djkz”的【Settings –djkz】对话框；在【Category】栏选择【EDA Tool Settings】→【Simulation】选项，在【Settings–djkz】对话框内将显示【Simulation】面板，【Native Link settings】选项组中选择【Compile test bench】→【Compile test bench】→【Test Benches】选项，弹出【Test Benches】对话框；单击【New】，弹出【New Test Bench Setting】对话框；在【Test bench name】栏，输入测试文件名“pwm.vht”；在【Top level module in test bench】栏，输入测试文件的顶层实体名“pwm_vhd_tst”；选择【Use test bench to perform VHDL timing simulation】选项，在【Design instance name in test bench】栏，输入设计测试模块元件例化名“i1”；设置【End simulation】时间为1s；单击【Test bench and simulation files】选项组中【File name】后的，选择测试文件“E:/XM8/DJKZ/simulation /modelsim/pwm.vht”，单击【Add】，设置结果如图8.31所示。

单击【New Test Bench Setting】对话框及【Test Benches】对话框的【OK】按钮，关闭两对话框，返回【Settings–djkz】对话框，单击【Compile test bench】选项后的下拉列表按钮，在下拉列表中选择“pwm.vht”作为功能仿真测试文件，如图8.32所示；单击【Settings–djkz】对话框的【OK】按钮，返回主界面。

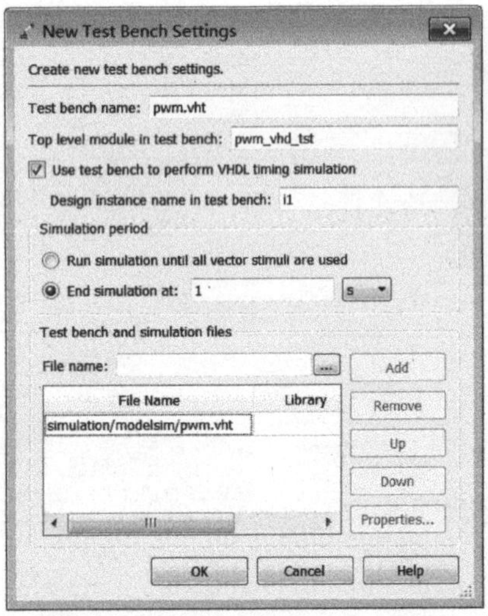

图8.31　配置功能仿真测试文件

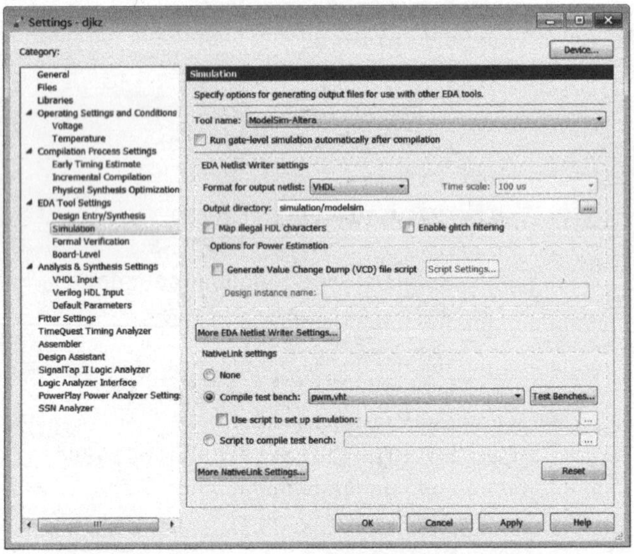

图8.32　选择“pwm.vht”作为仿真测试文件

3）功能仿真

在Quartus II集成环境中，选择【Tools】→【Run Simulation Tool】→【RTL Simulation】菜单命令，可以看到ModelSim的运行界面出现的功能仿真波形。

（1）放大60～80ms处的波形，如图8.33所示，此阶段设置角度值数据“dat_in”、角度值设置确定信号“dat_en_in”、舵机选择信号“dat_sel_in”及控制PWM脉宽改变信号“key”均为零，即为初始状态，根据程序设置，处于初始状态时，舵机转动角为90°。从图8.33中可知，此时产生的PWM周期为20ms（1.5ms+18.5ms），脉宽为1.5ms，与设计要求相符。

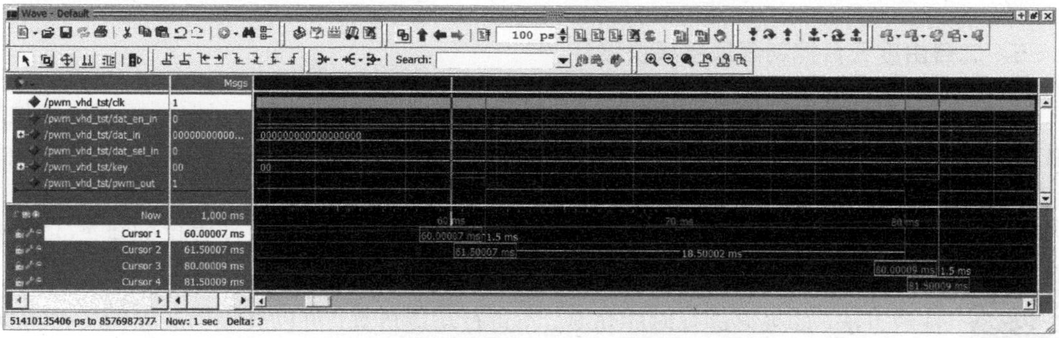

图 8.33　60～80ms 处功能仿真波形放大图

（2）放大 120～140ms 处的波形，如图 8.34 所示，此阶段设置角度值数据 dat_in=125000、角度值设置确定信号 dat_en_in=1、舵机选择信号 dat_sel_in=1、控制 PWM 脉宽改变信号 key=00，表示设置舵机转动角为 180°。从图 8.34 中可知，此时产生的 PWM 信号周期为 20ms（2.5ms+17.5ms），脉宽为 2.5ms，与设计要求相符。

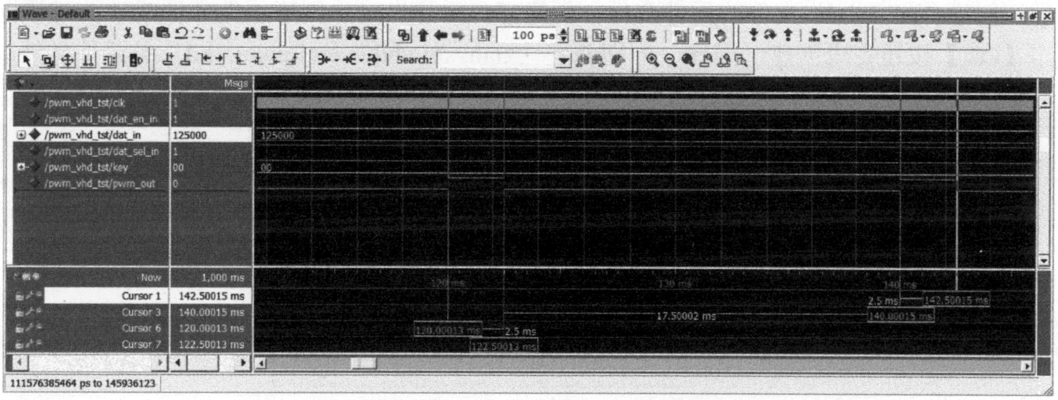

图 8.34　120～140ms 处功能仿真波形放大图

（3）放大 600～620ms 处的波形，如图 8.35 所示，此阶段设置角度值数据 dat_in=125000、角度值设置确定信号 dat_en_in=0、舵机选择信号 dat_sel_in=0、控制 PWM 脉宽改变信号 key=01，表示此阶段舵机转角不断减小。从图 8.35 中可知，此时产生的 PWM 周期为 20ms，脉宽为每周期减小 0.01ms（2.299ms-2.289ms=0.01ms）。

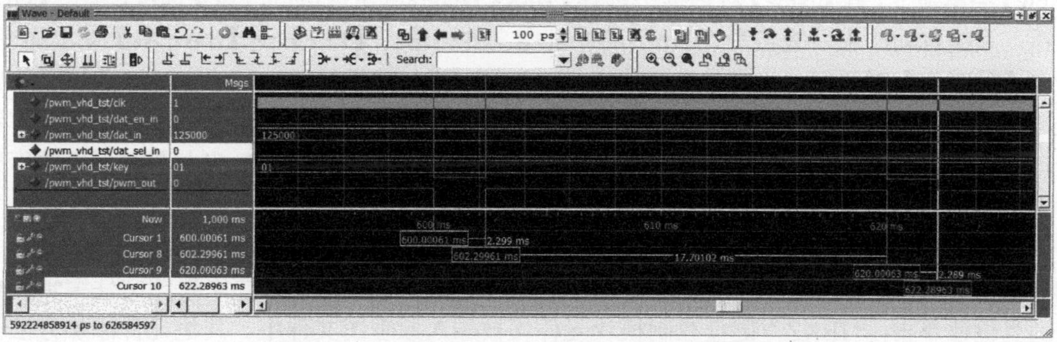

图 8.35　600～620ms 处功能仿真波形放大图

5. 二自由度云台控制器顶层模块设计

二自由度云台控制器顶层模块的创建包括顶层原理图文件创建、将原理图文件转换为 VHDL 程序文件、将顶层模块 VHDL 程序加入工程设置顶层文件、编译程序、创建与设置功能仿真测试文件及功能仿真等步骤。

二自由度云台控制器顶层模块文件可以采用文本输入法直接创建“vhd”格式文件，也可采用原理图输入法选择创建顶层原理图，再转换为“vhd”格式文件的方法。如果只进行时序仿真，不进行功能仿真，可以直接用原理图文件仿真，不转换为“vhd”格式的文件。下面介绍利用原理图输入法创建二自由度云台控制器顶层模块文件，再转换为“vhd”格式的文件，进行功能仿真的方法。

1）创建顶层原理图文件

（1）子模块元件文件的创建。在【Project Navigator】窗口的【Files】文件夹内右击【jbkz.vhd】；在弹出的快捷菜单中，选择【Create Symbol File for Current File】命令，如图 8.36 所示，创建“jbkz.vhd”文件的元件文件；创建完成后弹出提示创建元件文件成功的对话框，单击【OK】按钮完成创建。同理，分别创建“xiangshi.vhd”及“pwm.vhd”的元件文件。

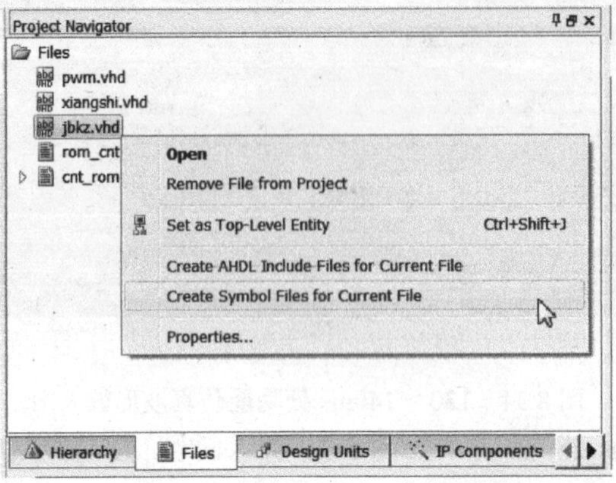

图 8.36　子模块元件文件的创建

（2）创建二自由度云台控制器顶层原理图文件。在 Quartus II 集成环境中，选择【File】→【New】菜单命令，在【New】对话框中选择【Block Diagram/Schematic File】选项，单击【OK】按钮，系统自动产生后缀名为“.bdf”的原理图文件；选择【File】→【Save As】菜单命令，弹出【另存为】对话框，将文件命名为“djkz_top.bdf”，保存在“E:/XM8/DJKZ/”文件夹。

在“djkz_top.bdf”原理图文件编辑窗口的空白位置双击鼠标，弹出【Symbol】选择对话框，如图 8.37 所示。由于前面已创建了各子模块元件，因而，在【Symbol】对话框的库列表中出现了【Project】库。

双击【Project】库的【JBKZ】，关闭【Symbol】对话框，此时光标将变成“+”号，并在右下角吸附了“JBKZ”键盘控制模块元件；在“djkz_top.bdf”顶层原理图文件编辑窗口的适当位置单击，“JBKZ”键盘控制模块元件将被加入原理图文件中。其他元件添加方法与键盘控制模块元件相同，完成元件添加后，连接各模块并放置输入输出端元件，此时“djkz_top.bdf”文件如图 8.38 所示。

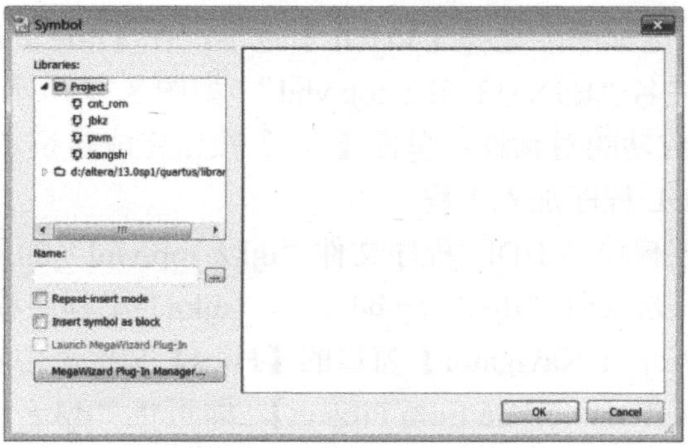

图 8.37　元件选择对话框

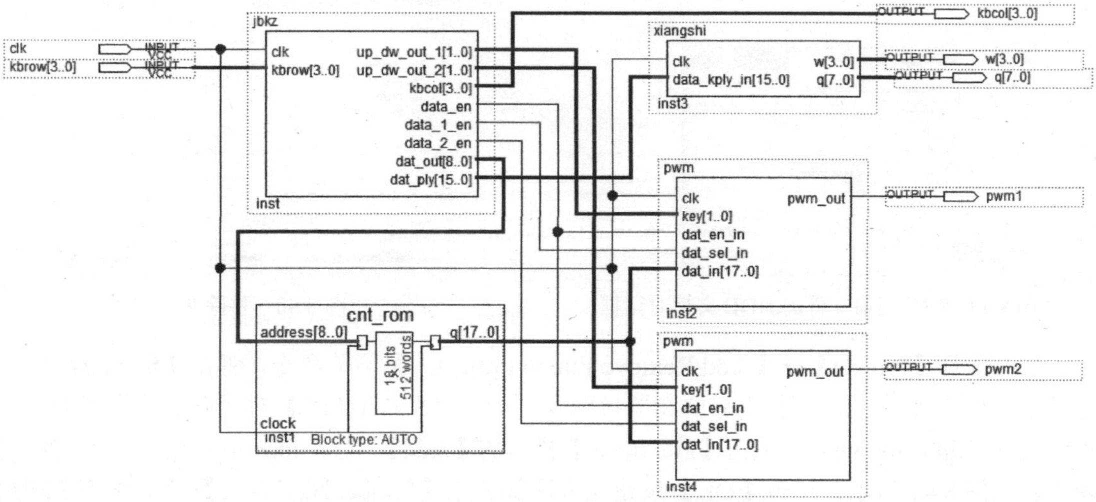

图 8.38　二自由度云台控制器顶层原理图文件

（3）各子模块说明：

jbks 子模块为矩阵式键盘控制器模块。

cnt_rom 子模块为将存储角度值转换为脉宽计数长度值编码的 ROM 模块。

xiangshi 子模块为动态显示控制模块。

pwm 子模块为 PWM 信号生成模块。

（4）各输入输出端口说明：

clk 为系统时钟信号输入端。

kbrow[3..0]为矩阵式键盘行编码信号输入端。

kbcol[3..0]为矩阵式键盘列扫描信号输出端。

w[3..0]为数码管位扫描信号输出端。

q[7..0]为数码管段信号输出端。

pwm1 为舵机 1 控制信号输出端。

pwm2 为舵机 2 信号输出端。

2）将原理图文件转换为 VHDL 程序文件

在 Quartus II 中打开“djkz_top.bdf”原理图文件，选择【File】→【Create/Update】→【Create HDL Design File for Current File…】菜单命令，弹出【Create HDL Design File for Current File】

对话框；在【File type】选项中，选择【VHDL】选项，在【File name】输入框中，系统将自动填入保存路径与文件名“E:/XM8/djkz_top.vhd”，如图 8.39 所示；单击【OK】按钮，弹出提示创建 VHDL 文件成功的对话框；单击【OK】按钮完成转换。

3）将顶层模块 VHDL 程序加入工程

下面介绍如何将顶层模块 VHDL 程序文件“djkz_top.vhd”加入“djkz”工程，以及将以原理图输入法设计的顶层文件“djkz_top.bdf”从“djkz”工程中移除。

（1）在工程管理【Project Navigator】窗口的【Files】文件夹中右击【djkz_top.bdf】，在弹出的快捷菜单中选择【Remove File from Project】，即可将“djkz_top.bdf”文件从“djkz”工程移除，如图 8.40 所示。

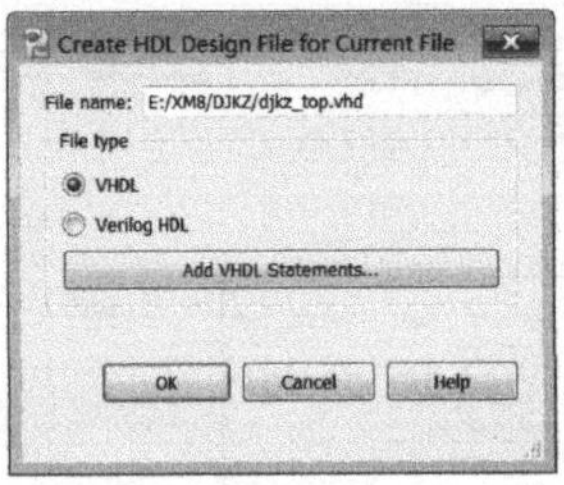

图 8.39　创建当前文件的 HDL 文件对话框

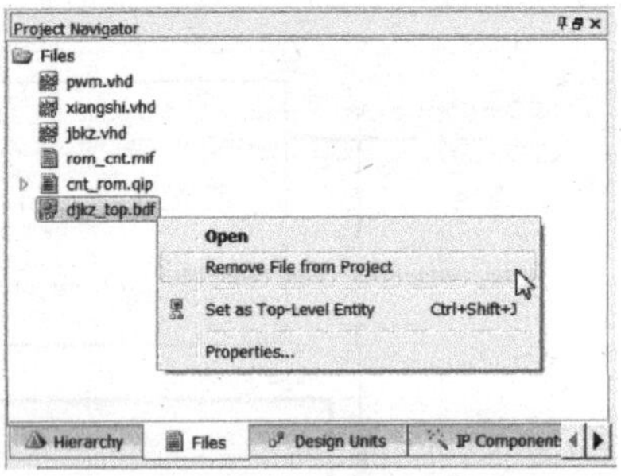

图 8.40　移除文件

（2）选择【Project】→【Add/Remove File in Project…】菜单命令，弹出【Settings–djkz】对话框；单击【File name】栏后的浏览按钮，弹出【Select File】对话框，选择要加入工程的文件“djkz_top.vhd”；单击【File name】栏后的【Add】，将“djkz_top.vhd”加入文件列表中，如图 8.41 所示；单击【OK】按钮完成添加。在【Project Navigator】对话框的【File】工程导航面板中，显示“djkz”工程中已加入了二自由度云台控制器顶层模块 VHDL 程序文件“djkz_top.vhd”，如图 8.42 所示。

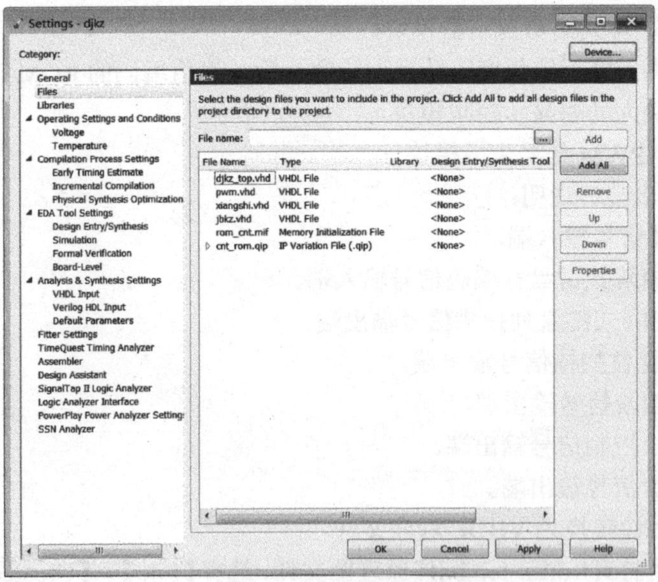

图 8.41　添加文件

4）设置顶层文件

在【Project Navigator】对话框的【Files】文件夹内右击【djkz_top.vhd】，在弹出的快捷菜单中选择【Set as Top-Level Entity】命令，如图 8.43 所示，将“djkz_top.vhd”文件设置为顶层文件。

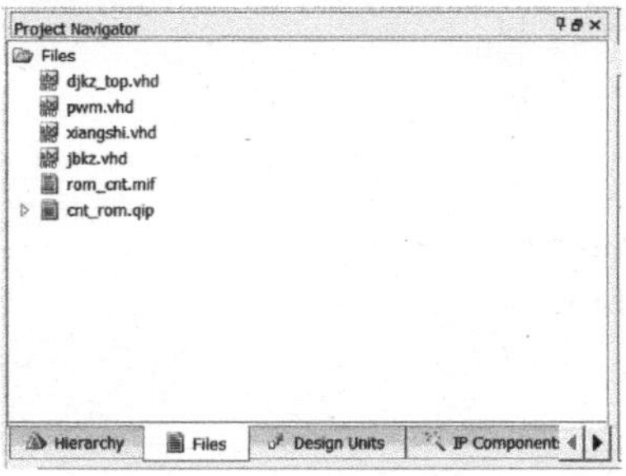

图 8.42　工程导航面板

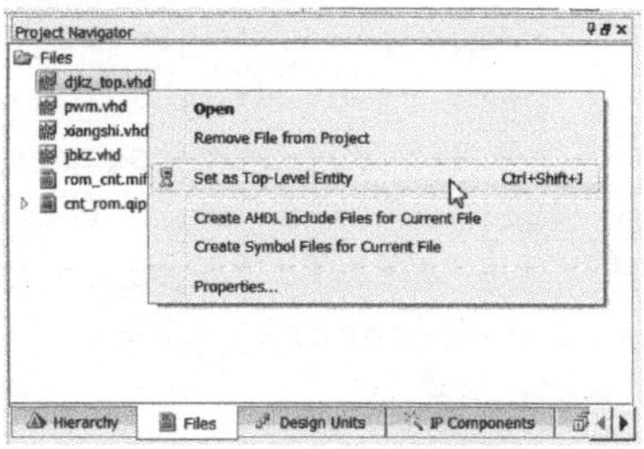

图 8.43　设置顶层文件

5）编译程序

完成二自由度云台控制器顶层模块 VHDL 程序创建并设置顶层文件后，选择【Processing】→【Start Compilation】菜单命令，对设计程序进行编译。如果有错误必须进行修改，直到编译通过。完成编译后，在【Project Navigator】窗口的【Hierarchy】内显示“djkz”工程的层次关系，如图 8.44 所示。二自由度云台控制器顶层模块 djkx_top 由 xiangshi 子模块、jbks 子模块、cnt_rom 子模块及两个 pwm 子模块组成。

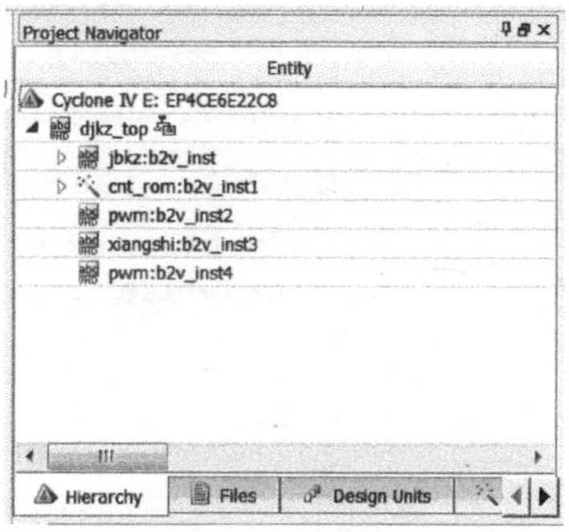

图 8.44　工程的层次关系

6）创建并设置仿真测试文件

编译通过只是说明设计文件无语法或连接错误，能否实现设计功能，还要通过功能仿真来验证。

（1）创建仿真测试模板文件。选择【Processing】→【Start】→【Start Test Bench Template Writer】菜单命令。如果没有设置错误，系统将弹出提示生成文件成功的对话框。默认生成的文件名为“djkz_top.vht”，保存位置为“E:/XM8/DJKZ /simulation/modelsim”。

（2）编辑仿真测试文件。选择【File】→【Open...】菜单命令，弹出【Open File】对话框；打开生成的仿真测试文件“E:/XM8/DJKZ/simulation/modelsim/djkz_top.vht”，在“init”进程中设置“clk”为 50MHz，即周期为 20ns；在“always”进程中设置键盘行编码信号“kbrow”的时序。二自由度云台控制器顶层模块仿真测试文件程序如下：

```
library ieee;
use ieee.std_logic_1164.all;
entity djkz_top_vhd_tst is
end djkz_top_vhd_tst;
architecture djkz_top_arch of djkz_top_vhd_tst is
   signal clk : std_logic;
   signal kbcol : std_logic_vector(3 downto 0);
   signal kbrow : std_logic_vector(3 downto 0);
   signal pwm1 : std_logic;
```

```
    signal pwm2 : std_logic;
    signal q : std_logic_vector(7 downto 0);
    signal w : std_logic_vector(3 downto 0);
component djkz_top
    port (clk : in std_logic;
    kbcol : out std_logic_vector(3 downto 0);
    kbrow : in std_logic_vector(3 downto 0);
    pwm1 : out std_logic;
    pwm2 : out std_logic;
    q : out std_logic_vector(7 downto 0);
    w : out std_logic_vector(3 downto 0));
end component;
begin
i1: djkz_top
    port map (clk => clk,
    kbcol => kbcol,
    kbrow => kbrow,
    pwm1 => pwm1,
    pwm2 => pwm2,
    q => q,
    w => w);
init: process
begin
    clk<='0'; wait for 10ns;
    clk<='1'; wait for 10ns;
end process init;
always: process
begin
    kbrow<="1111";wait for 2200us;
    kbrow<="0111";wait for 1200us;
    kbrow<="1111";wait for 2000us;
    kbrow<="0111";wait for 1200us;
    kbrow<="1111";wait for 2000us;
    kbrow<="1011";wait for 1200us;
    kbrow<="1111";wait for 2000us;
    kbrow<="1101";wait for 2000us;
    kbrow<="1111";wait for 2100us;
    kbrow<="1110";wait for 2400us;
    kbrow<="1111";wait for 5850us;
    kbrow<="1110";wait for 100ms;
    kbrow<="1111";wait for 4600us;
    kbrow<="0110";wait for 500ms;
 end process always;
end djkz_top_arch;
```

注意：测试模块的实体名为“djkz_top_vhd_tst”，测试模块元件的例化名为“i1”，在配置仿真测试文件时要填写。

在 Quartus II 集成环境中选择【Assignments】→【Settings…】菜单命令，弹出设置工程“djkz”的【Settings–djkz】对话框。

（1）在【Settings–djkz】对话框【Category】栏，选择【EDA Tool Settings】→【Simulation】→【Settings–djkz】菜单命令，显示【Simulation】面板；在【Native Link settings】选项组选择【Compile test bench】→【Test Benches】菜单命令，弹出【Test Benches】对话框；单击【New】，弹出【New Test Bench Setting】对话框；在【Test bench name】栏输入文件名“djkz_top.vht”；在【Top level module in test bench】栏输入顶层实体名“djkz_top_vhd_tst”；选择【Use test bench to perform VHDL timing simulation】选项，在【Design instance name in test bench】栏输入元件例化名“i1”；设置【End simulation】时间为 1s；单击【Test bench and simulation files】选项组【File name】后的▭，选择测试文件“E:/XM8/DJKZ/simulation/modelsim/djkz_top.vht”，单击【Add】，设置结果如图 8.45 所示。

（2）单击【New Test Bench Setting】对话框及【Test Benches】对话框的【OK】按钮，关闭两对话框，返回【Settings–djkz】对话框，单击【Compile test bench】选项后的下拉列表按钮▾，在下拉列表中选择“djkz_top.vht”作为测试文件，如图 8.46 所示；单击【Settings–djkz】对话框的【OK】按钮，返回主界面。

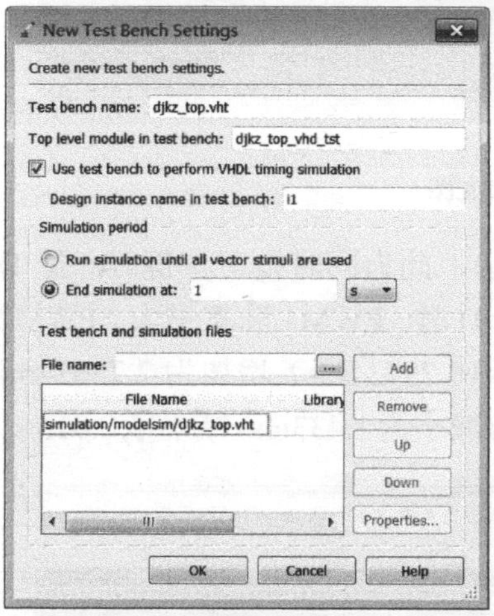

图 8.45　测试文件设置对话框

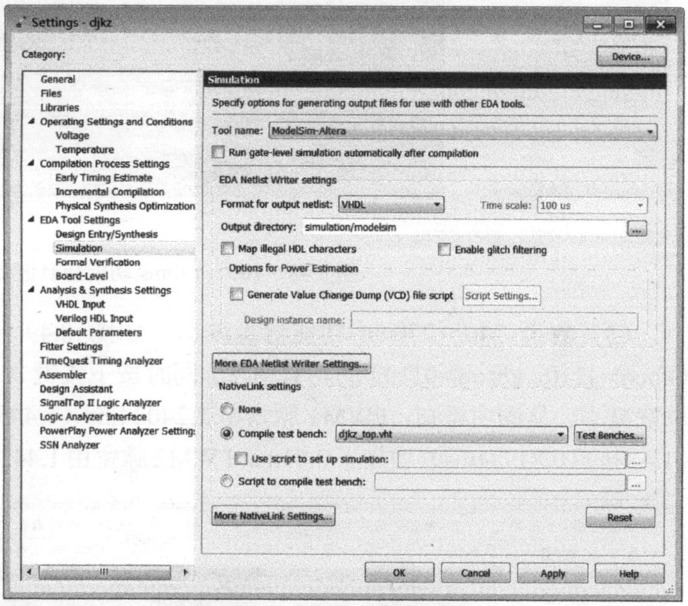

图 8.46　选择仿真测试文件

7）功能仿真

在 Quartus II 集成环境中选择【Tools】→【Run Simulation Tool】→【RTL Simulation】菜单命令，可以看到 ModelSim 的运行界面出现的功能仿真波形。

（1）放大 0～30ms 功能仿真波形，如图 8.47 所示。图中表示依次按下按键 1（kbcol=0111）、按键 1（kbcol=0111，kbrow=0111）、按键 4（kbcol=0111，kbrow=1011）及按键 7（kbcol=0111，kbrow=1101）后，再按设置角度值确定键 E（kbcol=1101，kbrow=1110）的情况。从图中可见，此时的 PWM1 波形为设置舵机 1 转动 147° 的波形，而 PWM2 的波形为设置舵机 2 的初始角度为 90° 时的波形。

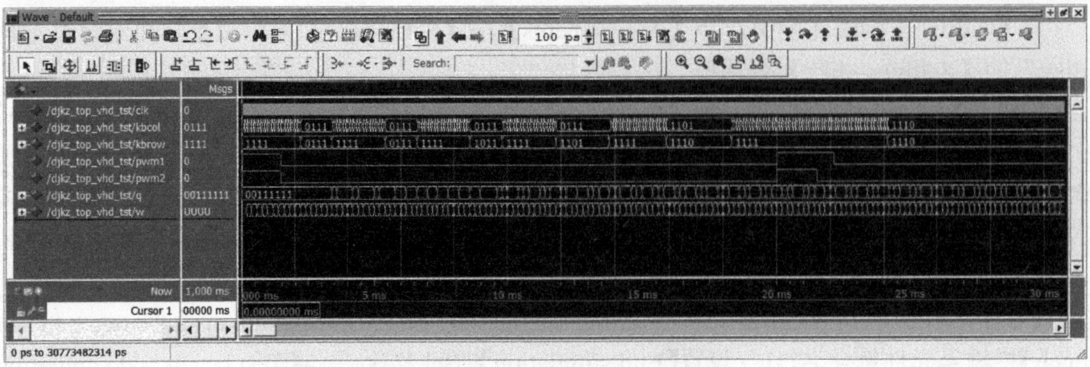

图 8.47　0～30ms 功能仿真波形放大图

（2）放大 100～120ms 功能仿真波形，如图 8.48 所示。图中表示按下按键 D（kbcol=1110，kbrow=1110）的仿真情况。当按下按键 D 时，PWM1 脉宽由 2.17234ms 增加为 2.18234ms。

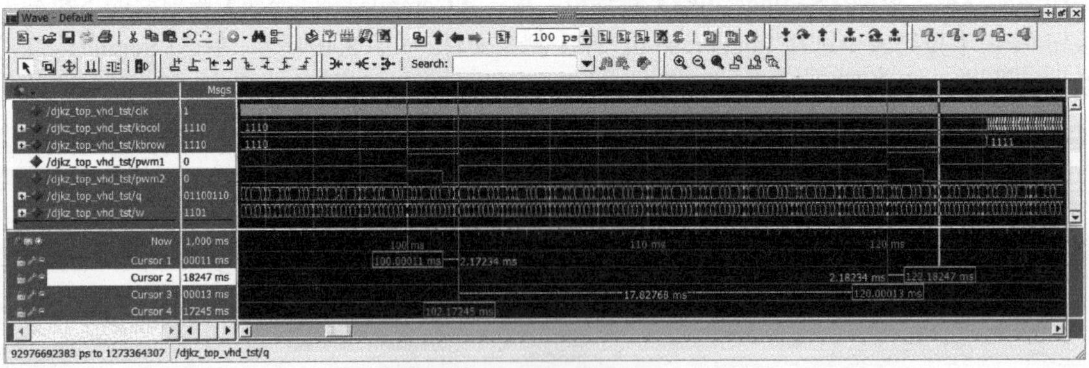

图 8.48　100～120ms 功能仿真波形放大图

（3）放大 240～270ms 功能仿真波形，如图 8.49 所示，此为同时按下按键 A 及 D（kbcol=1110，kbrow=0110）的仿真情况。同时按下按键 A 及 D 时，PWM1 脉宽增大，PWM2 脉宽减小。从图中可知，PWM1 脉宽由 2.24034ms（1.443ms+0.79734ms）增加为 2.25034ms（1.433ms+0.81734ms），增加了 0.01ms；PWM2 脉宽由 1.443ms 减小为 1.433ms，减小了 0.01ms。

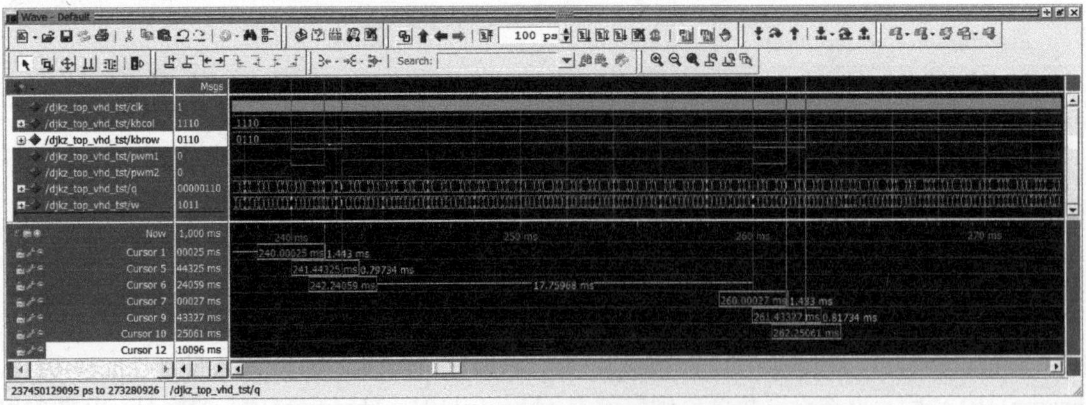

图 8.49　240～270ms 功能仿真波形放大图

8.4　二自由度云台控制器编程下载与硬件测试

进行二自由度云台控制器的硬件测试，需要输入输出硬件电路及 FPGA 开发板的支持。下面介绍基于 FPGA 最小系统板的二自由度云台控制器的硬件测试过程。

1．硬件电路连接

控制器模块输入输出端口如图 8.50 所示，其中的连接介绍如下。

- clk 为系统时钟信号输入端，接入 FPGA 最小系统板所提供的 50MHz 时钟信号。
- kbrow[3..0]为 4×4 矩阵式键盘行信号输入端，连接矩阵式键盘行线。
- kbcol[3..0]为 4×4 矩阵式键盘列扫描信号输出端，连接矩阵式键盘列线。
- q[7..0]为 4 位数码管动态显示段信号输出端，连接 4 个数码管 a～g 及 p 引脚。
- w[3..0]为数码管动态显示位信号输出端，分别连接 4 个数码管的公共端。
- pwm1 为控制舵机 1 的信号输出端，连接舵机 1 的控制信号线。
- pwm2 为控制舵机 2 的信号输出端，连接舵机 2 的控制信号线。

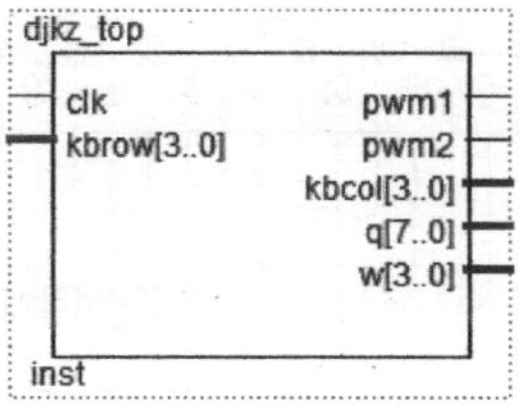

图 8.50　控制器模块输入输出端口

4×4 矩阵式键盘、4 个数码管、舵机 1、舵机 2 等与 FPGA 最小系统板连接原理图如图 8.51 所示。连接 FPGA 最小系统板的引脚，可以根据各自的 FPGA 最小系统板的不同而改变。

2．编程下载

根据 FPGA 最小系统板的芯片及输入输出的连接确定目标元件，锁定输入输出引脚。其操作方法如下。

1）指定目标器件芯片

根据 FPGA 最小系统板指定目标元件。操作方法：在 Quartus II 集成环境中选择【Assignments】→【Device…】菜单命令，弹出【Device】对话框；设置【Family】为【Cyclone IV E】；设置【Package】为【TQFP】；设置【Pin count】为【144】；设置【Speed grade】为【8】；在【Available devices】列表中，选择有效芯片为【EP4CE6E22C8】，完成芯片指定后的【Device】对话框如图 8.52 所示。

2）输入输出引脚锁定

根据二自由度云台控制器与输入输出设备连接原理图可确定控制器输入输出端口与目标芯片引脚的连接关系，如表 8.3 所示。

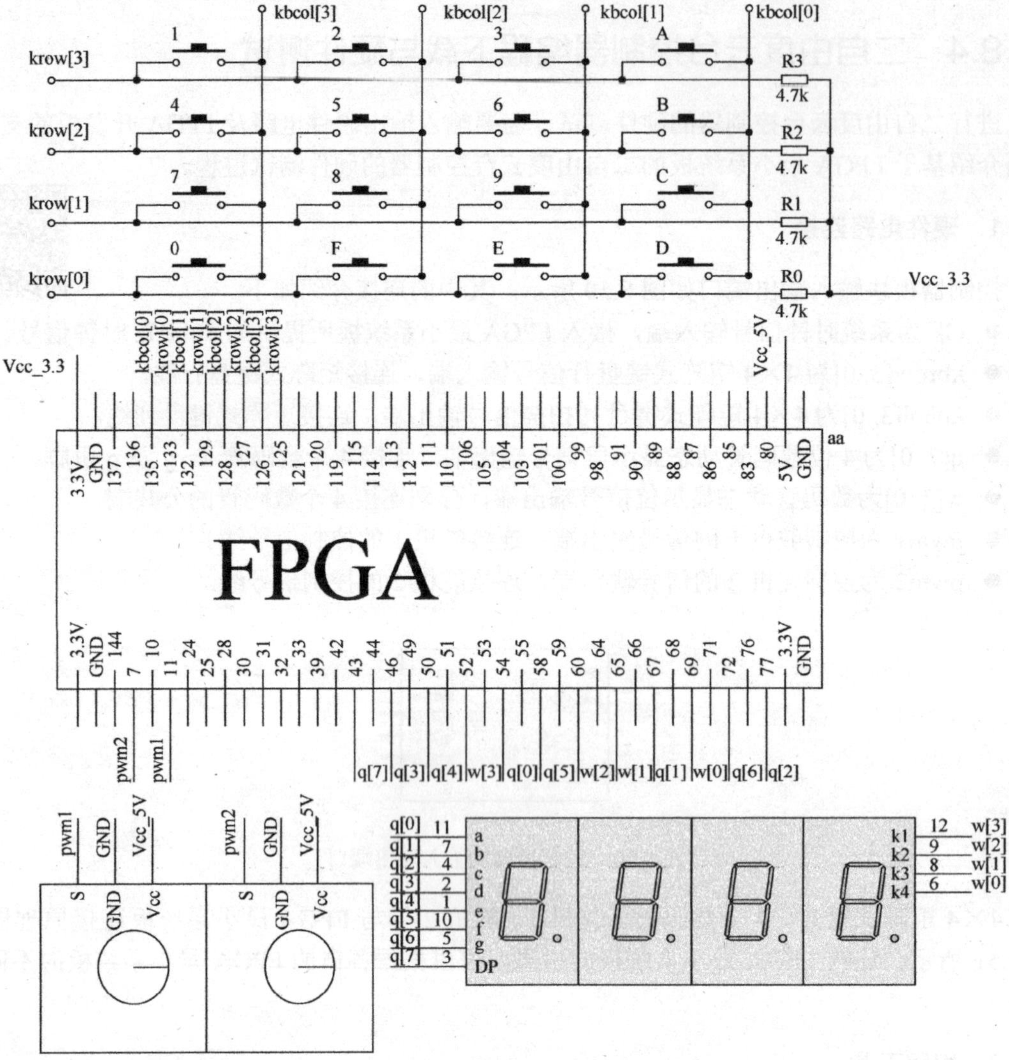

图 8.51　连接原理图

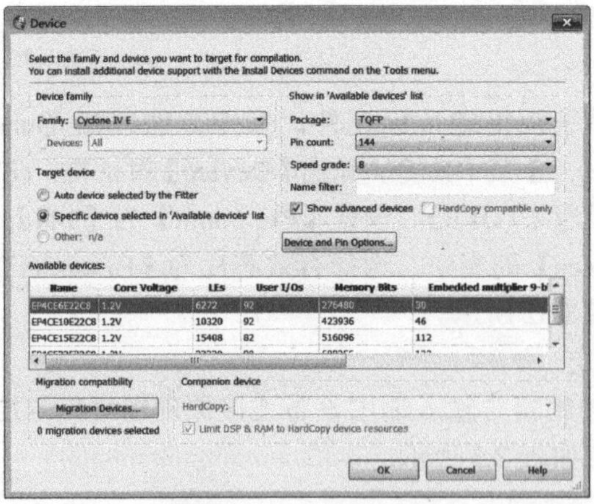

图 8.52　芯片设置结果

表 8.3　输入输出端口与目标芯片引脚的连接关系表

输　入		输　出	
端 口 名 称	芯 片 引 脚	端 口 名 称	芯 片 引 脚
clk	pin_23	kbcol[3]	pin_126
kbrow[3]	pin_125	kbcol[2]	pin_128
kbrow[2]	pin_127	kbcol[1]	pin_132
kbrow[1]	pin_129	kbcol[0]	pin_135
kbrow[0]	pin_133	pwm1	pin_11
		pwm2	pin_7
		q[7]	pin_43
		q[6]	pin_72
		q[5]	pin_58
		q[4]	pin_50
		q[3]	pin_46
		q[2]	pin_77
		q[1]	pin_67
		q[0]	pin_54
		w[3]	pin_52
		w[2]	pin_60
		w[1]	pin_65
		w[0]	pin_69

FPGA 输入输出引脚锁定方法：在 Quartus II 集成环境中选择【Assignments】→【Pin Planner】菜单命令，弹出【Pin Planner】对话框；在【Location】列空白位置双击，根据表 8.3 对引脚值进行设置。完成设置后的【Pin Planner】对话框如图 8.53 所示。设置完成以后，必须再次执行编译命令，才能保存引脚锁定信息。

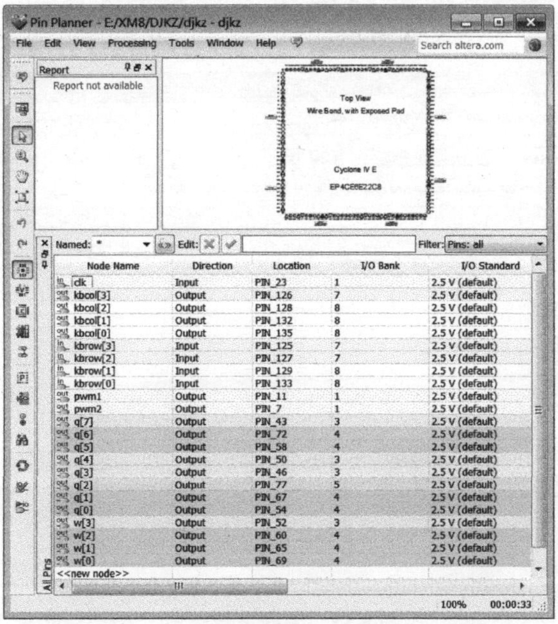

图 8.53　二自由度云台控制器引脚锁定结果

3）下载设计文件

将 PC 与目标芯片相连接。将 USB-Blaster 下载电缆的一端连接到 PC 的 USB 口，另一端接到 FPGA 最小系统板的 JTAG 口，接通 FPGA 最小系统板的电源，进行下载配置。

（1）配置下载电缆。在 Quartus II 集成环境中，选择【Tool】→【Programmer…】菜单命令或单击工具栏的【Programmer】按钮，弹出【Programmer】对话框，单击【Hardware Setup…】按钮，弹出硬件设置对话框，选择【USB-Blaster[USB-0]】选项，完成下载电缆配置，如图 8.54 所示。

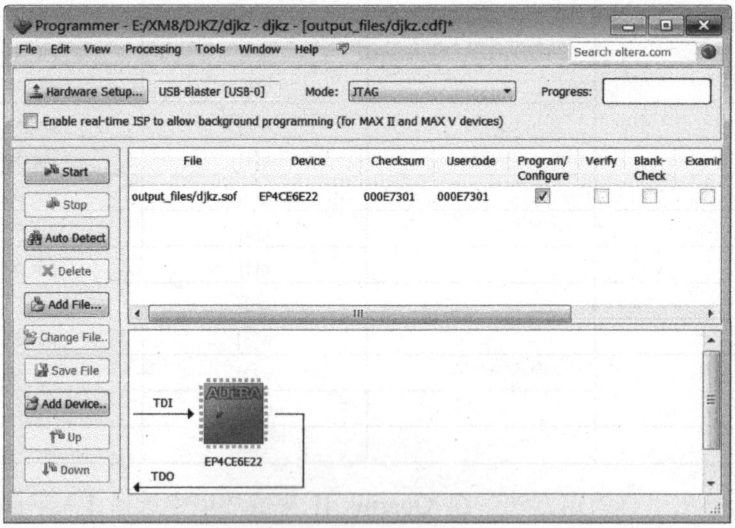

图 8.54　配置下载电缆

（2）配置下载文件。选择【Programmer】→【Mode】→【JTAG】菜单命令；选择下载文件“djkz.sof”的【Program/Configure】选项；单击【Start】按钮，编程下载开始，下载进度达 100%说明下载完成，如图 8.55 所示。

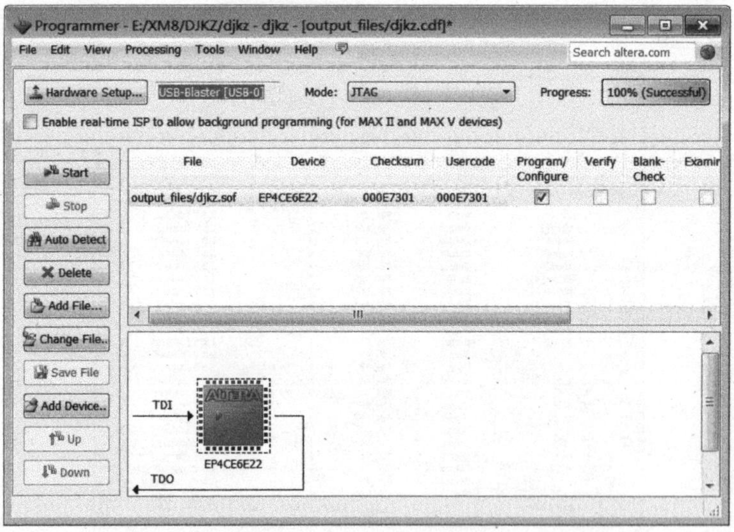

图 8.55　编程下载完成

3．硬件测试

完成设计文件下载后，按矩阵式键盘可进行在线调试。文件载入 FPGA 后，舵机 1、舵机 2 的初始角度为 90°，4 位数码管显示 0000，如图 8.56 所示。依次按下按键 1，0，6 及 0，观察 4 位数码管显示值是否为 1060，再按 E 键，舵机 1 转向 60° 位置，如图 8.57 所示；按 F 键清零后，键入 2030，再按 E 键，舵机 2 转向 30° 位置，如图 8.58 所示；按 D 键，舵机 1 角度增加；按 C 键，舵机 1 角度减小；按 B 键，舵机 2 角度增加；按 A 键，舵机 2 角度减小；同时按 D 及 B 键，舵机 1、舵机 2 角度同时增加；同时按 C 及 A 键，舵机 1、舵机 2 角度同时减小；同时按 D 及 A 键，舵机 1 角度增加、舵机 2 角度减小；同时按 C 及 B 键，舵机 1 角度减小、舵机 2 角度增加。

图 8.56　硬件测试初始状态

图 8.57　硬件测试舵机 1（水平舵机）转向 60° 位置

图 8.58　硬件测试舵机 2（垂直舵机）转向 30° 位置

做一做，试一试

（1）用 FPGA 最小系统板实现对二自由度舵机云台的精确控制。由矩阵式键盘设置最大角度值和间隔时间，实现间隔一定的时间，舵机 1、舵机 2 以设定的最大角度进行往复扫描。

（2）用 FPGA 最小系统板实现对二自由度舵机云台的精确控制。通过采用 4×4 矩阵式键盘输入旋转角度值，精确控制舵机的旋转角度；在 4×4 矩阵式键盘上定义功能键，按功能键实现两台舵机的角度调整，两台舵机的角度可单独改变，也可同时改变；采用 LCD1602 显示角度值。

（3）用 FPGA 最小系统板实现对二自由度步进电机云台的精确控制。

项目小结

本项目通过基于 VHDL 程序的二自由度云台控制器设计制作，训练学生采用层次化、结构化描述方法设计相对复杂的数字电子系统的综合能力；使学生熟悉原理图、文本输入混合设计方法，熟练使用 VHDL 程序描述 PWM 控制信号。

参 考 文 献

[1] 刘福奇．基于 VHDL 的 FPGA 和 Nios II 实例精炼[M]．北京：北京航空航天大学出版社，2011．

[2] 廖超平．EDA 技术与 VHDL 实用教程（第 2 版）[M]．北京：高等教出版社，2014．

[3] 王真富．FPGA 应用技术教程（VHDL 版）[M]．北京：北京大学出版社，2015．

[4] 龚江涛．EDA 技术应用[M]．北京：高等教出版社，2015．

[5] 潘松，黄继业．EDA 技术与 VHDL（第 5 版）[M]．北京：清华大学出版社，2017．

[6] 葛红宇．电子设计自动化（EDA）技术[M]．陕西：西安电子科技大学出版社，2017．

[7] 江国强，覃琴．EDA 技术与应用（第 5 版）[M]．北京：电子工业出版社，2017．

[8] 丁山．可编程逻辑器件与 EDA 技术[M]．北京：机械工业出版社，2018．

[9] 丁磊．数字逻辑与 EDA 设计[M]．北京：人民邮电出版社，2018．

[10] 潘松．EDA 技术实用教程——VHDL 版（第六版）[M]．北京：科学出版社，2018．